# 幸福心理学

*The Psychology of Happiness*

肖永春　/主编

复旦大学出版社

# 编委会

**主　编**　肖永春
**副主编**　刘明波　曹高举

**编　委**（以姓氏笔画为序）

丁志强　丁　玲
马敏芝　石笑寒
李淑臻　朱臻雯
许燕平　余蓉蓉
陈增堂　范洁琼
林　臻　顾娅娣
唐筱蓉　董海涛

# 前　　言

幸福是什么？

尼采说：幸福就是随着权力的增加，阻力被克服了的那种感觉；英格丽·褒曼(Ingrid Bergman)说：幸福是有健康的身体和易忘的记忆；卢梭认为：幸福是银行有丰厚存款，家中有美食佳肴，加上良好的胃口；哲学家罗素认为幸福存在于心灵的宁静与淡泊；萧伯纳与雨果则认为幸福来自于与他人真正的分享；亚里士多德与奥古斯丁认为幸福是一种美德的体现。

职业经理人认为："最幸福的事情就是在我的手里，把公司做成一个世界品牌。"小学老师觉得："幸福就是我的学生都能成才，我的儿子将来有所作为。"工人说："幸福就是工资再高一点，加班的时间少一点，能和妻子、女儿散散步、逛逛公园。"起早摸黑的农民说："我的牛越长越壮，奶卖得越来越多，就能给儿子娶媳妇了，这就是我一辈子的幸福。"一名井下工作的矿工说："幸福就是马上要出井的时候。"不同个体对幸福的理解各不相同。

人类对幸福的追求和思索，古已有之，但抱怨不幸福者众。钱勒在其自传中说过："当你自问自己是否幸福时，幸福就离开了你。"作家埃里克·贺佛(Eric Hoffer)也说过："思索什么是幸福正是许多人不幸的最主要的原因。"

心理学研究表明，幸福需要客观基础，但是客观基础不是幸福本身。幸福感不仅是一种心理现象，更是社会构造。美国著名的政治学教授罗伯特·莱恩认为："当人们连衣食住行这样的基本需求都得不到满足时，他们不会感到幸福。因此，在基本需求得到满足之前，收入每提高一点，就会使人感到更幸福一些。但是，在基本需求得到满足之后，收入带动幸福的效应就开始呈递减态势，并且收入水平越高，这种效应越小，以至达到可以忽略不计的地步，这就是所谓的'快乐鸿沟'现象。"当前我国国民也在重视生活质量的提高和幸福感的提升，小康社会建设要显著提高民众的幸福感，应在精神文化方面投入更多，因为客观物质条件对民众幸福感提升的贡献将越来越小，心理和精神层面的需求将日益突显。正是在这样的背景之下，我们在复旦大学推出了《幸福心理学》课程，几年来课程颇受学生欢迎，选课踊跃，我们因此而颇受鼓舞，就幸福这个话题从心理学的角度作一个系统的梳理，因而有此书的诞生。

本书分为三个篇章，分别从幸福是什么、实现幸福、拥抱幸福三个角度就影响幸福感的各个因素如人格、心态、情商、逆商、爱情、目标和时间管理等方面进行了系统的心理学理论上的阐述，并详细介绍了许多提高幸福感的实用策略。本书的特点通俗易懂，注重实用性和操作性，可作为高等学校普通教育教材，也可以供广大青少年朋友和社会人士阅读。

本书由复旦大学心理健康教育中心咨询师肖永春副教授担任主编，华东师范大学心理学系博士生、复旦大学心理健康教育中心主任刘明波和复旦大学心理健康教育中心副主任曹高举担任副主编，由具有多年心理健康教育和心理咨询工作经验的复旦大学心理健康教育中心全体老师编撰而成，各章撰稿人为：曹高举（第一章、第七章），朱臻雯（第二章），肖永春（第三章、第十三章），刘明波（第四章），丁志强（第五章、第六章），范洁琼、马敏芝（第八章），李淑臻（第九章、第十章），余蓉蓉（第十一章、第十二章），因而本书也是多年从事心理学教学和实践的同志们的集体智慧结晶。但因编者学识限制，本书恐难免有疏漏、不当之处，敬请读者谅解。

此书得以面世，感谢复旦大学出版社副总编孙晶同志和责任编辑马晓俊同志的关心支持。同时，本书在构思和编写中参考了国内外同行的大量有关资料，也一并致谢。

编　者<br>
2008年春于复旦园

# 目 录

## 第一篇　幸福是什么

第 一 章　探讨幸福 …………………………………… 2
第 二 章　幸福的生理基础 …………………………… 25
第 三 章　人格完善 …………………………………… 44
第 四 章　积极心态 …………………………………… 69

## 第二篇　实现幸福

第 五 章　把握情绪 …………………………………… 94
第 六 章　洞悉情商 …………………………………… 117
第 七 章　逆风飞扬 …………………………………… 143

## 第三篇　拥抱幸福

第 八 章　沟通的艺术 ………………………………… 166
第 九 章　两性与爱情 ………………………………… 189
第 十 章　婚姻幸福 …………………………………… 221
第十一章　设定目标 …………………………………… 246
第十二章　用好时间 …………………………………… 274
第十三章　感悟幸福 …………………………………… 296

参考文献 ………………………………………………… 319

# 第一篇

## 幸福是什么

第一章　探讨幸福
第二章　幸福的生理基础
第三章　人格完善
第四章　积极心态

# 第一章 探讨幸福

　　人们一直在思考,什么是幸福?幸福是什么?有充裕的物质?有很多的金钱?有美满的爱情?有高尚的思想?

　　那么多的人,都在追求幸福,幸福的标准自然各不相同。事业、爱情、财富、时间、快乐、友谊、健康、理想……这都是人们所谓的幸福。不同的人对幸福的理解和诠释不同。

## 第一节 幸福概述

　　幸福概念的涵盖面极广,其研究涉及哲学、心理学、社会学、伦理学和经济学等众多学科。早在古希腊、罗马时代,先哲们就在探求什么是幸福、人类幸福的途径有哪些等问题。千百年来,无数东西方哲人都涉猎过这个问题,但众说纷纭,各执己见,一直没有定论。

　　时至今日,幸福仍然是一个"每人都知道其含义,但无人能精确定义"的概念。芸芸众生,谁能真正的为幸福定义。似乎每个人都有独特的理解,每个人都按照各自的方式去追求幸福。生活拮据时觉得丰衣足食是幸福;病魔缠身时觉得无病无灾是幸福;然而,当你身强体壮地过着衣食无忧的生活的时候,你仍然觉得幸福不够……

　　幸福在英语中有 Happiness、Well-being、Eudemonia、Psychological well-being、Subjective well-being 等各种各样的称谓,有的学

者认为可以通用,通常译为"幸福感"或"主观幸福感"。由于这些术语的高度日常生活化,人们的理解有些混乱。现将幸福分类如下。

(1) 以外界标准界定的幸福。认为幸福基于观察者的价值体系和标准,而不是基于行动者的主观判断。如亚里士多德将"价值"看作判断标准,塔塔科维兹则将"成功"作为标准,古代许多哲学家因此而强调物质生活的享受。

(2) 以情绪体验界定的幸福。认为幸福就是愉快的情绪体验,可通过比较积极情感和消极情感何者占优势来判断。

(3) 个体自我评价的幸福。认为幸福是评价者个人对其生活质量的整体评估。这就是本文所要介绍的主观幸福感(subjective well-being,SWB)。

综合目前理论界有关幸福的定义,我们可以把幸福的定义归结为两种基本的类型:快乐论与实现论。

1. 快乐论

快乐论(hedonic)以"快乐就是幸福"为其核心命题,认为幸福就是快乐的主观心理体验。人的一生都在追求幸福,不管是现在的幸福,还是将来的幸福,不管是物质的享受,还是精神的快乐。追求快乐,避免痛苦是人类的本性。不论我们对快乐如何理解,我们所追求的都是我们认为快乐的东西,而不是与之相反。

快乐的情绪,可以派生出很多情绪的复合形式。对于这些不同的复杂的快乐情绪,可以归纳为快乐的情绪状态和快乐的情感。

快乐的情绪状态可以根据强度和持续时间的不同分为快乐的激情与快乐的心境。快乐的激情是强度大、持续时间短,具有爆发性的情绪状态。快乐的激情往往是由于某些对个人和社会有重要意义的事件而产生的。如,"久旱逢甘霖,他乡遇故知,洞房花烛夜,金榜题名时"的人生四大喜事。又如高考考上复旦大学,体育彩票中奖500万元,与苦恋多年的恋人确立了婚姻关系,运动员夺得了世界冠军等。快乐的激情具有明显的表情与外部动作,如热泪盈眶、狂笑欢歌、手舞足蹈、欢呼雀跃等。人们往往被强烈的快乐激情所支配和控制,其注意力和认识活动范围缩小,集中于快乐事件中,结果对周围的人和物会视而不见。如脚下不小心被绊了一跤,摔掉了几颗牙齿,就是乐极生悲的表现。快乐激情的后延效应,就产生了快乐的心境。快乐的心境是一种强度较低、持续时间较长的情绪状态。快乐的心境不仅与某些有重要意义的时间后延效应有关,而且与个人的身体状态、周围环境有关。如睡了一夜好觉,心情舒畅、精力充沛;阴雨连绵,突然放晴,阳光沐浴下比较爽。虽然强度较弱,但是心境持续时间长,少则几个小时,多则几个月,甚至半年。如新婚后的喜悦心境可以持续几个月。

快乐的情感是个体在各种社会关系与社会过程中产生的社会性的情感,这种情感表达了个体对社会环境与社会过程中的人或事物的积极的与肯定的感情关系。快乐的情感有很多,比较有代表性有快乐的理智感、快乐的道德感与快乐的美感。

基于此,心理学发展出主观幸福感(subjective well-being,SWB)研究范式,以迪纳(Diener)等为代表。主观幸福感主要研究人们如何评价他们的生活状况,它有三个组成部分:生活满意、令人愉快的感情和低水平不愉快的情感。这个领域研究不仅涉及临床病理状态,而且也涉及人们长期幸福感水平差异。生活评价可以是以认知的形式,例如人们对整体生活或具体生活层面的有意识评价和判断,但也可能以感情的形式,在体验生活中不愉快或者愉快的情绪。因此,幸福感就是人们生活满意和高频率愉快,低频率的不愉快。或者说,不幸福就是人们对其生活不满意,体验很少的愉快以及大量的不愉快。

主观幸福感SWB具有如下特点:第一,主观性。它依赖于评价者本人的标准而不是他人的标准。第二,整体性。它是一种综合评价,包括积极情感、消极情感、对生活的满意感这三个维度。第三,相对稳定性。尽管每次测量都会受到当时情绪和情境的影响,但从长期看,SWB有一个相对稳定的量值。

测量主观幸福感SWB的方法很多。Gurin、Veroff等采用询问被试是否感到快乐;Cantril采用"自我安置等级"法,让被试自己确定最好的和最坏的生活标准,然后评定自己目前生活状况所处的位置;Bradburn设计了"情感平衡量表";Kamman和Flat分别设计出测量情感频率和情感强度的问卷;Diener等编制了"生活满意感问卷"。这些测量方法的出现不仅表明SWB的研究已从单一的情感维度发展到进行整体的认知评价,同时也勾画出SWB这一概念的演化过程及实质。

SWB的三个主要层面还可以细分。整体满意感能被区分为各种领域的满意,如爱情、婚姻、友谊、工作等,并且这些领域还可以被细分,愉快情绪能被分为诸如高兴、爱和骄傲等特定的感情。而不愉快情绪能被分成类似耻辱、内疚、悲哀、气愤和焦虑等。

遗憾的是人类只有痛苦感受系统,而没有幸福、快乐感受系统,人之所以不幸,还在于知道自己的不幸,这是人类真正的悲哀。

2. 实现论

实现论(eudaimonic)认为幸福不仅仅是快乐,而是人的潜能的实现,是人的本质的实现与显现。幸福是客观的,不以自己主观意志转移的自我完善、自我实现、自我成就,是自我潜能的完美实现。基于此,心理学发展出心理幸福感psychology well-being的概念,简称PWB研究途径。

心理幸福感(PWB)以莱能(Ryan)和得西(Deci)为代表。来福和凯斯(Ryff & Keyes,1995)把心理幸福感与主观幸福感进行了区分,并证明了心理幸福感的六个不同的维度,即自主、个人成长、自我接受、生活目的、控制和良好友谊。他们从理论和操作两个方面定义PWB,认为PWB能促进感情和生理健康。虽然经验的研究表明,不同的生活空间其"幸福生活"的标准与性质有差异,来福更强调对生活目的的追求以及与他人有好关系的普遍意义。来福和辛格注意到对生活目的的追求以及与他人有好关系是人的健康中最重要的特征。

3. 综合定义

综合两派的观点,笔者认为:幸福感是一种积极向上的体验,可以通过心理测试来把握。幸福感大致可以从三个方面来加以把握。

第一,满意感。情绪的产生有赖于需要满足与否,当人的需要得到满足时就会产生满意、愉快、快乐与幸福不同程度的情绪体验,当需求受到阻碍，人们往往会产生不满、愤恨、气愤等不同程度的情绪体验，当人们需要的、珍视的东西失去时，就会产生痛苦、悲哀、压抑、苦恼等不同程度的情绪体验，当人们受到威胁、安全需要得不到满足时，就会产生恐惧、害怕、担心、忧虑等不同程度的情绪体验。

马斯洛将人的需要分为生物性的需要与精神性的需要。生物性的需要包括对食物、水、空气、排泄、睡眠、性等的需要。精神性的需要包括人对安全的需要，对友谊、爱与归属等的社会性需要，对自尊、自我认同的需要以及实现自己潜能的需要。任何需要的满足所产生的直接后果就是满意、快乐与幸福。需要满足的层次论就是人生幸福的层次论，它揭示了人对幸福的需要是各不相同的。

小时候，生活在农村的我记得：上三年级的时候，班里开始有同学使用钢笔，那个能吸水，能写出蓝色或黑色的字。可是这种未被普及的东西，我是断不敢向父母提出要求的。直到有一天在县城工作的父亲把一支粉色钢笔给我的时候，那一刻的欢喜雀跃，那一幕把玩粉色精灵的场景终不能忘怀。诸如这样的第一次还有春节的一件新衣、期末考试后的一张奖状……总之，儿时的记忆中充满了幸福。

跨越时空的变迁，今天我们的物质生活有了极大的改善。今天的孩子可以享用高档的文具，可以穿漂亮的衣服，可以一周去一次肯德基。但是大多数孩子会因为一款高档玩具没有得到或是生日礼物不够华丽而觉得自己不够幸福。原因是他们很少有满足感。

第二，快乐感。快乐感来源于积极乐观的情绪。许多事情都能带给人快乐，一句心理学上的谚语这样说：如果你想快乐一个小时，打个盹；如果你想快乐一天，去钓鱼；如果你想快乐一个月，去结婚；如果你想快乐一生，帮助别人。

第三，价值感。幸福感的较高表现是价值感，它是在满意感与快乐感同时具备的基础上，增加了个人发展的因素，比如目标价值、成长进步等，从而使个人潜能得到发挥。真正意义上的幸福感，与西方的享乐主义不同，享乐主义只追求享乐的过程，缺少更有价值的目标。

需要层次理论表明,当一个人达到需要的最高层次,自我实现时,其自我的潜能充分的发挥,由此产生的幸福感就是人精神上最大的幸福感,这种幸福被马斯洛称为"高峰体验"。由于人的潜能发挥是没有止境的,所以人对幸福的追求也是没有终点的。

## 第二节　关于幸福的理论

### 一、认知决定论

幸福的产生需要认知过程的参与,因为需要是否满足必须由个体的认知来评判,幸福需要个人感知和体验。换句话说,幸福感是一种主观的体验,客观的外界因素往往是通过个体的主观加工而起作用的。因此,该理论的核心观点认为人的幸福和痛苦是由其特质或者认知方式决定的。

两个不如意的年轻人,一起去拜望师父:"师父,我们在办公室被欺负,太痛苦了,求你开示,我们是不是该辞掉工作?"两个人一起问。

师父闭着眼睛,隔半天,吐出5个字:"不过一碗饭。"就挥挥手,示意年轻人退下了。才回到公司,一个人就递上辞呈回家种田,另一个人什么也没做。

日子真快,转眼10年过去了。回家种田的以现代方法经营,加上品种改良,居然成了农业专家。另一个留在公司的,也不差。他忍着气,努力学,渐渐受到器重,成了经理。

有一天两个人遇到了。奇怪,师父给我们同样"不过一碗饭"这5个字,我一听就懂了。不过一碗饭嘛,日子有什么难过?何必硬巴在公司?所以辞职,农业专家问另一个人:"你当时为何没听师父的话呢?"

"我听了啊",那经理笑道:"师父说'不过一碗饭',多受气,多受累,我只要想不过为了混碗饭吃,老板说什么是什么,少赌气,少计较,就成了,师父不就是这个意思吗?"

两个人又去拜望师父,师父已经很老了,仍然闭着眼睛,隔半天,答了5个字——"不过一念间",然后挥挥手……这是不是很有意思呢?很多事,真的是一念之间,所以在决定什么事时,要多想想。

我想你一定有这样的经验:当你正在恋爱时,所看到的世界是多么美好,到处都是光亮、光明的,人生充满希望,你看到的每一个人都是如此可爱,身边人所做的许多原来你不能接受的事情,你也都能一笑置之。可是当你生命里遇到挫败时,同样的人、同样的事、同样的物却变得如此无法忍受!其实世界可能仍是相同的,只是因为你内在的感觉不同,所看到的将是不同的世界。

"我是一切的根源",你现在所有的一切都是你为自己所创造出来的,而那一切的根源就是你自己,当然,你的幸福与痛苦也是如此。

听说过这样的故事吗?有一个女人怀疑先生有外遇,于是每天都在先生的衣服里找证据,有时候找到一根长头发,就开始哭,认为先生已有了外遇;有时候找到一根短头发,也开始哭,她认为是其他女人的头发。有一天,她找遍了先生每一件衣服,一根头发也没找到,这时候,她又放声大哭,丈夫问她:"你到底怎么了,连一根头发都没有,你也在哭。"太太抽搐着回答:"我没想到你连秃头的女人都会喜欢。"这虽然是一个笑话,但它却很明显地告诉我们:当你的内在执著于某一件事情时,你会拼命去钻那个牛角尖,你会搜集这个世界上所有的信息,然后从这些信息中挑出某些东西来证明自己内在的那个根源,那个想法是正确的。其实幸福与不幸福也是由自己决定的。

该理论认为影响幸福的认知因素主要有幸福的感知、自我评价、社会比较等。

第一,幸福的感知。幸福的感知属于心理学感知的范畴,因而受到感知规律的制约。幸福感的产生首先需要个体感知到来自环境或自己身体状况的刺激,并了解环境与身体状况对个人有什么益处或者坏处。感知的主要目的是为了明确感知对象是否有积极意义,是否值得快乐。例如,当你穿上新衣服很快乐,因为你感知自己身上的衣服很漂亮;美餐后快乐是因为不仅仅填饱了肚子,满足了饮食的需要,而且感觉饭菜很可口。

个体对周围环境和个人身体状况的积极意义或者消极意义的解释,就是幸福的感知能力,是后天经验积累起来的。个体的生活经验越丰富,其选择识别快乐事物的能力也越强。

个人素质的差异、生活习惯和生活环境的不同,会使个体在幸福的感知上有很大的差异。例如外倾的人容易感知人际交往与社会活动,而内向的人对此则有天然的畏惧心理,对书籍和个人内部世界则很感兴趣。由于兴趣的不同,同样是看书,有人喜欢通俗性的读物,而有的喜欢专业书籍。由于生活习惯的不同,有的人闻到臭豆腐气味就很欣喜,而有的人则感到很难受。

第二,自我评价。自我评价是个人对自身状况的认识和判断,个人可以将自身状况判断为好或者坏、满意或者不满意、幸福或者不幸福。自我评价包括身体自我评价、社会自我评价和心理自我评价。身体自我评价就是指个体对自己身体属性的评价,包括个人自己身体、外貌、体能方面的评价,如身体强壮、五官端正、英俊潇洒等等;社会自我评价指对自己在各种社会中的角色、地位、作用及其社会关系的和谐程度的评价;心理自我评价指对自己聪明才智、兴趣态度、性格特点、情绪状态等方面的评价。

上述三方面的评价只要是积极的肯定,就会导致个体产生满意愉快的情绪体验,反之,消极否定的自我评价会导致不满意的、痛苦的情绪体验。自我评价的满意还是不满意取决于个人对自己的要求以及现实自我与理想自我的差距。

第三,社会比较。美国心理学家艾利斯情绪认知的 ABC 理论认为,人的情绪不是由某一诱发性事件的本身所引起,而是由经历了这一事件的人对这一事件的解释和评价所引起的。A 是指诱发事件(Activating events);B 是指个体在遇到诱发事件之后相应而生的信念(Beliefs),即他对这一事件的看法、解释和评价;C 是指特定情景下,个体的情绪及行为的结果(Consequence)。通常人们会认为,人的情绪的行为反应是直接由诱发事件 A 引起的,即 A 引起 C。ABC 理论则指出,诱发事件 A 只是引起情绪及行为反应的间接原因,而人们对诱发事件所持的信念、看法、解释 B 才是引起人的情绪及行为反应的更直接的原因。也就是说由于所持的信念不同,同样的一件事情发生在不同的两个人身上会导致截然不同的两种情绪反应。

传说有一位绰号叫"哭婆"的老奶奶,成年累月地哭,雨天哭,晴天也哭。有人问:"老奶奶,您为什么老哭呢?"哭婆回答说:"因为我有两个女儿,大女儿嫁给卖鞋的,小女儿嫁给卖伞的。天晴时,我就想到小女儿的雨伞一定卖不出去;下雨天,我就想到卖鞋的大女儿家,一定不会有顾客上门啊!"问者劝她说:"你应晴天时想到大女儿的店生意兴隆,雨天时想到小女儿的伞一定卖得好啊!对吗?"从此,哭婆再也不哭了,无论晴天还是雨天总是笑嘻嘻的。

"哭婆"变"笑婆"的故事告诉我们:人不开心和痛苦不是外在环境造成的,而是人的观念造成的。如果我们想的都是快乐的念头,我们就能快乐;如果我们想的都是悲伤的事情,我们就会悲伤;如果我们想到一些可怕的情况,我们就会害怕;如果我们想的是不好的念头,我们恐怕就不会安心了;如果我们想的净是失败,我们就会失败;如果我们沉浸在自怜里,大家都会有意躲开我们。

曾经统治罗马帝国的伟大哲学家巴尔卡斯·阿理流士认为,"生活是由思想造成的"。叔本华说过事物本身并不影响人,人们只受到对事物看法的影响。因此,不是发生的事情伤害了我们,而是我们对这些事情的反应、视觉、想法和行为伤害了我们。不是事情本身影响我们的幸福感,而是我们的认知方式使我们倾向于痛苦。

## 二、判断理论

判断理论认为,幸福感是在"比较"中产生的。幸福感取决于现实条件与某种标准的比较。它强调幸福是比较的结果,即幸福是相对的,取决于判断的标准。现实条件高于标准时,主观幸福感就高,反之,现实条件低于标准,主观幸福感降低。

有一则笑话讲两个乞丐在街头聊天,说起物价又贵了不少、房租上涨、下岗失业,一个乞丐不禁面有喜色:"还好,还好,与我们无关。"另一个马上制止他:"轻点!轻点!别让人听见,省得人家眼红!"可见,乞丐都能从对比中获得"相对幸福"。美国宾夕法尼亚社会学教授格伦·菲尔鲍等人经过长期研究认为,幸福感是在与比自己差的人的比较中产生的。

心理学家让受试者造句,规定以"我希望"开头,例如"我希望我像比尔·盖茨那样富有"、"我希望我是贝克汉姆的情人"、"我希望我中百万头奖"。然后,心理学家要求受试者再造三个句子,以"还好我不是"开头,例如说"还好我不是绝症患者"、"还好我不是乞丐"、"还好我老公没有暴力倾向"等等。调查结果显示同样一批人,在完成"我希望"的造句后,心情都会变得比较差,而完成"还好我不是"造句时,心情都比较好。

有意无意地与别人进行比较,是一种普遍存在的社会心理状态。1970年,美国学者斯坦利·默斯(Stanley Morse)和克耐思·格雷(Kenneth Gergen)曾做过一个实验。实验被试的男大学生分为两组,都被要求填写一份关于"自尊评价"的表格,然后申请一个较优越的兼职工作。第一组所遇到都是一位"脏先生"(Mr. Dirty),他不修边幅,衣着不整,裤子皱巴巴,运动衫充满了汗酸味道,并且只穿了一只袜子。此外,"脏先生"看起来非常不守纪律,显得没有礼貌,在填写表格的时候频繁地扫视全屋的人,并且不断地麻烦、打扰别人。

相反,第二组被试则随机遇到一位"净先生"(Mr. Clean),他衣着讲究,修饰得体,浑身上下都是名牌,还夹着一个精致的公文包,脸上充满了自信。两组大学生的自尊问卷统计结果,发现遭遇"脏先生"的第一组学生的自尊心提高,而遭遇"净先生"的第二组学生的自尊心下降。

实验中,第一组所遭遇的情形叫做"向下比较",第二组所遭遇的叫做"向上比较"。"向下比较"容易产生心理优越感,自信心提高,自尊心上升;而遭遇"向上比较"的则容易产生自卑感,自信心下降,自尊心受挫。

判断理论依据判断标准的不同,可分为不同的理论,如社会比较理论、适应理论和自我理论等。

第一,社会比较理论。社会比较理论是将其他个体作为标准,作横向比较,自己优于别人,就感到幸福。许多研究发现,与更幸福的人比较会降低主观幸福感,与更不幸的人比较会提高主观幸福感。社会比较对许多领域内的满意感判断都具有较强的预测力。

社会比较过程包括获得社会信息、思考比较社会信息、对社会比较作出反应,以及认知、情感和行为反应。人格为社会比较涂上"个性色彩"。影响比较的方式,例如幸福的人常作向下比较,感到不幸的人既作向下也作向上比较;乐观者倾向于注意比自己差的人的数目,而悲观抑郁者却相反。社会比较差距的感知来自内部即人格的影响,而非比较项目的实际情况。

其实,准确地说,攀比是一种与自己相同水平的人所做的"向上比较",而不是同任何比自己高的人进行比较。一般来说,人们倾向于将自己与相同水平的人进行比较。这里的相同水平包括:相同年龄、相同环境、相同背景、相同职业、相同群体等等。

人在进行向上比较时,容易产生低自尊;而低自尊则容易导致郁闷、压抑和挫折感的产生,最终导致消极的生活态度,严重的还会产生侵犯他人等反社会行为。

第二,适应理论。适应理论作纵向比较,它以过去的生活为标准,如认为现在的生活比过去的好,就会感到幸福。一般来说,第一次出现的事件,由于其性质的好坏,使人产生幸福感或不快感。但当事情重复出现时,它就会逐渐失去激发情感的能力。因为人们可以适应好的环境,不再感到幸福,也可以适应坏的环境,不再感到不幸。这时,只有事件的改变才可再次引发情感。

如果你最近在上海市中心买了一套别墅,你觉得很开心。但实际上你觉得开心只有很少一部分是因为你们在这样的房子里住给你带来的,更多的是因为比较而产生的。从时间性比较来说,如果你以前住在阁楼里,那么现在你住别墅会感到非常幸福。如果你以前住的是花园洋房,那么你不会感到特别开心。这就是时间比较的结果。

Helson认为对重复出现的刺激反应减少减弱,重新建构有关刺激的认知以及刺激对生活影响的认识就是适应。人们在一定程度上能够调节良性与恶性事件,不至于总是狂喜或绝望,情绪系统对新事件反应强烈,随着时间的推移逐渐降低反应。这个理论可以很好地解释为什么生活事件对幸福感的影响较小。人们可以适应好的环境而感到不幸福,也可以适应坏的环境而感到幸福。这时,只有事件的改变才可能再次引发情感的变化。

第三,自我理论。自我理论是依赖于自我概念这一标准。Higgins认为,现实自我与理想自我之间的不一致会导致沮丧、抑郁,从而降低主观幸福感(SWB)。自我和谐的人主观幸福感较高。

攀比是一把双刃剑。一方面通过比较会有满足感,能让你快乐;但一山还比一山高;另一方面就一定会给你带来痛苦。就像一枚硬币的两面,一面写着满足,另一面写着不满足。

用比较心态生活,总想出人头地,超过别人,希望从他人羡慕的眼光中去感受幸福。社会总在不断地推陈出新,生活在比较中的人,为了幸福他是不可能满足的,但是,最后,很可能离幸福越来越远。

## 三、态度协调论

社会态度(social attitude)是主体对外界事物一贯的、稳定的心理准备状态或一定的行为倾向。态度是由认知的、情感的、行为的三种成分构成的一个整体,是对态度对象的理解、情感和行为的相互关联的比较持续的、某一个人内部的系统。

认知成分是主体对态度对象的认识和评价,是人对于对象的思想、信念及其知识的总和。情感性成分是主体对态度对象的情绪或情感性体验。行为倾向成分是主体对态度对象向外显示的准备状态和持续状态。这三种成分各有自己的特点,认知成分是态度的基础,其他两种成分是在对态度对象的了解、判断基础上发展起来的;情感性成分对态度起着调节和支持作用;行为倾向成分则制约着行为的方向性。

构成态度的认知、情感和行为倾向三种成分彼此协调,是一个统一的整体。按照对一致性理解的不同,可分为几种解释态度改变的理论模式:F·海德的P-O-X模型、T·M·纽科姆的A-B-X模型、奥斯古德与P·H·坦南鲍姆的和谐理论、L·费斯廷格的认知不协调理论等。

态度协调论认为,当一个人的三个成分认知、情感、行为都协调时,就具有幸福感,相反,如果三个成分不协调,就会痛苦。

例如,认知上认为大学生活应该好好享受,情感上喜欢享受,行为上,每天也在享受,整天泡女孩、上网、打游戏的人,比较幸福;认知上认为大学生活应该好好学习,情感上喜欢享受,每天行为上一边在享受,一边又在自责的人,比较痛苦。

如果个体的认知不协调,通常会采取某一种方法来协调一致。第一,改变行为,使对行为的认知符合态度的认知。比如,"知道吸烟有危害"而"每天还在吸烟"的人,把烟戒掉。这样,两个认知元素便协调起来。第二,改变态度,使其符合行为。如认为"自己比别人都聪明",而期终考试时"两门功课不及格"的人,改变对自己原先的评价,认知到自己不过是个中等或者中等偏下的学生,这样认知达到协调。第三,引进新的认知元素,改变不协调的状况。

## 四、体内生化论

体内生化论的核心观点认为,人的任何生理现象都由体内的生物物质和化学变化所决定。幸福和快乐也不例外,也有其物质基础。

生理心理学的研究表明大脑产生的多巴胺类物质能引起快乐的感觉,让人精神亢奋,血压升高等反应,因此多巴胺类物质被称为人体鸦片。此外脑内腓、5-羟色胺等也可以产生快乐感、幸福感。

美国埃默里大学精神及行为科学的专家格里高利·伯恩斯在他的新作《人生的真谛即是满足》中,全面考察了人的大脑结构和所获经验之间微妙的相互作用。他对从事各种活动的人进行研究,其中包括字谜爱好者、马拉松运动员和有受虐倾向的人。

结果发现,人类对某种行为的痴迷,是人们追求享乐的结果,而这种享乐是由人脑的结构决定的。

伯恩斯等行为研究专家试图弄清楚,人脑在体验快乐、满足时,究竟是如何运作的?研究发现,要想获得满足感需要两个精神要素:创意和挑战,同时也需要物质支持——多巴胺和皮质醇。这两种物质使大脑的纹状体产生变化,从而产生满足感。

我们喜欢一件事物,都是因为要得到愉悦和满足,这是人的天性。就像食物和爱对于人的诱惑,自人类产生就没有停止过,让我们快乐的多巴胺就像一个个忙碌的小天使,不知不觉让人类生存、繁衍、进化,也让我们在欲望与克制的挣扎中选择美好健康的生活方式。美人、佳境、食物、香粉、音乐,种种美好的事物带给五官的美好感受都会让小天使们行动起来,让我们快乐,于是我们不停地追求着更多更好的快乐,重复着这些快乐。

爱情是最让人容易有幸福感的事。当有一个人让你"感觉对路",并一下子"触电",那他一定是让你释放了强烈的多巴胺。人类学家费希尔长期致力于研究情欲、浪漫等情绪如何发生的生化路径,她时常用脑成像仪去"看"爱情到底是怎么回事。她曾招募了一些正处于热恋期的志愿者,费希尔惊奇地发现,当他们看到自己恋人的照片时,大脑中与奖赏和愉快相关的部位闪闪发亮,而这个部位正是多巴胺密集的地方。多巴胺会产生强烈的能量,让人兴奋、精力旺盛,这就是为什么你处于热恋期的时候,可以因为思念一个人辗转反复,彻夜不眠,甚至可以不顾一切、乐意冒险。

费希尔说,你可以寻找有效的方式,帮助产生催产素,来帮助自己的恋情维持下去。

要获得幸福感可以采用运动、穴位刺激、按摩、服药(百忧解等抗抑郁药,如丙咪嗪、阿米替林、多塞平、氯丙咪嗪和马普替林等)、接吻等促使体内多巴胺的分泌,从而获得幸福的感觉。

### 情绪加油站

保持笑容:笑能增强人体的免疫系统,每笑一次,脑部会放松一下。多看轻松的节目,让自己开心一些。

写日记:这是舒缓情绪的好方法,不想写,可用录音方式。

多说好话:脑袋需要正面的能量,应多说正面的话。

按己需要:想想自己在什么时候最快乐,这是来自内心最真实的感受。

定时打扮:尽可能突出自己最美最好的一面。这不是故意扮靓,而是珍惜自己的表现。懂得爱惜自己的人,人生观通常较为积极。

奖励自己:在适当的时候,买一份礼物给自己,让心情轻松愉快。

视觉训练:学习绘画等,能增加视觉的立体感和色彩感;多欣赏美丽的艺术品,刺激视觉观感。

## 五、目标理论

目标理论认为,幸福感产生于需要的满足及目标的实现。如 Freud 认为最大的幸福感来自本能,尤其是性本能的满足,随着文明的发展,人们放弃本能的快乐而去追求文明的目标,因而导致主观幸福感(SWB)的下降。

人本主义者则注重人的价值,马斯洛的需要层次论,认为个体在特定水平上的需要满足之后,这方面的主观幸福感就会提高,进而追求高层次的幸福。与 Freud 不同,他将人的潜能和价值的实现看作是人类最高的幸福感。

弗洛伊德也提到通向心理健康的两条途径为爱与工作,实质相当于马斯洛提出的爱的需要与自我实现的需要,这是两人的共通之处。Chekola、Palys 和 Little 等也都提出过各自的目标理论。

目标是个体行为的内在目标状态,价值取向是生活的取向原则,可以看成是高层次的目标。目标是情感系统重要的参照标准,检验它可以很好地了解人的行为、目标种类、结构、向目标接近的过程和目标达成,影响个人对自身的评价。生活中,目标使人感到生活有意义,并产生自我效能感。

同时,努力实现目标的过程帮助人们有效地应对各种日常生活问题,使人在社会和困境中保持良好状态。目标通过自我效能感这一中介变量来影响幸福感。成功的体验会使人们更加自信,建立起强大的自我效能感,从而提高幸福感。

Emmons 发现,当实现其特定的目标时,人们会产生积极的情绪体验。Oishi、Diener、Suh 和 Lucas 认为目标是幸福感的调控装置,人们的幸福感取决于人们的目标和价值取向。目标理论关心的是幸福感的个体差异与发展性变化。比如说,将自己的人生价值定位于学习上的人,在考试成绩优秀时感到非常幸福;喜欢安逸生活的人,则认为家庭和睦是最大的幸福。但不容忽视的问题是,目标的实现会导致幸福感的长期变化,还是仅仅导致短时的情绪体验?这是目标理论无法解释的。

一般认为,正性情感与目标的出现和维持有关,也与靠近目标及实现目标有关;而缺少目标、目标之间的矛盾和冲突、指向目标的活动受干扰则会产生负性情感。目标主要是通过自我效能来影响主观幸福感的,成功的体验会使人们更加相信自己的能力,建立强大的自我效能,从而提高主观幸福感。

目标可以分为两大类,即内在价值目标与外在价值目标,前者是指与自我接受、诚实、善良等有关的目标;而后者则是指美貌、名誉、金钱等外部目标,前者对主观幸福感的影响比后者更大、更持久。

所以说,当一个人能以内在价值和自主选择的方式来追求目标并达到可行程度时,主观幸福感才会增加,即目标必须与人的内在动机或需要相适宜,才能提高主观幸福感,与个人需要不一致的目标,即使达成也不能增加主观幸福感。

### 六、活动理论

活动理论认为,幸福感是活动的副产品,是人的潜能得到充分发挥时的感受,幸福感来自于活动过程本身,而非活动的结果。

亚里士多德是最早持此观点的人之一,他认为快乐来源于有价值的活动。对这一观点表达得更为充分的是"流溢论",或者称心流理论。该理论认为人们在全心全意投入到自己喜爱的活动中,且活动难度与其能力相匹配时,会经历一种难以言喻的喜悦,就会产生一种"幸福流"的感觉,称为"心流"。在这种状态下,个人、行动和意识交融在一起,整个注意力集中在有限的固定刺激上,无视时间的流逝,达到一种物我两忘的境界。

当人们投入到一项活动中,太容易的活动会使人厌烦,太难的活动又会使人感到焦虑。沃特曼在此基础上将幸福分为两种:一种是个性展现的幸福,另一种是尽情享乐的幸福。这一理论强调活动是幸福的媒介,要研究幸福必须从研究活动入手。它把人的现实活动和心理感受结合起来看待幸福问题,既强调了活动的特性,也强调了人格特质在幸福体验中的重要性。

但是活动理论的解释不精确。但活动这一概念过于广泛和模糊,人们的活动包括生理活动和心理活动,人们甚至可以把社会交往、锻炼、习惯等都看作活动,而且,活动与主观幸福感的关系还依赖于反应者的人格特点,所以使得有些活动并不能很好地预测人的主观幸福感。

### 七、社会标签论

社会标签论的核心观点是,社会会告诉个体,你应该幸福或者你应该痛苦,个体就会贴上快乐和痛苦的标签。

### 八、状态理论

状态理论的核心观点认为,一个人是否感到幸福,取决于他日常生活中幸福事件的多寡。在判断人们的幸福感时,只需对快乐的生活事件做出简单的心理运算即可,即幸福等于各个幸福事件的简单相加。Forayce 也发现,若用意识努力来减少暂时的消极情绪,确实可以增加幸福感,缺乏愉快的事件确实会导致抑郁。

幸福是无数"小乐"的日积月累。有一个心理实验,请受试者关注自己的心情 6 周,每个人身上都带着电子测定器,记录他们当时的感觉以及快乐的程度。测试结果多少有点令人感到意外:一个人的幸福感竟然来自多次的"感觉良好",而不是仅仅一次短暂的"大乐"。一些很简单的"小乐",诸如和孩子出去放风筝、和朋友去野外踏青或享受一次自己制作的美味等等——这些并不起眼的"小乐"加起来却远远胜过短暂的"大乐"。

但是,状态理论也存在明显的不足,即该理论体现了明显的元素主义观念。

## 第三节 幸福的公式

幸福是一种主观的情感体验,不同的人会有不同的感觉。因此,不同的专家从各自的研究角度,开列出了各自的幸福公式。

### 一、美国经济学家萨缪尔森的幸福公式

美国经济学家保罗·萨缪尔森的幸福方程式,幸福 = 效用/欲望。

效用是人们消费某种物品或享受某种服务所得到的满足程度;欲望是一种缺乏的感觉与求得满足的愿望,也就是说,欲望是不足之感与求足之愿的统一,两者缺一都不能称为欲望。欲望的特点是其无限性,一种欲望满足之后又会产生其他的欲望,永远没有满足的时候。而幸福是人们付出劳动的目的,也是人们消费与享受的结果。这个公式告诉我们,幸福感类似于满足感,它实际上是现实的生活状态与心理期望状态的一种比较,两者的落差越大,则幸福感越差。

第一,幸福是主观的,因人而异,因环境而异。每个个体的家庭背景、生长环境、生活经历的不同,个人欲望大小不一,不同的人在消费同一种物品或享受完全相同的服务时所得到的满足程度即效用也是完全不相同的,所以,效用和欲望都是人们的主观感觉。同一个人对同一事物,在不同的时间、不同的地点、不同的环境,会有完全不同的感受。例如,同样一元钱对乞丐来说很重要,而对富翁来说,则幸福感就差得多。当人生病住医院时,觉得健康就是幸福;当人孤独时,觉得有家就是幸福;当人饥饿时,觉得有片面包就是幸福;当人手头拮据时,觉得有点钱就是幸福。然而,无病之人不知生病的痛苦,有家之人不知孤独为何物,有钱之人不知无钱的苦恼,饱汉也从不期盼面包。

据说,朱元璋当年落魄的时候,乞来一碗豆腐汤,上面漂着几片菜叶,他喝下去后,感觉味道好极了。朱元璋问:"这是什么汤?"对方说:"这是'翡翠白玉汤'。"后来,朱元璋当上了皇帝,好东西吃腻了,忽然想起了当年令他难忘的"翡翠白玉汤",可御厨尽管很卖力做出了汤,但是朱元璋无论如何也品不到当年的"感觉好极了"的滋味。朱元璋落魄时的饥渴不存在,而那喝汤的感受也不复存在了。

第二,欲望相对固定时,效用值与幸福值成正比。即效用值越大,幸福值越大,反之亦然。这里需要强调的是效用值,而不是效用数量的绝对增加。相反,当效用值相对固定时,作为分母的欲望与幸福值成反比,即欲望越大,幸福值越小,反之亦然。

第三,如果没有了欲望或效用,也就没有幸福可谈。孩子对苹果的欲望在吃的时候得到满足,有幸福感,这就叫爱吃。如果你能控制他吃,保持他的欲望,一天让他吃一个,他很高兴;三天让他吃一个,等于是奖励;如果五天吃一个,他会像过节。而母亲因为孩子爱吃,买来一筐让他吃,随着吃的苹果数量增加,边际效用的不断降低,到边际效用为零时,孩子不再爱吃苹果了,结果是家长花钱毁掉了孩子的欲望,毁掉了孩子的一种幸福。这与在旧社会糕点铺的老板为防止店员偷吃,一次让他吃个够的道理是一样的。因为禁止他偷吃是不可能的,而从根本上解决问题的最好办法是毁掉他的欲望。

该公式启发我们:每个人在自己所处的社会经济条件与环境面前,需要把自己内心的欲望与外界现实调和起来,既然条件与环境是客观的不是要去改变外在局面,而是改变自己,去适应环境。

## 二、英国心理学家皮特·科恩的幸福公式

英国心理学家皮特·科恩说:"大多数人都不知道幸福是什么。他们只知道,只要钱多,车好,房大,就是幸福。但是有了钱,有了好车,有了大房子的人,却并不比其他的人幸福。"科学家们破解了人类最大的一个疑团,那就是幸福的秘密到底是什么。

皮特·科恩认为真正的幸福可以用一个公式来概括:幸福(felicidad)(幸福指数)= P + 5×E + 3×H,个体得到的分数越高,幸福感就越强。在这里,P 代表个性,包括世界观、适应能力、应变能力和耐力。E 代表生存,包括健康状况,财政状况和友谊的稳定情况。H 就是人的自我评价、对生活抱有的期望值、性情和欲望,包括自尊心、期望、雄心和幽默感。

该公式是心理学家们访问了 1 000 多人之后得出的。该公式是基于一系列简单的问题。每一个回答了这些问题的人都得到评分,100 分为满分。幸福方程式首先请你平心静气地开始回答下面的四个问题:①你是否充满活力,以灵活和开放的心态面对变化?②你是否以积极的心态面对未来,可以快速地从挫折中恢复过来,重新感到自己有力量掌握生活?③生活中基本的需要你是否实现了呢?——例如:健康的身心、不错的财务状况、个人安全感、拥有选择的自由。④是否有亲密的朋友在需要的时候,被你有力的支持呢?无论做什么,你都可以沉浸其中,而不受其他事情的干扰?你能否达到对自己期望的水平,而且鼓励自己义无反顾地去达到目标呢?

上面第一、第二个问题对应的是 P 即个性，你的个性对幸福的影响不言而喻；第三个问题对应的是 E 即生存；第四个问题对应的是 H 即更高层次的需要。假设每题满分为 10 分，总分为 100 分的话，如果你的第一题和第二题的感觉分别为 7 分、7 分，那么 P = 7 + 7 = 14，如果第三题的得分为 6，第四题的得分为 7，那么 E = 6，H = 7。你的幸福指数 = 14 + 5 × 6 + 3 × 7 = 65。有兴趣的话你也可以回答上面的问题，测试一下自己的幸福指数。

该公式说明幸福掌握在我们手中，如果我们想获得更多的幸福感，就应该主动控制我们的心理力量。

## 三、美国心理学家赛利格曼的幸福公式

美国著名心理学家赛利格曼提出了一个幸福的公式：总幸福指数 = 先天的遗传素质 + 后天的环境 + 你能主动控制的心理力量。其英文的表达：H = S + C + V。

看了一部喜剧电影，或者吃了一顿美食，这是暂时的快感，而幸福感是指令你感到持续幸福的、稳定的幸福感觉，它包括你对你的现实生活的总体满意度和你对自己的生命质量的评价，是指你对自己生存状态的全面肯定。这个总体幸福取决于三个因素：一是一个人先天的遗传素质；二是环境事件；三是你能控制的心理力量。

先天遗传影响幸福感。幸福怎样能与先天的东西有联系呢？一对双生子的研究证明，一个人的心情可能受到父母的遗传影响，如天生具有抑郁倾向，整日闷闷不乐，其实没有什么坏事情来烦他们，可他们就是不快乐，对生活中消极性和阴暗面却十分敏感，易被不好的事情所感染，甚至遇到好事也不能使他们快乐。这就是遗传的因素。

心理学家调查了 22 个平时具有抑郁心情但曾经中过彩票大奖的人，当中奖事件过去以后，他们很快地回到了从前的抑郁状态，又觉得不幸福了。但令人欣慰的是，如果一个天性乐观的人，暂时性创伤事件对他们的消极影响也是短暂的，不幸事件的几个月后，他们又回到了从前的正常状态。乐天派人的情绪是稳定的。福布斯的前 100 名富人也就比中等收入者稍微幸福一点，也就再次地证明了，幸福不完全和财富成正比的。贫穷是社会经济发展的产物和人的心理

健康程度没关系,所以只要有一个健康的心态、平衡的心态,贫穷也是幸福的。

最幸福的人的标志是他们都十分愿意与人分享生活,他们虽然形形色色,但是他们的社交很广泛,朋友很多,这样的人无疑是快乐的,因为他们的痛苦和欢乐都有人分享,心理负担就不那么重了,自然就快乐了。如果你想幸福不如选择以下的环境:拥有美满的婚姻和丰富你的社交,多交朋友,还有就是有个好的信仰。

该公式说明幸福的秘诀在于我们的精神世界,而不是物质生活。

## 四、《经济》杂志社的一篇文章提出:

幸福 = 供给/需求

这里说的供给,是指一个人在衣、食、住、用、行等物质生活以及在安全、归属、尊重、自我价值实现等精神生活方面的各种供给。这里说的需求,则是指对于以上物质生活和精神生活方面的需求。

## 五、幸福 = 能力/目标

让我们用数学的方法来分析一下这个公式。

第一种情况,当能力一定时,幸福与目标是成反比的,也就是你要求得越多,定的目标越高,你就会越不幸福,目标相应地定得小一些,能力所及,那么就幸福多一些。比如买房子,如果你只是一般的工薪阶层,不去考虑自己的经济条件和能力,那就会有无穷的苦恼,不幸由之而来。如果你量力而行,那么可能你早就住上了属于自己的房子,或许只是最简单的两室一厅的 80 平方米,但你目标已经达到,幸福满足就伴随而来。

第二种情况,目标一定时,幸福与能力是成正比的。时常听人羡慕有人海归,有人开店,有人投资,有人炒股发了财,有人开公司买了车,心里酸水直冒,感觉自己的日子怎么这么没劲,这么不幸福呢?其实如果你明白这个幸福与能力成正比的道理,你就大可不必嫉妒人家了。人家自然是有人家的资本与付出。

第三种情况,当幸福一定时,能力必然是与目标成正比的。为什么无论贫贱和高贵都有相同的幸与不幸?人们常说知足常乐,不知足者常悲。这个知足,实际上就是对一个目标的期望。往往是期望值越高,失望就会越大,尤其当你能力不足的时候。幸福与否实际都是你的一种心态。一个蜷在猪窝里与猪争食饱胀着肚皮眯眼晒太阳的乞丐,他的幸福感也许要比那些在空调房里冬暖夏凉数着钞票的大亨来得还要容易些,因为他的目标仅仅是温饱。人们对幸福的看法往往是掺杂了太多金钱地位的比较,反而忽视了幸福的真正含义。

幸福是什么?幸福都来自哪里?——朋友的一声问候,亲人的一句叮咛,餐桌上朴实却决不缺少营养成分的家常蔬菜,家里虽不豪华却温馨的布置,衣柜里虽不昂贵却体贴柔软的衣服。

## 六、英国"经济与社会研究委员会"的研究

结果显示:有份工作、有个家庭,再加上一位会洗衣服的丈夫,就是英国女性时下幸福感来源的基本要素。

## 七、幸福家庭=经济状况好+个人素质高+身体心态都健康

幸福仍是一种模糊的概念,以上使用主观因素作为衡量幸福的公式仅作为参考。

# 第四节 幸福的测量

在主观幸福感测量时,主要使用的专业测试量表有以下几种。

1. 生活满意感量表

采用美国学者 Diener 编制的《生活满意感量表》(Satisfaction With Life Scale,SWLS)测量大学生总体生活满意感。

该量表共包括 5 个项目,分别是:生活接近理想(T1)、生活状况(T2)、生活满意(T3)、得到重要的东西(T4)、肯定人生道路(T5)。量表采用 7 个等级评分,从非常不满意到非常满意,分值越高,满意度越高。该量表再测信度大于 0.80,内容效度 0.60,效标效度大于 0.50。

2. 情感量表

采用学者 Bradburn(1969)编制的情感量表(Affect Scale: Positive Affect, Negative Affect, Affect Balance),主要用于测量一般人群的积极情感、消极情感和情感平衡。该量表共包含 10 个项目,积极情感与消极情感项目各半,是一系列描述"最近几周"主观感受的是非题。积极情感项目间的相关系数为 0.19—0.75,消极情感项目间的相关系数为 0.38—0.72,积极情感与消极情感项目间的相关系数小于0.10,重测信度为 0.76—0.83,与单个总体主观幸福感测题的相关系数为 0.45—0.51。

3. 幸福感开放性问卷

采用自编的幸福感开放性问卷,该问卷包括3个项目,分别从大学生的幸福原型、对不幸福的归因和对幸福的主观界定三个方面考察大学生的幸福感,试图发现大学生群体幸福感的独特方面。

# 第二章 幸福的生理基础

人的一切心理活动,都要通过神经系统的活动来实现。神经系统是心理活动的主要物质基础。对于幸福感来说,也毫无例外。生理基础如何影响人类对幸福的体验;生理基础是否完全决定了幸福感;有没有可能通过调整生理基础来增加幸福的感觉;人类有没有可能突破生理的局限体会恒久的幸福感等,这些问题都将在这一章中进行探讨。

## 第一节 幸福感与生理基础

德国哲学家康德曾经慨叹:"快乐和幸福的概念是如此模糊,以至人人都想得到它。但是,却谁也不能对自己决意追求和选择的东西,说得清楚明白、条理一贯。""幸福的本质"究竟是什么呢?幸福的生理基础在哪里?这些问题是当今人类知识领域中最大的困惑之一。

随着人们在自然科学领域内不断取得辉煌的成就和突破,特别是在微观方面,人们对分子、原子,甚至是更细微的物质粒子也有了明确的认识,幸福感的生理基础之谜也随之慢慢揭开。

接下来,将要介绍一下影响幸福感最为重要的两种神经递质:多巴胺和内啡肽。

# 一、多巴胺

多巴胺对我们来说,应该已经不是一个太陌生的词了,在各种医学报道和科普文章都能看到它。多巴胺(dopamine)是一种脑内分泌的化学物质,简称"DA"。它是一种神经传送素,主要负责大脑的情欲、感觉,将兴奋及开心的信息传递。多巴胺来源于脑干深处的几小簇细胞。这些细胞加在一起也不过有一个沙粒大小。这1亿个左右细胞是多巴胺唯一的生产者,它们构成长长的轴突纤维,几乎与大脑所有部位的几十亿个细胞相连接。

人脑中存在着数千亿个神经细胞,人的七情六欲,都是由这些神经细胞在传递。然而,神经细胞与神经细胞之间存在间隙,就像一座断桥中的一道缝,脑部信息要跳过这道缝才能传递过去。当信息来临,这些神经细胞顶端上的"突触"(synapse),就会释放出能越过间隙的化学物质,把信息传递开去。这种化学物质名叫"神经递质",多巴胺就是其中一种递质。

阿尔维德—卡尔森等三位科学家就是研究这种能影响每一个人对事物的欢愉感受的物质而获得了诺贝尔奖。

对多巴胺导致幸福感的相关研究和阐述领域中,最受关注的莫过于它与爱情的密切关系。研究者认为爱情的产生,是源于多巴胺的分泌所带来的美妙感觉。

大脑中心——丘脑是人的情爱中心,其间贮藏着丘比特之箭——多种神经递质,也称为恋爱兴奋剂,包括多巴胺、肾上腺素等。当一对男女一见钟情或经过多次了解产生爱慕之情时,丘脑中的多巴胺等神经递质就源源不断地分泌,势不可当地汹涌而出。于是,我们就有了爱的感觉。

有一部电影,就以《多巴胺》命名。男主人公瑞德是一个计算机工程师,正参与一项人工智能研究,女主人公萨拉是一位幼儿园教师。他们俩相遇后一见钟情,爱情的强大力量使技术主义派的瑞德在本能和理性的冲突中困惑不已。喜欢用自己的科学知识解释爱情的瑞德,在爱情面前苦苦挣扎了一段时间后,终于诚服于爱情。

除了爱情之外,多巴胺对幸福感等其他方面的研究也不少。加州霍华德·休斯医学院和索尔克研究院的神经学专家特伦斯·J·赛吉诺瓦斯基博士认为,多巴胺系统可以对奖赏进行判断,无论是来自外界还是我们头脑的幻觉。当有好的事情发生,该系统就释放出多巴胺,使得大脑的主人采取行动。赛博士指出,多巴胺系统的反应相当迅速和灵敏,当事情刚一发生,还来不及经过理性考虑之前,多巴胺系统就会对最终作决定起到一种无意识的、总体上的指导作用。

江苏公众科技网文档中一篇名为"令人神魂颠倒的多巴胺"的文章中介绍了一个非常有意思的研究。

休斯敦市贝勒医学院理论神经科学中心的研究人员P·瑞德·蒙塔古博士等人,与赛吉诺瓦斯基博士等人合作,进行了蜜蜂体内多巴胺样系统工作模拟实验。蜜蜂的大脑中只有一个多巴胺神经元,易于研究。

在不同的季节蜜蜂能够在不断变化的光线下,从不同角度和距离辨认出有花蜜的花。在一个花园里可能会有数十种形状和大小上都非常相似的花朵,但只有其中的一两种花朵有花蜜,蜜蜂能够迅速地判断出有花蜜的花朵,并将信息传递给其他伙伴。

蜜蜂如何做到这一点的呢?实验心理学家莱斯里·瑞尔博士在伊利诺伊大学建立了一个封闭环境,地面上放满了人造花,事先在每朵花中放置不同数量的糖,然后观察蜜蜂的行为。

在一次实验中,瑞尔博士放置了蓝、黄两种颜色的花。只有1/3的蓝花中有大量的糖,而其他蓝花则没有,有2/3的黄花中含有少量的糖,其他黄花也未含糖。蓝花和黄花中糖的总量是一样多的。

蜜蜂会采取哪种方式来获取糖呢?它会选择回报高的蓝花吗?那样它将会以最少的劳动获得最多的糖,但它就须耐心地尝试那些"空"花。或者蜜蜂会选择较为"安全"的方式,即选择黄花。当然这得付出更多劳动。

研究结果显示,蜜蜂在85%的时间里都选择了黄花。可见,在寻求奖赏的过程中,它们不愿冒险。

这一令人惊奇的发现,促使科学家们想进一步探明蜜蜂是如何计算奖赏回报的。为此,蒙塔古博士、赛吉诺瓦斯基博士与麻省理工学院的彼得·戴安博士合作制造了一个计算机虚拟蜜蜂。这个蜜蜂具有一个模拟多巴胺系统,可以用来解释真正的蜜蜂行为。

每当虚拟蜜蜂落在一朵花上时,它的多巴胺系统就会启动。像在大多数动物体内一样,多巴胺神经元静息时的信号是稳定的,处于基线水平。当它被激活,信号发送就加快;当它被抑制,则信号活动停止。

虚拟蜜蜂的神经元设计成可以发生三种简单的反应。如果糖比预计值多(蜜蜂根据以往与该花外表相似的其他花的糖量来确定预计值),神经元的信号反射就活跃。多巴胺增多即表明了糖的增多,蜜蜂瞬间掌握了新情况。如果糖比预计的少,多巴胺神经元就停止信号发射。到达大脑其他部位的多巴胺突然减少,表明蜜蜂得到信息,尽量避免重蹈刚才的覆辙。如果糖量与期待的相同,神经元的活动将不发生变化,蜜蜂也就得不到新的信息。

赛吉诺瓦斯基博士说,这一简单的预测模式,为蜜蜂行为的起因提供了一种解释,即多巴胺神经元"记住"了刚刚发生的事情,正在等待着将要发生的一切,看看下一次的奖赏是多是少。当多巴胺神经元遇到一个"空"花时,它就使蜜蜂的大脑处于一种多巴胺神经元抑制状态。在经历了之前的奖赏所激发的多巴胺释放而产生的愉悦感之后,蜜蜂是无法忍受如此之多的空花的。所以它们宁愿采取一种安全的做法而选择黄花,从而使收获的次数增多,虽然每次的收获比较小,或没有收获。

赛吉诺瓦斯基博士说,这个模式与我们目前对人类行为及大脑的了解也是一致的。赛吉诺瓦斯基博士对该系统的工作原理如此解释:来自外界的感官信息以及对这些信息的反应共同流入大脑。你所看到、触摸到、感觉到、闻到、尝到、听到以及想象到的东西,共同缔造了种种感知状态,它们每时每刻都在发生着变化。对不同感知状态,大脑还保存以往亲身经历的记忆。它们中有一些是所谓的"好"的,你想再次得到;另一些则是你想避免的。

赛吉诺瓦斯基博士说,现在发生的和你曾经体验过的事物,这两种因素都会输入多巴胺系统。然后,遵从一种简单的规则,多巴胺系统把大脑中对奖赏的期望与现实加以比较。

如果现状比期望的好,多巴胺就被释放到大脑的各个部位,从而鼓励了这样的行为,以获得更多的奖赏。如果现状比期望的少,就不发出多巴胺信号,而同时大脑中其他能够阻止该行为的系统则被激活。在这两种情况下,只有当多巴胺系统对你所处的感知状态作出评价,你才会采取进一步的行动。

## 二、内啡肽

生理学家找到了人的大脑里面有一个产生快感的部位,叫做吗啡中枢,吗啡中枢需要一种叫做"内啡肽"的人体化学物质去填充,在填充的过程中就会有欣快感。因而,内腓肽也被称之为"快感荷尔蒙"或者"年轻荷尔蒙"。

所有的生物,从最简单的病毒到最高级的人类,它们千变万化的蛋白质都是由相同的20种氨基酸组成,也就构成了千姿百态的蛋白质世界。生物学在对蛋白质的深入研究过程中,发现一类由氨基酸构成但又不同于蛋白质的中间物质,这类具有蛋白质特性的物质被称作多肽。生物化学家给多肽的简单定义:氨基酸能够彼此以肽胺键(也称肽键)相互连接的化合物称作肽。一种肽含有的氨基酸少于10个就被称为寡肽,超过的就称为多肽。氨基酸为50多个以上的多肽称为蛋白质。内啡肽就是这种重要的多肽。

目前已经发现内啡肽的有亮氨酸——脑啡肽、甲硫氨酸——脑啡肽、α-内啡肽、β-内啡肽等多种。这些肽类除具有镇痛、愉悦功能外,尚具有许多其他生理功能,如调节体温、心血管、呼吸功能。

# 第二节 增加神经递质的自然疗法

## 一、运动

最新一期的《哈佛心理健康通讯》在总结了大量的研究后得出结论:体育锻炼对缓解抑郁、焦虑和其他慢性的心理障碍很有帮助。"虽然我们还没有明了体育锻炼有益于抑郁症和其他心理问题的具体作用细节,但是很多研究都证实了锻炼的良好作用,而且丝毫没有不利的影响。"哈佛大学的心理健康专家说。

哈佛大学教授米勒举例说:经过3个月的严格体育锻炼程序后,参加锻炼的患者的抑郁症状有明显的改善,与接受标准抗抑郁药物治疗的其他患者效果相似。即使对中学生的研究也发现,参加体育锻炼多的同学抑郁症状相对较少。其他研究也发现:锻炼可以改善诸如惊恐障碍、心理创伤和其他焦虑性心理问题。

研究者推测:充满活力的体育锻炼,可以促进脑内有益化学物质的分泌,比如"内啡肽"。这种物质可以使人心情振奋、精神愉悦。体育锻炼还能改进对自我形象的把握;得到团体其他成员的帮助;分散对日常忧虑担心的过分关注;提升对所遇问题处理的自信心。所有这些作用都有利于情绪的改善。

米勒教授说:"虽然增加体育锻炼可以不同程度地帮助参加者,但是还不能作为任何精神疾病的治疗手段,而且,抑郁症患者可能没有锻炼的意愿。"米勒建议,处于抑郁或焦虑等情形的人,尽量参加体育活动,哪怕每次只有短短的几分钟时间。"日积月累,就会造就很大的进步","你没有必要苛求一定要进行45分钟的锻炼,使自己出汗、气喘吁吁;短短10分钟的慢走就是良好的开始。"

## 二、音乐

音乐对放松身心、振作精神、诱导睡眠等都有明显的效果。科学家研究表明,音乐可调节大脑皮质,使体内一些有益于健康的激素、酸类、多肽、乙酰胆碱等数量增多,能引起呼吸、心跳、血压以及血液流量的变化。有些音乐还能刺激机体释放内啡肽,松弛全身,清除疼痛。例如门德尔松的《仲夏夜之梦》、莫扎特的《摇篮曲》、德彪西的《钢琴奏鸣曲》、《梦》等都能促进失眠的人进入睡眠状态;艾尔加的《威风凛凛》、布拉姆斯的《匈牙利舞曲》可在茶余饭后起到缓解生活和工作压力的作用;莫扎特的《第四十交响曲B小调》、格什温的《蓝色狂想曲》组曲,可以缓解您心中的忧郁、郁闷;比才的《卡门》可以消除疲劳;贝多芬的《命运交响曲》、博凯里尼的大提琴《A大调第六奏鸣曲》等能振奋人的精神;穆索尔斯基的钢琴《图画展览会》能增进食欲等等。

## 三、使用右脑

心理学家发现,人的左右脑是有严格的分工的,左脑属于逻辑的、理性的、功利的、分析的、算计的大脑,要想成功就必须充分利用好左脑。长期奔命于工作、事业、追求功名利禄而忽视娱乐、生活的人被称为"左脑人"。人的右脑是属于灵感的、直觉的、音乐的、艺术的,可以令人产生美感和喜悦。

左脑能使人感觉和享受到成功,却无法使人享受到长久的幸福感。而善于使用右脑的人可以使人脑分泌更多的内啡肽,从而使人能产生充分的幸福和满足感。

左脑是人的自身脑,所有积累的知识和长期的工作、学习和经验全部都储存在这个部分。长期的工作、学习的负荷都是由左脑的超工作运转而产生的感知。学会使用右脑,能使人在超负荷的生活中解脱出来,从而调节生活和工作给人带来的压力。

## 四、大笑

俗话说得好,"笑一笑十年少,愁一愁早白头"。这句话形象地说明了心理与生理健康的关系。笑,有助于预防和减少某些疾病的发生,笑可以治疗某些疾病。因此,笑可以说是一剂愉快的治疗方法。

从历史上看,我国用"笑"的方法治疗疾病由来已久。据记载,在我国清代,有一位巡抚得了重病,四处寻医找药,不见起色。某天,又有一位医生来给他看病,把过脉后一本正经地说巡抚的病起于"月经不调"。巡抚听了忍不住放声大笑。从此以后,每每想起医生的逗趣话,他都要痛快地笑一场。说来也真奇怪,过了一段时间他的病居然痊愈。这位医生是很高明的,他没有给患者开什么药物疗方,而是开了一剂精神处方。

据医学研究发现,大笑1分钟等于剧烈活动45分钟。在笑声中,人的呼吸运动会加强,呼吸系统通过震动把废物清除出去。在笑声中,胃的体积缩小,胃壁的张力加大,位置升高,消化液分泌增多,食欲旺盛,消化功能增强。其次,在笑声中,心跳加快,血液循环速度加快,面部和眼球得到格外充分的血液供应,因而面颊红润,眼睛明亮,容光焕发,使人的衰老减缓。笑还是一种天然的镇静剂,它像一缕和煦的阳光,可以驱散心中的忧愁,使神经放松,从而缓解紧张情绪,使人心情平静,改善睡眠质量。笑又是一种天然麻醉剂,它能刺激大脑并产生一种激素,引起内啡肽的释放,从而减轻头痛、腰背痛及关节痛。

### 五、食物

一些氨基酸有类似于神经递质的特性,因此在治疗抑郁症和焦虑症方面起着重要作用。其中与抑郁有关的氨基酸是苯丙氨酸、色氨酸、酪氨酸、褪黑素、S-腺苷甲硫氨酸、ω-3不饱和脂肪酸等,由于在体内不能合成,必须从饮食中供给。苯丙氨酸、色氨酸是人体内的重要必需氨基酸,分别是去甲肾上腺素、5-羟色胺的前体,它们都是调节心境的神经递质。苯丙氨酸能改善多数抑郁患者的心境。抑郁症患者脑内5-羟色胺的水平低下,补充色氨酸能增加5-羟色胺和褪黑素的合成,色氨酸与维生素$B_6$、烟酸合用时效果最明显。5-羟色氨酸(5-HTP)比色氨酸在缓解抑郁方面更有效,因为它易通过血脑屏障,5-HTP还能增加内啡肽和其他神经递质,故可更好地发挥抗抑郁作用。

富含色氨酸的食物有牛奶、小米、香菇、海蟹、黑芝麻、黄豆、南瓜子、葵花子、肉松、油豆腐、鸡蛋等,经常补充这些食物,有利于体内分泌细胞分泌褪黑素。

ω-3不饱和脂肪酸是大脑和脑神经的重要营养成分,其中DHA和EPA是二十二碳六烯酸和二十碳五烯酸的缩写形式。DHA和EPA主要来源于海洋动物(特别是鱼类)油脂中。抑郁患者的DHA水平比非抑郁患者低,而EPA越低,抑郁程度越重。亚麻仁油、芥子油等都富含ω-3不饱和脂肪酸。

## 第三节 反思生理局限

### 一、多多益善VS稳定适量

既然多巴胺有助于欣快和幸福感的产生,是否其含量越多,我们就越幸福呢？事实并非如此。

例如,当你陷入热恋之中,脑中的多巴胺浓度急剧上升。当多巴胺浓度达到峰值,前额叶皮层将被大量多巴胺淹没,很难听到理智的声音了。此时,你的大脑将面临多巴胺长期处于高风险的状态。一旦心爱的人不在身边,或发生了意外,你就会心神不宁,甚至做出种种出乎意料的举动。

"移情别恋"也可以通过多巴胺的变化来解释：人处于恋爱状态时,脑部分泌的多巴胺使人身心舒畅,激情饱满。但对于大脑的自动调节和保护机制,这种分泌只能持续半年到一年,之后由于对这个人进入熟悉状态,这份感觉会日渐淡化,于是,为继续寻求这种美妙的感觉,又要寻找新的猎物来让自己进入分泌多巴胺的状态。

这种情形背后的机制类似于吸毒。确实,对多巴胺的刻意追求是会上瘾的。因为当一个人经历较多地分泌多巴胺所带来的兴奋与愉快之后,必然会恢复到多巴胺分泌结束后的平静阶段,此时个体就会体验到空虚无聊甚至痛苦的感觉状态,而且这种感觉比分泌多巴胺之前来得更强烈,这导致他再次寻觅能够刺激分泌多巴胺的载体。

因而,一味的靠增加神经递质来获得幸福感,不但无法获得持续和稳定幸福感,甚至还可能背道而驰,使人不断体验到从幸福的波峰跌落到波谷后而产生的更大的不安和痛苦。

此外,维持这种波峰状态通常需要身体付出极大的代价,一个人的身体也不可能长久支撑一种心跳过速的巅峰状态,正如不能不停地被注射兴奋剂一样。

简而言之,平衡而长久的维持多巴胺水平,才是获得持久幸福感的基础。然而,先天的生理基础的运作状态并不利于这种平衡状态的维持,所以,幸福不是与生俱来,幸福是需要我们通过修身养性才能获得的。

平静的幸福,从古至今,一直得到智者们的推崇。

古代雅典哲学家伊壁鸠鲁(公元前 341 年—公元前 271 年)在市集广场宣讲快乐(pleasure)是幸福的唯一源头。由于快乐是幸福的关键,所以它必须是所有行动的最终目的。也就是说,不论我们做什么,都是为了求快乐。伊壁鸠鲁主张人应该享受快乐,因为自然给予我们所有人这样的欲望。从健康的角度而言,快乐是件好事。

伊壁鸠鲁认为快乐是幸福的秘密,但他的主张里有个不寻常的要点:他所谓的快乐并非感官欢愉——比方触觉或味觉体验——而是没有欲望,无数批评他的人都不了解这一点。伊壁鸠鲁强调,真正快乐的特征不在极度愉悦,而在能带来心灵平静。深刻持久的幸福是暴风雨后的宁静。

哲学家卢梭在《一个孤独散步者的遐思中》写到,"我发现,最使我得到甜蜜的享受和舒心的快乐的时期,并不是最常引起我回忆和使我感触最深的时期。那令人迷醉和牵动感情的短暂时刻,不论它是多么的活跃,在生命的长河中只不过是几个明亮的小点而已。这种明亮的小点为数太少,而且移动得也太快,所以不能形成一种持久的状态。我心目中的幸福,绝不是转眼即逝的瞬间,而是一种平平常常的持久的状态,它本身没有任何令人激动的地方,但它持续的时间越长,便越令人陶醉,从而最终使人达到完美的幸福的境地。"

## 二、外在的技术手段 VS 内在的心灵修炼

如果维持幸福感,可以靠直接增加神经递质的技术手段或者通过外在刺激促发神经递质的释放便可达成,那么是不是我们就此可以不需要过多努力,而轻松地通过现代技术增加脑内多巴胺或者内啡肽,从而解决我们的精神或情绪问题,提高个人的幸福感呢?

在目前人间的物质财富急剧增长而幸福感如此匮乏的年代,如果技术能为我们解决幸福感的问题,无疑会得到大家的青睐,显然,人们不愿让自己处在不幸福的状态,何况这又是如此方便的一种手段。

但是,这样的幸福真实吗?这真的是我们要追求的幸福吗?这种幸福还有意义吗?还会吸引人吗?一旦失去了外在的技术维持,我们的幸福何以依托?

传统的精神幸福是靠人文手段解决的,即使在物质生活十分艰苦的条件下,如果具有丰富的人文追寻,人也是可以获得幸福感的。也就是说,人具有主动性,人可以不依赖外在条件而为自己创造幸福。但是,如果大家养成了依赖技术、依赖外物的心态不就是等于把

自己的主动权拱手相让了呢?

人们会觉得,我不幸福,是因为我没有足够的多巴胺。这个心态,同我不幸福是因为我没有房子、没有车子、没有钱等等的抱怨有什么本质的不同吗?

没有。两者都是建立在个人无法把握的外在基础之上。

依赖外物和技术的幸福永远是不长久的,收回自己向外寻找的视线,转而向自己的内心探求,才能找到真正的幸福。

西班牙罗马斯多亚学派的最佳阐述者塞内卡(Lucius Annaeus Seneca,公元前4年—公元65年)认为,幸福只能经由以下途径获得:常葆健全的心灵;拥有勇敢积极,同时有坚忍的心灵;具备应付当下境遇的能力;照顾肉体及其所需(但是不过分费心);关注其他有益的生活技能,但是不过分注重;享受但不受役于命运之神的赠予……一旦驱除所有让人困扰与惧怕之物,长久的自由与心灵平静自会到来。

塞内卡不仅是一个理论家,他的理念是以他的亲身经历为基础的。他以超然之心,平静面对他无力改变的残酷命运。他欣然无愧接受"命运之赐",但随时准备弃绝这些美好。当无可避免的厄运到来——先是被放逐到科西嘉岛,后是焦虑的退职生活——他泰然放弃一切拥有物,连自己的性命也不例外;然而,塞内卡高尚的生命和理念却千古流芳。

## 三、欲望 VS 幸福

第一节中,蜜蜂采花的实验研究揭示,多巴胺会将你当下所看到、触摸到、感觉到、闻到、尝到、听到信息同想象到的或者记忆中的信息进行比较,依据其结果而反应,也就是说,你体验到的感觉比起记忆中或者期望中的更好,多巴胺才会释放。

于是,我们又落入了一个陷阱:我们品尝了美味之后,久而不觉其鲜;欣赏了美景之后,久而不觉其美;拥有了舒适的生活环境之后,久而不觉其乐……

与其说我们会习惯,还不如说我们会麻木。于是,为了激活麻木的神经系统,我们就要不断追求更美好的体验,我们永不满足,幸福了还要更幸福,否则,就没有感觉了。

　　这种状态是我们要的幸福吗?也许,用欲望或者激情来命名这种状态更合适一些。欲望越多也许心也更累。

　　摆脱这种恶性循环,享受安稳、踏实的幸福感,从平静中体会安宁的愉悦,可以避免因激情造成的情绪上的大起大落,以及不断提高的"幸福阈限"。

　　排除过去和未来的干扰,体验此时此刻的真实感受,将更有助我们获得真正的幸福体验。

　　但是,放掉过去和未来对于人来说,绝非易事。

　　在撒哈拉大沙漠中,有一种土灰色的沙鼠。每当旱季到来之前,这种沙鼠都要囤积大量的草根备用。因此,那段时间,沙鼠都会忙得不可开交,衔着草根,进进出出自家的洞穴。从早到夜,一刻不停,辛苦的程度让人惊叹。

　　更令人诧异的一个现象是,当它们囤积的草根足以使它们度过旱季时,沙鼠仍然要拼命地工作,一刻不停地寻找草根,运回自己的洞穴,似乎只有这样它们才会踏实。否则便焦躁不安,叫个不停。

　　而实际情况是,沙鼠根本用不着这样劳累和过虑。经过研究证明,这一现象是由于一代又一代沙鼠的遗传基因所决定,是一种本能的焦虑。老实说,对食物不足的担心使沙鼠干了大于实际需求几倍甚至几十倍的事。沙鼠的劳动常常是多余的,毫无意义的。

　　一只沙鼠在旱季里只需要两千克草根,而它们一般都要运回10千克草根才肯罢休。大部分草根最后都会腐烂,沙鼠还要将腐烂的草根清理出洞。哪怕在食物充沛的环境中,沙鼠们依然无法安心。

　　曾有不少医学界的人士想用沙鼠来代替小白鼠做医学实验。因为沙鼠的个头很大,更能准确地反映出药物的特性。但所有的医生在实践中都觉得沙鼠并不好用。问题在于沙鼠一到笼子里,就表现出一种不适的反映。它们到处在找草根,连落到笼子外边的草根它们也要想办法叼进来。尽管它们在这里根本不缺草根和任何吃食,但它们还是习惯性地感到不安,甚至很快就死去。这些沙鼠是因为在并没有任何实际的威胁存在的情况下,因为极度的焦虑而死亡的。

在现实生活中,我们现代人也往往会犯沙鼠的毛病。人们深感不安的事情,往往并不是眼前的事情,而是那些所谓"明天"和"后天"的那些还没有到来,或永远也不会到来的事物;或者,为已经撒了的牛奶而哭泣。此时此刻的体验,就此淹没在后悔、担心、欲望等等念头之中。

"活在当下"是先哲们一再告诉我们的名言。因为只有"活在当下"才是最愉快、最幸福、最安稳、最科学的一种活法。

## 第四节　超越生理局限

### 一、活在当下

活在当下,每一刻的每一种体验都是唯一的,如此才能体验到多巴胺稳定地维持在一个较高水平的状态。

由美国精神病学专家弗雷德里克·S·珀尔斯创立的格式塔疗法就非常强调"此时此刻"。根据珀尔斯最简明的解释,格式塔疗法是自己对自己疾病的觉察,也就是说,对自己所作所为的觉察、体会和醒悟,是一种自我修身养性的疗法。它的实施简便易行,应用范围非常广泛。格式塔疗法有10项原则,基本原理有以下一些。

1. 生活在现在

只有现在的时间是你真正可以把握的。健康人不为过去的事件伤感或陶醉其中,也不对未来的担忧或执著。而不健康的人则要么生活在回忆中,要么生活在对未来的幻想中,唯独对现实缺乏关注和投入。

珀尔斯认为,人可能具有的两种不健全性格:一是追溯性性格,一是预期性性格。

具有追溯性性格的人生活在过去,他们总是对过去生活中的某个事件耿耿于怀。如对自己或者某人以往的某一次过失一直悔恨或者记恨在心。

帕尔斯认为,具有追溯性性格的人所犯的上述错误是一种灾难性错误。如果我们总抓住自己或者他人的过失不放,就说明我们始终把自己看成是孩子,始终不能对自己负责。而一个人要想健康成长,就必须认清记忆不是现实,过去不是现在,儿时不是现在,既使自己或者别人针对自己目前的现状负有某种责任,责备与埋怨也是无济于事的,因为时光不能倒流,已发生的事情无法改变,要想现在生活得好,唯有自己承担起对自己的责任,努力去处理自己所面临的问题。

另有一种预期性性格,同样有损于人格的健康成长。对未来的预期和对有关过去的回忆一样,都是缺乏现实意义的。

但是,在生活节奏不断加快的当今社会中,人们常常惦念着明天的事。吃饭的时候,惦记着学习;上课的时候,计划着娱乐;走路的时候,想着约会,从而失去了对此刻所发生的一切事物的深刻感受。

生活在现在,并不是要排除所有关于将来的思念,而是知道当下现在有一个关于将来的念头,然后清醒地运用过往的经验来思考或计划将来,但不执著这计划是否必定实现。明白到苦恼并不源于对未来有计划,而是源于对这计划的执著。

2. 生活在这里

要找一个安静的地方,才能安心学习;

要去海滨沙滩,才能体会浪漫气氛;

要去森林草原,才能感觉心旷神怡;

要去公园影院,才能感受轻松愉悦……

这是人们常有的心态。但是森林草原往往遥不可及,公园影院也不可能常去,在大都市生活的人们,甚至连个安静的地方也不容易找到。

如何面对这一困境,似乎是个难题。

好在自古以来就有不少文人智者将他们对此的思考体验用优美的文字记述下来。

"结庐在人境,而无车马喧。
问君何能尔,心远地自偏。
采菊东篱下,悠然见南山。
山夕日气佳,飞鸟相与还。
此中有真意,欲辩已妄言。"

这是陶渊明的名作。其中的"心远地自偏"一句,是面对这个问题最好的答案。

真正的宁静不在取决于外部环境,内心的安宁更为重要。真正的超脱是没有地域限制的,心灵的平静祥和是不受外部干扰的。凡人转境不转心,圣人转心不转境。"不为五斗米折腰"的陶渊明选择了归隐,在车马喧嚣中却能够细细体味"采菊东篱下,悠然见南山"超脱的意境;范仲淹归隐后,却依然无法达到内心的平静,"居庙堂之高则忧其民,处江湖之远则忧其君",无论何处,他的心都不能停止忧国忧民。

同样,快乐、幸福的生活就在此处此地,而不是遥远的其他地方。

3. 停止猜想,面向实际

你也许遇到过这样的情况,当你遇到某位同学或老师,然后向他们打招呼,可他们没反应,连笑一笑都没有。如果你就此胡思乱想,他们为什么要这样对待我?是不是对我有意见?不愿意理我吗?其实,也许你没有料到,你向他打招呼,而他可能心事重重,情绪不好,没有留意你向他打招呼罢了。很多心理上的困扰,往往是没有实际根据的"想当然"造成的。

4. 暂停思考,多去感受

现代社会崇尚理性思维,而很少关注感受。有一位智者曾经说过,"思维是生活的奢侈品,体验是生活的本质"。人们整天去分析、推理、判断等等,从而忽视了真切的、细致的、活生生的体验。格式塔疗法的一个特点就是强调在思考基础上的"感受",感受是思考的基础,感受将调整、丰富你的思考。过分地强调逻辑思维而忽略直觉思维的现代人,将离自己的内心越来越远。

5. 接受不愉快的情感

人们通常都希望有愉快的情感,而不愿意接受忧郁的、悲哀的、不愉快的情感。愉快和不愉快是相对而言的,同时也是相互存在和相互转化的。因此,正确的态度是:既要接受愉快的情绪,也要有接受不愉快情绪的思想准备。

俗话说:人生不如意事十之八九。但是,人最大的烦恼就根本不想要烦恼。既然没有烦恼的生活是根本不存在的,那么排斥、拒绝、对立种种不愉快的情感就是在排斥、拒绝生活。这种对立的状态只会让自己消耗更多的能量,而无助于得到真正的幸福快乐。

接纳有不愉快情感的自己、接纳不完美的生活,才能认清和体会到生活的本质。

6. 不要随意下判断

塞翁失马的故事众人皆知,但是能深刻的领会其寓意,并落实到日常生活中的人并不多。这一故事告诉我们,一切事物都在不断发展变化,好事与坏事,这矛盾的对立双方,无不在一定的条件下,向各自的相反方向转化。所以,千万不要妄下论断,以平等的心态来面对任何事情。

7. 不要盲目地崇拜偶像和权威

现代社会,有很多所谓的权威和偶像,他们会禁锢你的头脑、束缚你的手脚。格式塔疗法对这些一概持否定态度。我们不要盲目地附和众议,从而丧失独立思考的习性;也不要盲目崇拜羡慕他人,从而忽视了自我独特的价值。

8. 我就是我

不要幻想,我若是某某人,我就一定如何如何。应该从自己的起点做起,充分发挥自己的潜能。从我做起,从现在做起,竭尽全力发挥自己的才能,做好我能够做的事情。每一个人都是独一无二的。

小骆驼问妈妈:"妈妈、妈妈,为什么我们的睫毛那么长?"

骆驼妈妈说:"当风沙来的时候,长长的睫毛可以让我们在风暴中都能看得到方向。"

小骆驼又问:"妈妈、妈妈,为什么我们的背那么驼,丑死了!"

骆驼妈妈说:"这个叫驼峰,可以帮我们储存大量的水和养分,让我们能在沙漠里耐受十几天的无水无食条件。"

小骆驼又问:"妈妈,妈妈,为什么我们的脚掌那么厚?"

骆驼妈妈说:"那可以让我们重重的身子不至于陷在软软的沙子里,便于长途跋涉啊。"

小骆驼高兴坏了:"哗,原来我们这么有用啊!"

9. 对自己负责

人们往往容易逃避责任。比如,考试成绩不好,会把失败原因归罪为自己的家庭环境不好、学校不好;工作不好,会推诿说领导不力、条件太差等,把自己的过错、失败都推到客观原因上。格式塔疗法的这项重要原则,就是要求自己做事自己承担责任。

10. 正确地自我评估

在心理学的领域内,自我了解是一个非常重要的课题。充分的自己认知和自我评估是心理健康和制定生涯目标的基础。

自古以来,自我认知就被放到一个很高的境界。老子说:"知人者智,自知者明;胜人者有力,自胜者强。"能够了解别人的优劣,只能算是聪慧,能够认知自己的本心本性才可算是清醒。能够战胜别人的可能算是有力,能够克服自己的才算是坚强。

但是,日常生活中的自我了解往往比较粗略,甚至是错误的。例如:人一般往往会在与他人的比较中了解自己,例如我比别人聪明吗?我比别人有修养吗?这种横向的比较对一个人的妨害非常大,有可能使个体无法真正发挥自己的特色,甚者使他放弃自己,不敢也不愿展现真实的自我。

所以正确的自我了解和评估是一个人能否健康快乐生活的基础。每个人都会在意自己的一生要如何过,都会有规划和盘算,希望在有限的人生中做到或完成一些有意义的事。自我了解是人生规划的基础,如果不知道自己的价值,不知道自己的能力,不知道自己的限制。自我了解对每一个人都是必要的,因而,请大家停下匆忙的脚步,花些时间来了解一下真实的自我。

二、静坐冥想

活在当下,是一个需要通过不断提醒、不断调整、不断联系才能达到的境界,并非理智上认同就能轻易达到。静坐冥想是一个经过长久的实践,证明较为有效的帮助我们达到活在当下的途径之一。

1. 静坐冥想的功效

根据现代医学的实验:当熟练静坐的人静坐时,他们的脑波是连续的α波;当一个人从事理性思考或忧虑、紧张时,他们的脑波则大部分是β波。β波有较不规则的节奏。

α波是表示一种无焦虑、无紧张的状态,当一个人做轻微静坐时,他的脑波会从β波转成α波。一般人在睡觉时才会有θ波产生,但在较深沉的静坐时,脑波大部分是θ波,且与潜意识心灵相关联。

当静坐变得更深沉时,θ波将会变成δ波。透过静坐的训练,头脑将被有系统地再造成为较健康、较协调的状态。科学的实验证明,静坐可减少沮丧、压力、冷漠、头痛、失眠和心不在焉,且能增加注意力及记忆力。自主神经系统(控制人体内部机能的部分神经)是与人脑的下视丘相连,它是由中脑的边缘系统所控制。静坐能影响一个人的中脑,并且稳定下视丘及人的情绪。

人脑的结构与核桃相似,可分成两个部分。左半边控制右半边的身体,右半边控制左边的身体。人的左脑是属于分析、逻辑和理性的,所以是倾向于科学及数学。而右脑是属于直觉和创造性的,所以是倾向于音乐和艺术。随着科学和技术的发达,我们忽略了右脑的发展。所以,为了使智力和直觉的发展谐调一致,练习静坐就是必须的了。由于脑部不同部位的缺乏整合,导致身体功能的不稳定。当脑的不同部分功能不协调时,紧张与疾病就会产生。而借着静坐我们可以避免这些问题。静坐可以增加我们的集中力,减少沮丧、痛苦及挫折。静坐者发现内在世界才是人类精细快乐的源头。

当人在静坐时,会增加35%的血液流到脑部。而提供给脑部的血量大小,与我们的心灵能力有密切的关系。当血量增加时,相对的氧量就会增加,如此一来,脑部的功能也获得改善。静坐也能使我们身体得到较多的休息,因为静坐时人体内氧的水平会降低20%,人会感觉到完全的松弛。

2. 如何练习静坐

① 时间:每天一次、两次或者在需要的时候进行都可以。

一般来说,练习的时间可以是早晨起床后、晚饭前或者睡觉前。每次30分钟,当然也不限定,短则5分钟,长则1个小时,因人因地而灵活变通。

②准备:练习静坐时,身体内部的活动会趋于缓慢,而刚吃过饭时,消化器官却需要大量供血,为了防止体内生理过程发生冲突,一般要避免在用餐后的1个小时内练习静坐。身心疲累的时候也不要坐。因为疲累的时候打坐会打瞌睡,达不到禅坐的效果。如果觉得累,还是先去睡一觉。服装以宽松为宜

③环境:练习的地点最好是在不太受近距离噪音干扰的地方。

④坐姿:静坐一般要求采用坐姿,无论在椅子或床上都可以,但是不能靠在椅背上,坐的姿势以舒适为原则。也有些静坐的方法中强调盘坐,但是很多人一开始无法适应,找到一种适合自己的坐姿很重要,要顺从身体。难受的坐姿会使你分心。

⑤调息:调整完坐姿后就要放松,专注地把注意力放在呼吸上。呼吸就是生命,它是我们生命最基本的表现。

⑥调心:当杂念升起时,千万不要刻意去控制它,也不要勉强让心宁静,让心有任何的挂碍或负担。有杂念,特别是在练习静坐初期,是非常正常的。这绝不是表示你的思想比从前乱,反而是因为你比从前安静,你终于察觉你的思想一向是多么杂乱。千万不要灰心或放弃,不管有什么念头出现,你所要做的只是保持清醒,把自己的注意力拉回来放到呼吸上。不断地反反复复的联系,慢慢体会清明平静的喜乐。

⑦把这种状态延续到生活之中:不要将静坐的状态和生活截然分开,静坐的目的是为了更好地生活。当我们急躁的等车等人时,当我们紧张的面对压力时,当我们痛苦的面对失败时,当我们烦恼的处理着杂事时,随时随地地尝试着放松、调息、调心。

# 第三章 人格完善

人们常说:"性格就是命运。"人格是包含性格在内的复杂结构,人格与幸福感有着密切的关系,在某种程度上,幸福是一种特质。拥有外倾、情绪稳定、自尊和乐观等人格特征的人,能够体验到更多的积极情感,对自己生活的满意度高,也就能感到幸福和快乐。

## 第一节 人格概述

如果说性格是由各种性格特征结合而成的复杂结构,那么人格则是包含性格在内的复杂结构。每一个人都有比较系统、完整的关于自己以及对他人的行为、品行的看法,不论你是否意识到它的存在,它实际上就是一种潜在的"人格理论",这种理论帮助你随时随地解释和预测他人的行为并控制自己的行为。那么究竟什么叫人格?明确阐明这一概念并不是一件很容易的事。有许多概念多与人的行为风格相联系,诸如气质、性格、个性等。因此,对人格概念的理解最好通过与之有关概念的相互对照、把握它们的相似性与区别而获得。

### 一、人格定义

"人格"一词的英文"personality"是从拉丁文"persona"演变来的,拉丁文的原意是面具。面具是用来在戏剧中表明人物身份和性格的,而这也就是人格最初的含义。早在古希腊时期,人们就已使用"人格"的概念,并引申出较复杂的含义,包括:一个人的外在行为表现方式,他在生活中扮演的角色,与其工作相适应的个人品质的总和,包括声望和尊严等。在现代英文词典里,仍然可以在"人格"(personality)这一词条下看到上述含义的影子。

心理学家们对人格的定义并不完全一致。阿尔波特(G. Allport)曾列举出 50 种不同的定义,足见人格概念中的分歧,同时还表明人格的复杂性。但众多定义有一个基本相似的看法,即认为人格是与人的行为风格或行为模式有关的概念。从以下各种定义可以看到这种共识:"人格是个体由遗传和环境决定的实际的和潜在的行为模式的总和"(艾森克,1955);"人格是一种倾向,可借以预测一个人在给定情境中的行为,它是与个体的外显的和内隐的行为联系在一起的"(卡特尔,1965);"人格是稳定的心理结构和过程,它组织人的经验,形成人的行为和对环境的反应"(拉扎勒斯,1979);"人格是个人心理特征的统一,决定(内隐的、外显的)行为,同他人的行为有稳定的差异"(米歇尔,1980)。

《中国大百科全书》(教育卷)对人格的界定是"个人的心理面貌或心理格局,即个人的一些意识倾向与各种稳定而独特的心理特征的总和。"从这个定义出发,人格大致包括的内容为:气质、性格、能力、兴趣、爱好、需要、理想、信念等。在这个层面上有人常把人格看作性格的同义词,如欧洲的心理学家就喜欢用"character"(性格)一词来表示人格。

综合各种定义,可以这样概括:人格是心理特征的整合统一体,是一个相对稳定的结构组织,在不同时空背景下影响人的外显和内隐行为模式的心理特性。人格标志一个人具有的独特性,并反映人的自然性与社会性的交织。

这个定义反映了人格的复杂性与多维性,它包括以下一些方面。

1. 整体性

人格标志一个人表现在行为模式中的心理特性的整合体,它是一种心理组织,构建成一个人内在的心理特征结构。它不能被直接观察,但却经常体现在人的行为之中,使个体表现出带有个人整体倾向的精神风貌。

2. 稳定性

由许多个性特征组成的人格结构是相对稳定的,在行为中恒常地、一贯地予以表现。这种稳定性具有跨时空的性质,即通过个体人格,各种情境刺激在作用上获得等值,产生个体行为上广泛的一致性。但是这种稳定性是可变的、发展的而不是刻板的。这是因为:各种人格特征在某个人身上整合的程度(如稳定性)不同,一个人可能具有相反性质的特征,在不同情境中可反映它们不同的方面,暂时性地受情境的制约,表现出来的并非个人的稳定特性。

3. 个体性

由于人格结构组合的多样性,构成了不同人之间的个体差异性。尽管不同人可以有某些相同的个别特征,但他们的整体人格不会是完全相同的。

4. 动机性与适应性

人格"支撑"行为,它驱使人趋向或回避某种行动,寻找或躲开某些刺激,人格是构成人的内在驱动力的一个方面,它的动机性与内驱力和情绪不同,它似乎是"派生的",情境刺激通过人格的"折射"引导行为,致使行为带有个体人格倾向的烙印,成为一定的行为模式。人格的这种驱动力反映着人格对人的生活具有适应性的品质。

5. 自然性与社会性的综合

人格蕴含着人的自然属性和社会文化价值两方面。人格是在个体生活过程中形成的,它在极大程度上受社会文化、教育教养内容和方式的塑造,然而它以个体的神经解剖生理特点为基础。

## 二、人格的形成

人格的形成是先天的遗传因素和后天的环境、教育因素相互作用的结果。在解释人格形成的问题上,主要的理论流派有以下几种。

1. 遗传观

根据遗传学的观点说明人格是一种最普遍、最"世俗"的解释。

根据这种观点,人的生理特征与人格特征都是由遗传决定的。目前,大家普遍认为遗传是人格形成的部分根源,而不是全部由遗传决定的。

2. 社会文化因素决定论

根据这种观点,人格是人们扮演的各种角色的综合。另外,决定人格的社会文化因素还有家庭经济地位、家庭成员的多少、出生次序、民族、宗教、生长地区、父母文化程度及交往关系等。

3. 学习论

学习论的典型观点是,我们每个人都是别人对我们生存行为进行奖赏的结果。如果我们获得的奖赏经验不同,那么每个人的人格也就不同。就学习论者看来,成功者和失败者的差别只能在奖赏的模式中去寻找,而不是在遗传因素中。美国心理学家斯金纳、多拉德和米勒都强调学习过程的重要性。

4. 存在-人本主义观

这种观点,轻视探讨人格的起因,注重个人的体验。

另外还有以弗洛伊德、荣格为代表的潜意识理论。有专家指出:"人格最正确解释来自于全部重要理论的合成。"以上对人格形成解释的各种观点,都指出了人格形成的某一方面的原因,而实际上人格的形成是由所有这些因素作用的结果(遗传、学习、文化社会、自我意识、特质、潜意识机制等)。因此,我们在培养人格时,要吸收各种流派的观点和做法,形成一个整体培养模式。

那么,童年的经验对人格形成有什么影响?许多人格理论家都把重要的成年人格特征与某些类型的童年经验相联系。如弗洛伊德、阿德勒、霍妮、埃里克森、斯金纳等都强调童年经验对决定成年人是健康的、精神病的,还是介于两者之间起着重要作用。因此,父母应当了解抚育儿童的基本知识。

## 三、什么是健康人格

人格是指一个人习惯化的思维、情感和行为反应方式。人格受先天遗传和后天环境的影响,成年后比较稳定。严格地说,人格并无好坏之分,但是人格会影响个体与环境的互动方式,会成为一个人成长的有利或者不利条件。因此充分地认识自己的人格特征,善于发现自己的优点和不足,就能更好地适应环境和社会,更好地走向成功和幸福。

以往心理学对人格的研究重点是心理疾病方面,现在更关心人性的健康就是心理健康方面。心理学研究人格健康的目的是要打开并释放人的潜能,以实现和完善自我的能力。

心理学家们从各方面描述了健康人格的特征,具体的描述有以下一些。

奥尔波特:具有健康人格的人是成熟的人。成熟的人有7条标准:①专注于某些活动,在这些活动中是一个真正的参与者;②对父母、朋友等具有显示爱的能力;③有安全感;④能够客观地看待世界;⑤能够胜任自己所承担的工作;⑥客观地认识自己;⑦有坚定的价值观和道德感。

罗杰斯:具有健康人格的人是充分起作用的人。充分起作用的人有5个具体的特征:①情感和态度上是无拘无束的、开放性的,没有任何东西需要防备;②对新的经验有很强的适应性,能够自由地分享这些经验;③信任自己的感觉;④有自由感;⑤具有高度的创造力。

弗洛姆:具有健康人格的人是创造性的人。除了生理需要,每个人都有各种各样的心理需要,这正是人与动物的重要区别。具有健康人格的人将以创造性的、生产性的方式来满足自己的心理需要。

弗兰克:具有健康人格的人是超越自我的人。超越自我的人被概括为:在选择自己行动方向上是自由的,自己负责处理自己的生活,不受自己之外的力量支配,创造适合自己的有意义的生活,有意识地控制自己的生活,能够表现出创造的、体验的态度,超越了对自我的关心。

正是在这个意义上,大家非常关注当代青少年是否具有健康人格。比如,根据上述描述,我们会提出以下问题:能否专注于学习活动;是否感到对所学的东西有一种胜任感;是否是学习活动中活跃的参与者;是否有自由感;是否有获得创造性培养的机会;能否根据自己的成熟程度在一定范围内决定自己的生活;是否能够创造适合自己的有意义的生活;是否有能力控制自己的生活;是否对新的经验有一种开放的态度等等。综合起来就是青少年所应具有的健康人格:能比较客观地认识自我和外部世界,开放的,对所承担的学习工作和其他活动有胜任感,充分发挥潜能的,对父母、朋友、同学有爱的能力,有安全感,喜欢创造,有能力管理自己的生活,有自由感。

## 第二节 人格与幸福感

### 一、艾森克的大三人格理论

艾森克(Eysenck)反对把人格定义抽象化,他在《人格的维度》(1947)一书中指出"人格是生命体实际表现出来的行为模式的总和"。最初他用因素分析确定了两个基本的维度:内外倾和神经质,并认为这两个纬度可以涵盖所有其他人格特质。艾森克对一个典型外倾者和一个典型内倾者的行为分别作了如下描述:典型的外倾者喜欢交际、喜欢聚会,有很多朋友,总需要有人一起说说话,不喜欢自己看书或者学习;渴望兴奋,会抓住机会,经常冒险,做事常凭冲动,通常是个冲动的人;喜欢恶作剧,总有爽快的答复,通常喜欢变化;他是快乐的,随遇而安,乐观的,喜欢"常笑常乐";他喜欢不停地移动东西,不停地做事,具有攻击性行为,易发脾气。总之,他的感情容易失控,而且常常是不可靠的。

而典型的内倾者是有些安静隐退的人;他好内省,喜欢读书而不喜欢与人交往,除了对亲密的朋友之外,他总是很沉默,很冷漠;他习惯于喜欢提前计划,"三思而后行",不相信一时的冲动;他不喜欢刺激,严肃对待日常生活中事情,喜欢井然有序的生活方式;严格控制自己的情感,很少有侵略性行为;不会轻易发脾气,他是可信赖的,有些悲观,但是很重视道德标准。艾森克认为,外倾者和内倾者有不同的大脑皮层唤醒水平。这种唤醒水平的差异可以解释内倾者和外倾者的不同行为和偏好。内倾者极易被唤醒,而外倾者很难被唤醒。因为任何个体的行为,都是在一种适中的大脑皮层唤醒水平下理想地进行。外倾性越强的人常常倾向于通过寻找外部刺激(如社交活动)达到适宜的唤醒水平,而内倾性强的人则会试图避免一些引起过度唤醒的情况,他们往往会选择一种孤独的、没有刺激的环境,以防止唤醒水平过高而心神不宁。这就意味着,某些从外部接受到的刺激,和来自机体内部的刺激一样,在内倾者身上都会产生更强的反应。

艾森克人格模式中的第二个维度是神经质。在该维度上得分高的人,"情感的易变性是外显的、反应过敏的,得分高的个体倾向于过于强烈的情绪反应,他们在情感经历之后较难面对正常的情境"(Eysenck,1981)。有时我们会将这种人视为情绪不稳定的人。他们往往会对微小的挫折和问题情境产生强烈的情绪反应,而且需要很长时间才能平静下来。这些人往往会比一般人更易激动、动怒和沮丧。而处于该纬度另一端得分低的人,则似乎很快能从困境中解脱出来,在情感方面很少动摇不定。

后来,艾森克在进一步研究中又提出了第三种人格类型——精神质,它代表一种粗暴强横、倔强固执和铁石心肠的特点。在该维度上得分高的人往往被看成"自我中心的、攻击性的、冷酷的、缺乏同情心的、对他人不关心的,而且通常不关心他人的权利和福利"。而得分低的人则表现为温柔、善感等特点。如果个体的精神质特点表现明显,则易导致行为异常。艾森克认为,神经质与精神质维度一起可以表示各种神经症和精神病。因此,该纬度也可以看成是心理健康的一个指标。

艾森克强调,上述三种类型的特质不仅存在于他的研究中,而且在使用不同方法收集材料和不同文化背景的研究中也出现过(Eysenck 1985)。正因为如此,艾森克的人格量表也获得了广泛的好评。

## 二、大三人格与主观幸福感

主观幸福感(subjective well-bing,简称 SWB)是指个体对自己的整体性评价,包括情感和认知方面的评价,主观幸福感是一个多侧面的结构,当个体感受到许多的愉快和满意于自己的生活时,就体验了许多主观幸福感。主观幸福感的三个成分为:生活满意度、正性(积极)情绪、负性(消极)情绪。大量研究表明人格因素与主观幸福感有着密切的联系。

大三人格与主观幸福感的关系是以艾森克对人格的分类,即从神经质、精神质和内外倾三个维度来研究人格与幸福感的关系。Eysenck(1983)指出:"幸福可称之为稳定的外倾性……幸福感中的积极情绪与易于社交的性格有关,这样的性格容易与他人自然而快乐地相处。同样,抑郁性和焦虑性产生的情绪不是幸福感。因而情绪不稳定和神经质与不幸福相联系。"这种观点与 Costa 和 McCrea(1980)的研究不谋而合。他们研究了1 100名被试者,发现某些特质(如社会活动、社会性、有活力等)产生正性情感,另外一些特质(如焦虑、担心等)则产生消极情感。而这两组特质群分别具有较高的内部一致性,构成人格特质中的外倾和神经质。Gray(1981)提出,外倾者对奖励信息敏感,所以外倾者更快乐,神经质个体对负性情感的反应更敏感,所以不如非神经质者快乐。Tellgan(1985)、Eysenk(1987)、Larsen(1998)也认为,外倾表示对积极情感的敏感性,神经质对消极情感具有敏感性。大多数学者的研究也得出了与艾森克相同的结论,即外倾性与积极情感、生活满意度有关,与负性情感无关,可以提高主观幸福感;神经质与消极情感有关,会降低主观幸福感。

众多研究一致表明,外倾性与幸福感存在正相关,能够增进幸福感;神经质与幸福感存在负相关,会降低幸福感。外倾者的幸福感要显著高于内倾者,情绪稳定者的幸福感要显著高于情绪不稳定者。多元回归分析的结果表明,人格特质是幸福感的重要预测指标。其中外倾是预测生活满意度和积极情感的有效指标,而幸福感的三个维度都可以有效地从神经质中预测出来。也就是说,不同的人格维度与幸福感的各个成分有着不同关系:外倾能导致较高的幸福感水平,而神经质能导致较低的幸福感水平。

为什么外倾的人会比内倾的人更幸福呢?比较流行的解释是以下几点。

(1) Gray(1982)关于"脑部结构的差异是主要原因"的假设。他认为,性格外倾者更倾向于对奖赏作出反应,因此更加幸福。而性格内倾者更容易对惩罚更敏感,因此更不幸福。在负性情感方面,内向、外倾个体的反应相同,但外倾者对正性情感的反应比内向者更敏感,所以外倾者更快乐。

（2）社会技能的影响。大量的研究表明,外倾者的幸福感是因为与朋友交往所带来的快乐,外倾者更懂得享受,因为他们具备出众的社交技能。Myers 和 Diener(1995)把幸福的人描述为不仅具有某些人格特质,而且还有较好的人际关系。

Argyle 和 Lu(1990)实验显示活动的频率、项目与幸福感和外倾性有关。

DeNeve 和 Cooper(1998)研究发现,外倾人格有利于更多良好关系的建立,而这些良好关系的建立又会导致积极情感的增加。

Emmons 和 Diener(2000)对美国大学生进行了深入地观察以研究外倾性和快乐的关系。结果发现,个性外倾者也就是好交际、合群、活跃的人,都认为自己十分快乐和对生活很满意。外倾者表现出更多的自信和自我满足,对自己满意,同时有自信的人别人也会喜欢他们。

Diener(2001)对伊利诺伊大学的大学生进行的 4 年的纵向研究（结婚、好工作、新朋友、尊重、社会支持等方面）结果发现,外倾者生活得更好。相对于内倾者,外倾者中结婚、找到好工作、交到一些新朋友或知心朋友的可能性更大。很明显,外倾者与别人的关系更密切一些,他们的朋友圈子比较大,他们享受的尊重和得到的社会支持也更多,而社会支持是快乐的一个重要来源。因此,社会技能无疑是外倾者获得高幸福感的主要因素。

## 三、大五人格理论

五因素模型始于诺曼（W. T. Noman,1963）的工作,他运用卡特尔特质评定量表从学生那里获得了评定数据。不过,与卡特尔不同的是,诺曼在这些数据中寻找独立的因素,获得了存在五个人格因素的证据:①外倾性（如善于交际）;②接纳度（如合作性）;③责任感（如负责任）;④情绪稳定性（如平静）;⑤文化（如有想象力）。

这一研究获得了许多心理学家的支持。例如,艾德伯格（Goldberg,1990）进行了两个研究都证实了大五人格的存在,在他的第一个研究中,他使用了 1 434 个描述人格各方面的术语,学生被试用这些术语进行自我描述,然后把这些描述分成75类,最后用10种因素分析方法对数据进行分析,结果都分离出下列5个因素:起伏性、接纳度、责任感、情绪稳定性与智力。在他的第二个研究中,他把479个共同特质分成133个同义族。在两组自陈和两种等级评定的情况下,同样得到5个因素。于是他对这些研究进行总结:"我们似乎有理由推出这样的结论:无论是采用自评还是同伴评定,对英语特质形容词的任何合理的大样本分析,都将引出大五因素结构的某种变体。"

虽然关于大五因素仍然存在一些争议,但经过长期的发展后,现在研究者还是达成了较一致的看法,认为主要有以下5种人格因素。

外倾性(extraversion):好交际对不好交际,爱娱乐对严肃,感情丰富对含蓄。表现出热情、社交、果断、活跃、冒险、乐观等特点。

神经质或情绪稳定性(neuroticism):焦虑对平静,不安全感对安全感,自我遗憾对自我满足。包括焦虑、敌对、压抑、自我意识、冲动、脆弱等特质。

开放性(openness):富于想象对务实,喜欢变化对墨守成规,自主对顺从。具有想象、审美、情感丰富、求异、创造、智慧等特征。

宜人性(agreebleness):热心对无情,信赖对怀疑,乐于助人对不合作。包括信任、利他、直率、谦虚、移情等品质。

严谨性(conscientiousness):有序对无序,谨慎细心对粗心大意,自律对意志薄弱。包括胜任、公正、条理、尽职、成就、自律、谨慎、克制等特点(见下表)。

### 5种人格因素

| 因素 | 特征 |
| --- | --- |
| 外倾性 | 好交际—不好交际;爱娱乐—严肃;感情丰富—含蓄 |
| 神经质 | 焦虑—平静;不安全感—安全感;自我遗憾—自我满足 |
| 开放性 | 富于想象—务实;喜欢变化—墨守成规;自主—顺从 |
| 宜人性 | 热心—无情;信赖—怀疑;乐于助人—不合作 |
| 严谨性 | 有序—无序;谨慎细心—粗心大意;自律—意志薄弱 |

## 四、大五人格与主观幸福感

尽管大量的研究探讨了大三人格与主观幸福感的关系,但正如 DeNeve 和 Cooper(1998)所指出的,单独地集中于外倾和神经质可能会过于简单地陈述人格和主观幸福感之间复杂的联系模式。一些宽泛的维度和范围相对较窄的特质显示出与主观幸福感有一致的相关。在这种背景下,大五人格与主观幸福感的关系受到重视。

外倾性的显著标志是个体对外部世界的积极投入。外倾者乐于和人相处,充满活力,常常怀有积极的情绪体验。内向者往往安静、抑制、谨慎,对外部世界不太感兴趣。内向者喜欢独处,内向者的独立和谨慎有时会被错认为不友好或傲慢。

宜人性反映了个体在合作与社会和谐性方面的差异。宜人的个体重视和他人的和谐相处,因此他们体贴友好,大方乐于助人,愿意谦让。不宜人的个体更加关注自己的利益。他们一般不关心他人,有时候怀疑他人的动机。不宜人的个体非常理性,很适合科学、工程、军事等此类要求客观决策的情境。

严谨性指我们控制、管理和调节自身冲动的方式。冲动并不一定就是坏事,有时候环境要求我们能够快速决策。冲动的个体常被认为是快乐的、有趣的、很好的玩伴。但是冲动的行为常常会给自己带来麻烦,虽然会给个体带来暂时的满足,但却容易产生长期的不良后果,比如攻击他人,吸食毒品等等。冲动的个体一般不会获得很大的成就。谨慎的人容易避免麻烦,能够获得更大的成功。人们一般认为谨慎的人更加聪明和可靠,但是谨慎的人可能是一个完美主义者或者是一个工作狂。极端谨慎的个体让人觉得单调、乏味、缺少生气。

神经质指个体体验消极情绪的倾向。神经质维度得分高的人更容易体验到诸如愤怒、焦虑、抑郁等消极的情绪。他们对外界刺激反应比一般人强烈,对情绪的调节能力比较差,经常处于一种不良的情绪状态下。并且这些人思维、决策以及有效应对外部压力的能力比较差。相反,神经质维度得分低的人较少烦恼,较少情绪化,比较平静,但这并不表明他们经常会有积极的情绪体验,积极情绪体验的频繁程度是外倾性的主要内容。

开放性描述一个人的认知风格。开放性得分高的人富有想象力和创造力,好奇,欣赏艺术,对美的事物比较敏感。开放性的人偏爱抽象思维,兴趣广泛。封闭性的人讲求实际,偏爱常规,比较传统和保守。开放性的人适合教师等职业,封闭性的人适合警察、销售、服务性职业等。

在人格五因素中,外倾性、神经质与幸福感的关系重复验证了大五人格与幸福感的研究结论,即外倾性与生活满意度和正性情感存在正相关,能够提高幸福感;神经质与生活满意度和正性情感存在负相关,与负性情感存在正相关,能够降低幸福感。但其余三个因素,经验的开放性、宜人性和严谨性与幸福感的关系研究较少,而且结论也不尽一致。Costa 和 McCrae(1982,1991)的研究表明,五个因素全部与幸福感存在显著相关。其中,经验的开放性同时与正性情感和负性情感存在正相关,宜人性和严谨性与幸福感的关系模式是一致的,即与生活满意度和正性情感存在显著正相关,与负性情感存在显著负相关,因此能够提高幸福感。

DeNeve 和 Cooper(1998)并不同意 Costa 和 McCrae 的观点,他们指出,幸福感不仅与人际关系的数量(外倾性)有关,而且与人际关系的质量(宜人性)有关。因此积极情感既可以由外倾性来预测,也同样可以由宜人性来预测;严谨性具有双重作用,有责任心的人为自己确立了高目标,倾向于在工作情景中取得更多的成就。有学者认为,开放性、宜人性或许与幸福感存在复杂的关系,宜人者在宜人的同时可能会过度克制和压抑自己,虽然避免了过多的人际冲突,但难免会体验到更多的消极情绪。开放性包括智力、文化和创造性,也许由于缺乏确切性,因此开放性对幸福感缺乏强大的预测力。

## 第三节　其他人格与幸福感

有学者在研究幸福的内倾性时,发现幸福感与一些认知因素有关。这些认知因素包括自尊、乐观、生活目标、自我控制等。这些因素同幸福感的相关很高。

## 一、自尊与幸福感

自尊是个体在社会实践过程中所获得的对自我的积极情感性体验,由自我效能或自我胜任以及自我悦纳或自爱两个部分构成。自尊反映出个体知觉到的现实自我状态与期望自我状态之间的差异,自尊和主观幸福感都代表着总体评价性变量,主观幸福感涉及对个体生活的总体判断,自尊涉及个体对自身的总体判断。

自尊和主观幸福感之间呈现出复杂的关系。当前大多数自尊研究发现,低自尊和低幸福感存在着内在的联系。Dutton & Brown (1997) 发现,在面临失败时,低自尊个体比高自尊个体面临更强烈的情绪困扰,原因在于失败使得低自尊个体自我感觉糟糕,同时低自尊是导致个体抑郁的一个高危因素。有些研究支持高自尊和高主观幸福感(SWB)之间有紧密联系。Rosenberg (1995) 发现,个体总体自尊与快乐感的相关是 0.50,同消极情感的相关是 -0.43。Diener 等人 (1995) 从跨文化角度系统讨论了自尊和人际关系对个体幸福感的预测作用,研究发现,在个人主义文化中,自尊对幸福感的预测作用要大于集体主义文化中的个体。Baumeister, Campbell, Krueger & Vohs(2003)认为,高自尊个体往往从积极方面看待自己,相信自己在很多方面优于其他人,在面临失败时更为自信,同时高自尊个体倾向于改变情境,能较好地应付各类问题,导致较高的幸福感。

尽管如此,Crocker & Park (2004) 提醒要注意到个体在追求高自尊过程中所付出的代价,认为研究者不仅要重视个体自尊水平的高低,更要重视个体追求自尊的过程,以及追求自尊的过程所导致的情绪性和动机性后果。Crocker (2002)研究发现,个体追求高自尊的过程可能会导致个体自我调控能力的减弱,以及生理和健康水平的降低,在日常生活中,个体追求自尊目标的失败会导致惭愧和愤怒等消极后果。同时,一些高自尊个体表现出非常强的防卫心理。

自尊涉及个体对自身的总体判断,自尊是对自己概括性的评价,是一个人的自我价值感。自我价值的需要是人最重要的需要。每个人都希望自己是有能力的、智慧的、理性的、有价值的、有意义的。正因为如此,自我价值的需要满足与否必定影响积极情感与消极情感体验,从而影响主观幸福感。一个人的生活满意度的最好指标不是对家庭生活、经济收入等是否满意,而首先是对自己是否满意。因此要提高一个人的幸福感,应提高自身的自尊水平。

《现代汉语》中对自尊的描述是:自尊是尊重自己,不向别人卑躬屈节,也不许别人歧视、侮辱。低自尊则是自我肯定偏低,自我了解片面。下面的10个句子是反映自尊和自卑的不同表达方式。

自尊:① 我感到自己是一个有价值的人,至少与其他人在同一水平上;

② 我感到自己有许多好的品质;

③ 我能像大多数人一样把事情做好;

④ 总的来说,我对自己是满意的;

⑤ 我希望我能为自己赢得更多尊重。

自卑:① 归根到底,我倾向于认为自己是一个失败者;

② 我感到自己值得骄傲的地方不多;

③ 我确实是时常感到毫无用处;

④ 我是常认为自己一无是处;

⑤ 我什么事情都做不好。

通过对大学生、临床的病人、10岁左右的男孩、31个国家的大学生的跨文化研究,发现:自尊与幸福感显著正相关。在诸多的人格变量中,自尊是影响幸福感的一个重要组成部分。因此,健康的自尊是持久幸福快乐的基础。

## 二、乐观与幸福感

乐观代表了期待自己生活中出现有利结果的普遍趋势。如果一个人期望的是积极的结果,他将会朝着自己设定的目标来努力,这样更容易实现目标。乐观是一种积极、豁达的生活态度,乐观者期望好的结果并相信凡事都有好的一面,乐观者相信自己的能力,遇到可控制的事情时,能坚持下来积极寻找解决办法;面对不可控制的困难或挫折时,能够坦然地接受,做到自我安慰,调节自己的心情。大量研究表明乐观能帮助个体在压力下保持健康,与悲观者相比,乐观者对生活的满意度较高,形成抑郁的可能性较低,乐观性是幸福感的一个重要的预测指标。积极幻想也常有利于幸福感的产生。

乐观性对幸福感的影响明显,以至于它似乎变成了幸福感的一个组成部分,并对个体身心健康产生强烈影响。一些研究者发现乐观性实际上由两个相互独立的部分组成,即乐观和悲观。人们发现,虽然这两者都同幸福感的不同方面有关,悲观因素所起的作用却更大,不过这种作用是消极的。Robinson-Wheeler(1997)发现,只有悲观因素对个体的身心健康产生了预测作用。有一项纵向研究发现,在 1946 年对哈佛大学毕业生进行了调查,其中最悲观的人在 1980 年再一次调查时是最不健康的。悲观对待坏消息的学生一年以后遭受到更多的风寒、喉咙痛和感冒。因此,一般来说,乐观者更少被各种各样的疾病缠绕,即使他们患上重病如癌症,也能在这些病症中恢复得好。血液测试也表明,乐观主义者有更强的免疫力,显然,身心的健康对幸福感的影响相当明显。

悲观者的另一类代表是抑郁者。许多研究发现,与一般人比,抑郁者常看到并喜欢思考事情的不良方面,即使这些事情非常一般。他们对任何事情都抱一种消极的观点,认为生活没有什么目标,即使有也不太现实;他们不能发现事物有趣的一面,当不好的事情发生时,他们常会自责,并且会盲目地认为事情根本不能进行控制。一些研究者提出设想:是否可以通过认知疗法提高抑郁者的认知水平。Fava 等人(1998)采用 Ryff(1989)设计的幸福感的 6 个维度——自我接受、同他人的积极关系、自主、环境控制、生活目标和自我成长对抑郁者进行训练。在治疗过程中强调积极的思维,抑郁者被要求坚持用日记形式记下每件有趣的事或阻碍这些事件的因素,并且他们的思维和行动受幸福感 6 个方面的引导。结果发现,与传统的治疗方式相比,实施了这种治疗程序的患者获得了更高的主观幸福感。因此,这些研究者认为,抑郁水平的降低可以在一定程度上提高人们的主观幸福感。

有学者指出,抑郁者之所以幸福感水平低是因为他们的社会技能不太完善。而完善的社会技能是幸福感的一个非常重要的影响因素。如外倾者具有更高的社会技能,尤其是他们更自信乐观,拥有更好的合作能力。而抑郁者的社会技能则逊色得多,例如他们不善于进行自我肯定,所以在建立或保持良好的社会关系时会遇到许多困难,这也是他们幸福感水平低的一个主要原因。

## 三、自我控制与幸福感

自我控制是对自己行为和思想、言语的控制,以达到自我期望的目标。包括自我激励、自我暗示、自强自律,核心内容是"我将如何规划自己的人生"。自我控制是自我中最高阶段,其核心是"我应该做什么?""我应该成为什么样的人?""我可以选择如何做?"我们经常讲的自制力其实就是自我控制的能力。心理学研究表明:自我控制与大脑额叶的发展紧密相关,当我们生理正常时,自我认知与自我体验决定了自我控制,通过主观能动性,选择认知角度,转变认知观念,调整自我认知评价体系,感受积极自我。

大量研究表明,自我控制感是心理状态的一个重要预测变量。Grob 等人(1996)对 14 个国家的 3 844 名青少年进行的一项研究发现,"控制期望"与他们对生活的积极态度之间的相关达 0.35,这一结果在 14 个国家都基本类似。同时,控制期望与自尊的相关是 0.82,很显然这会提高个体的幸福感。Lachman 和 Weaver(1998)在对 3 485 名成人的另一大型调查发现,"掌握"量表同生活满意度有着很强的关系,同抑郁有着很强的负相关。

心理控制源的概念反映人们对行为与后来事件之间关系的期望,并反映人们内部控制和外部控制的倾向性。比如有道选择题:"我控制不了自己的生活方向"还是"发生在我身上的事情是我能控制的"。选择前者是"控制集中在外部的人",他们倾向于认为行为后果是由行为以外的因素决定的,是由他人、环境和命运来决定;而选择后者的是"控制集中在内部的人",他们倾向于认为行为后果是由行为本身决定的,自己的行为本身可以决定,通常他们各个方面的表现更好,能更好地面对压力,生活也更快乐。

很明显,高的自我控制能带来快乐和幸福。对于快乐的人来说,时间是"充实和计划好的,他们守时,而且很有效率"。同样,工作满意度可以部分归功于这种控制感。对工作满意度的研究发现,工作过程中的自主性,即工作时能够以自己的方式进行是满意度的重要来源。Sheldon 等人(1996)对一家牛奶场的 60 名工人进行的调查表明,当他们对日常工作感到有自主性和能胜任时,这一天便是愉快的一天。

关于金钱对幸福感的影响方面,金钱对幸福感的一些影响不仅是来自我们拥有我们想要的,更多的是使我们能完成我们想做的,即感受权利,控制自己的生活。许多在贫穷中长大的人会认为金钱可以买到快乐,"你能得到什么很重要";但是富裕的人却不这么认为,他们认为要变得快乐,并不是你能得到什么,而是"你能控制什么很重要"。财富对幸福并不起着绝对的决定作用,有这样一个实例来说明这个观点。

芝加哥郊区有一名中年妇女名叫罗斯,她离婚多年,整日情绪低落,靠药物保持心情安宁。为了让自己的生活更有希望,她每个星期都花 5 美元购买当地的一种彩票。突然有一天,好运来了,罗斯在一次购买彩票中赢得头筹,获得奖金 2 200 万美元。于是,她辞去了洗衣工的工作,购买了有 18 个房间的别墅,把两个孩子都送进了最好的私立学校。但令人惊讶的是,她的幸福心情不到一年就开始恶化了,自我控制感丧失了,她的抑郁情绪重新出现,她又像以往一样闷闷不乐……

总之,一般的研究认为内控者的主观幸福感较高。如果人们认为不良生活事件是无法控制的,就会产生抑郁而降低主观幸福感。抑郁者并不是一个抑郁的人,而是认为世界不可控制才导致抑郁。内控者有更好的应激方式,他们试图去改变环境,而不像外控者那样逃避现实,凡是能应付各种问题的人,其主观幸福感都较高。但也有些学者的研究得出了相反的结论。

## 四、生活目标与幸福感

生活的目标可以使人们感受到生活的意义,这些意义通过长期的计划和众多的目标来实现。目标的内容、个体实现目标的方式以及在实现目标的过程中的成功与失败都与幸福感相关。

在个体的生活中,生活目标多种多样,例如工作、职业、赚钱、照顾家庭、参加政治活动、参加志愿者工作、参加业余活动,甚至是追求宗教信仰等。这些活动都同幸福感有着较强的关系,即生活目标与幸福感紧密相关。Ryff(1989)曾经对影响心理幸福感的各种关键因素进行综合,提出了心理幸福感的一个多维模型,把生活目标看成是它的一个重要组成部分。这一模型包含6个心理维度,每一维度都将个体努力时遇到的各种不同挑战连接起来。这6个心理维度分别是:①自我接受(self-acceptance),是指即使意识到自己的不足,人们也会试图保持对自己的良好感觉;②同他人的积极关系(positive relations with others),即个体会寻求发展和保持温暖与信任的人际关系;③环境控制(environmental mastery),是指个体改变他们的环境使其符合自我的需要和期望;④自主性(autonomy),是指为了在社会环境中保持自己的个性,人们会寻求自我决定(self-determination)和个人权威(personal authority);⑤生活目标(purpose in life),即发现自己在各种努力和挑战中的意义,这是个体必需的一种努力;⑥个人成长(personal growth),是指个体最大限度地激发自己的才干和能力,这是心理幸福感的核心。从中看出,生活目标与幸福感的关系紧密相连。

不难发现,这一模型中实际上还涵盖了上文陈述的自我控制、自尊等。有生活目标可以使人感受到生活有意义,自从人类从一般动物中分离出来之后,就一直在不懈地追求着一种感受——幸福。有人试图找到一种一劳永逸的获取幸福的方法,却始终无法实现。因为幸福是一种心理体验,是一种目的得以达到、目标得以实现时,所产生的暂时性的愉悦状态。因此,幸福感永远只存在于过程之中。幸福感的这种暂时性,它激发着人们不断地为自己设立了一个又一个目标,又通过自己的努力不断地实现了这些目标。在这个过程中,个体获得了幸福感,人类社会获得了发展。能激发幸福感的目标,是自己的心理预期目标,而心理预期是可以根据情况进行即时调整的。这为我们通过心理预期的调节,来创造幸福提供了可能。这种调节手段常被应用于学习信心的建立和学习动机的激发。

每个人都有自己的生活方式,都是以追求快乐来作为目标,如果人们觉得自己的生活有意义有方向也很自信,那么他们的幸福感水平就高。幸福感是衡量人生的唯一标准,是所有目标的最终目标。

一个幸福的人,必须有一个明确的、可以带来快乐和意义的目标,然后努力地去追求。真正快乐的人,会在自己觉得有意义的生活方式里,享受它的点点滴滴。一个幸福的人,是即能享受当下所做的事,又可以获得更美满的未来。

寻找真正能让自己快乐而有意义的目标,才是获得幸福的关键。通常我们工作的境界有三种:赚钱谋生、事业、使命感。①如果只把工作当成任务和赚钱的手段,就没有任何的个人实现。这样每天去上班,只是必须而不是想去,他所期盼的,除了薪水,就是节假日了;②把工作当事业的人,除了注重财富的积累外,还会关注事业的发展,如权力和声望等。他们会关心下一个升职的机会,期望从副教授到终身教授,从教师到校长,从职员到主管,从编辑到总编辑;③把工作当成使命,那工作本身就是目标了。薪水、职位固然重要,但他们工作,是因为他们想要做这份工作,动力源自内心。工作是一种恩典,而不是为人打工。他们对工作充满热情,在工作中自我实现,获得充实感。他们的目标,正是自我和谐的目标。当人们在追求有意义而又快乐的目标时,就不再是消磨光阴,而是在让时间闪闪发光,从而获得幸福感。

## 第四节　塑造完善人格

### 一、人格魅力的构成

在当今社会中,为人处世的基本点就是要具备人格魅力。何为人格魅力? 人格是指人的性格、气质、能力等特征的总和,也指个人的道德品质和人的能作为权利、义务的主体的资格。而人格魅力则指一个人在性格、气质、能力、道德品质等方面具有的很能吸引人的力量。如果一个人能受到别人的欢迎、容纳,他就具备了较好的人格。从人的性格结构分析,具有人格魅力的性格特征表现主要在以下几方面。

(1) 在对待现实的态度或处理各种社会关系上,表现为对他人和对集体的真诚热情、友善、富于同情心,乐于助人和交往,关心和积极参加集体活动;对待自己严格要求,有进取精神,自信而不自大,自谦而不自卑;对待学习、工作和事业,表现得勤奋认真。

(2) 在理智上,表现为感知敏锐,具有丰富的想象能力,在思维上有较强的逻辑性,尤其是富有创新意识和创造能力。

(3) 在情绪上,表现为善于控制和支配自己的情绪,保持乐观开朗,振奋豁达的心境,情绪稳定而平衡,与人相处时能给人带来欢乐的笑声,令人精神舒畅。

(4) 在意志上,表现出目标明确,行为自觉,善于自制,勇敢果断,坚韧不拔,积极主动等一系列积极品质。

具有上述良好性格特征的人,往往是受欢迎和受倾慕的人。当然,任何人都不可能完全具备这些良好品质,人与人之间在具备这些性格特征的数量和质量上的差异,就决定了个人对他人的吸引力的不同。一个人的魅力最基本的构成就是他的外表和个性。外表只是一小部分,人格特性才是最重要的。纵观古今,但凡为人们所承认的有巨大吸引力的人,他们都有这些共同点:有道德、有理想、有情感。这种道德、理想、情感结合起来,以自身独特的个性表现出来,便构成了一个人的人格魅力。人格魅力的构成有以下几点。

(1) 有理想,抱负远大。理想和抱负是构成人格魅力的重要因素,一个缺乏理想、没有抱负的人会显得懒散而茫然,自然就不会是一个具有人格魅力的人。激励人们前进和进步的,是理想和希望。

(2) 有学识,孜孜以求。有学识,从广义上讲就是有知识和能力。具体讲就是人的才华、才识、才学、才思、才智等。对于知识的重要性,英国哲学家培根最早用一句最简单明了的话来形容:知识就是力量。不言而喻,人们掌握知识的多寡以及使用知识能力的大小、正确与否在很大程度上也反映了人格魅力的大小。

(3) 有道德,品格高尚。如果说"抱负远大"、"学识渊博"还笼罩着一层"伟人"色彩,那么,道德则是人格魅力中最普通、最广泛和最基本的因素,也是人性中最容易挖掘、发展和修炼的因素。现实生活中,人格魅力我们往往理解为"道德魅力"。人格魅力的道德素质中,真诚可信是人格魅力的基础,谦虚宽容是人格魅力的核心,正直善良是人格魅力的根本,乐于奉献是人格魅力的外现。

(4) 有情感,亲和力强。"亲"主要是指亲情,体现为爱、关心、温暖、支持等;"和"主要是指协调、和谐,体现在适度、合理上。亲和性是指一个人在与别人交往时表现出的容易亲近别人、易被别人接受的一种能力和性格特征。一个人是否具有亲和性以及亲和性的大小和一个人的内在心理素质有很大的关系。

(5) 有责任,勇挑重担。责任是社会对于一个人的信任,只有敢于并有能力承担起责任的人,才能焕发出光彩的人格魅力。要负起做人的责任,要做一个毫无怨言地寻找并担负起对自己、对他人、对社会责任的充满人格魅力的人。一个有人格魅力的人,要对自己负责。爱惜自己的身体和灵魂,不轻易伤害甚至放弃它们。一个有人格魅力的人,还要对别人负责。一个有人格魅力的人,最重要的是要对这个社会负责。

(6) 有毅力,百折不挠。毅力是一种优良的意志品质,坚持不懈、坚韧不拔、持之以恒、百折不挠地把目标决定贯彻到底的行动和精神,是一种不竭的心理能量。顽强的毅力是一种难能可贵的人格品质,具有人格魅力的人,他们一定会具有百折不挠的毅力。平平淡淡,一帆风顺的人生固然令人羡慕,但具有魅力的人格必定要经过挫折的洗礼。

**小故事:永不退缩的林肯总统**

坚持到底的最佳实例可能就是亚伯拉罕·林肯。生下来就一贫如洗的林肯,终其一生都在面对挫败,8次竞选8次落败,两次经商失败,甚至还精神崩溃过一次。好多次,他本可以放弃,但他并没有如此,也正因为他没有放弃,才成为美国历史上最伟大的总统之一。林肯天下无敌,而且他从不放弃。

以下是林肯进驻白宫前的简历:

1816年,家人被赶出了居住的地方,他必须工作以抚养他们。

1818年,母亲去世。

1831年,经商失败。

1832年,竞选州议员——但落选了!

1832年,工作也丢了——想就读法学院,但进不去。

1833年,向朋友借钱经商,但年底就破产了,接下来他花了16年,才把债还清。

1834年,再次竞选州议员——赢了!

1835年,订婚后即将结婚时,未婚妻却死了,因此他的心也碎了!

1836年,精神完全崩溃,卧病在床6个月。

1838年,争取成为州议员的发言人——没有成功。

1840年,争取成为选举人——失败了!

1843年,参加国会大选——落选了!

1846年,再次参加国会大选——这次当选了,前往华盛顿特区,表现可圈可点。

1848年,寻求国会议员连任——失败了!

1849年,想在自己的州内担任土地局长的工作——被拒绝了!

1854年,竞选美国参议员——落选了!

1856年,在共和党的全国代表大会上争取副总统的提名——得票不到100张。

1858年,再度竞选美国参议员——再度落败。

1860年,当选美国总统。

此路破败不堪又容易滑倒。我一只脚滑了一跤,另一只脚也因而站不稳,但我回过头来告诉自己,"这不过是滑一跤,并不是死掉都爬不起来了"。亚伯拉罕·林肯在竞选参议员落败后如是说。

## 二、人格不断完善

人格是一个人整体精神面貌的表现,是一个人的能力、气质、性格及动机、兴趣、理想等多方面的综合表现。健康完善的人格不是本身就具有的,虽然我们的人格中多少秉承有先天的魅力,人格的不断完善,主要还靠后天的培养,这是一个漫长的日积月累的过程。

1. 在思想上追求人格魅力的提高

孔子曾说过:"身修而后家齐,家齐而后国治,国治而后天下平。"

提高人的自我修养,塑造完美人格,于国、于家、于世界都很重要。孙中山说过:"国民要以人格救国,只有好人格才会有好国家。"人格人人既有,但魅力旨在修炼和追求。只有你在思想上具有强烈愿望,想成为一个具有人格魅力的人,你才会为此付出努力和准备,才会有这么一种决心和信心,才能做到"吾日三省吾身",对自己有高标准,严要求,谨慎地注意自己的内心和行为,勇于解剖自己,正确认识自己,才能抵抗各种不良诱惑,克服各种困难挫折,及时修正自己的错误思想和行为,为追求一个崇高的目标积极进取,最终达到崇高的思想境界。

2. 在学习中领悟人格魅力的实质

"知之为知之,不知为不知",这是一种求学态度。人不是生下来什么都懂,学问也好,做人也好,都有个不断学习完善的过程。学习是固本之举,增强人格魅力的重要途径之一,那就是勤于学习。要向书本学习,向榜样学习,向伟人学习,向群众学习,向专家学习,人类一切正义的东西都是我们学习的源泉。"读史使人明智,诗歌使人巧慧,数学使人周密,科学使人深刻,伦理使人庄重,逻辑修辞之学使人善辩,凡有所学,皆成性格。"向孔子学习,你能感受到"兼善天下"的仁者胸怀;向孟子学习,你能感受到"重义轻利"的"大丈夫"气概;学习周总理,你才能体会到什么叫"鞠躬尽瘁,死而后已";学习毛泽东,你才能感受到何为"敢教日月换新天"的伟人气魄;学习邓小平,在他传奇般人生中,你能感悟到"高瞻远瞩、运筹帷幄;意志坚强,百折不挠"的伟人风范。

3. 在行动中实践人格魅力的真谛

任何美德都必须在实践中得以展现。人格魅力表现在你日常生活的言行之中。尽职尽责地做好每一项工作;积极快乐地度过每一天;心怀感激地对待你的朋友和家人;恰如其分地赞扬别人等等,这些都是人格魅力的实践方式。时常记着美化自己的仪表,精神饱满,举止大方,谈吐高雅幽默,别小看这些看似简单的生活琐事,这却是实践展示人格魅力的基础。最重要的是时刻提醒自己做一个品德高尚,乐于助人的人。"勿以善小而不为,勿以恶小而为之"应该成为你的行动准则,耐心细致、认真负责的处理好每件小事的意义,并不亚于成就一番大事,因为大事可遇不可求,而生活却是由每件小事串联而成。

**4. 在成长中追求人格魅力的丰富**

人是在不断成长的,每天都是新的一页,人格魅力同样也需要不断成长和丰富。孟子的"舍生取义"和岳飞的"精忠报国"已显示出其历史局限性。人格魅力具有历史继承性,诸如对爱情的忠贞,对家庭的责任、大度宽容、礼貌谦恭、尊老爱幼、自重自爱、正直善良、诚实守信、忠诚爱国、勤劳俭朴等这些千百年来为中华民族所传颂的美德,无论时代如何变迁,其精神实质都是永不褪色的。也无论你是孩童还是少年,是成人还是老叟,这些都应该伴随着你一起成长。人格魅力还应该随时代发展而被不断赋予新的内容,当今社会需要改革开放、开拓创新的精神品质,需要人们的思想观念和工作生活方式都要不断与时俱进,这些时代的内容和特色,也应该不断地体现在人格发展之中。

**5. 人格塑造中把握好辩证关系**

人格塑造就是个体对自身人格的一种培养和锻炼。人生之难莫过于接受自我、挑战自我、改变自我。有人总结了38位最成功的名人的共同人格特征。

①了解并认识现实,持有较为实际的人生观;②悦纳自己、别人以及周围的世界;③在情绪与思想表达上较为自然;④有较为广阔的视野,就事论事,较少考虑个人利害;⑤能享受自己的私人生活;⑥有独立自主的性格;⑦对平凡事物不觉厌烦,对日常生活永远感到新鲜;⑧在生命中曾有过引起心灵震撼的高峰体验;⑨爱人类并认同自己为全人类之一员;⑩有至深的知交、有亲密的家人;⑪有民主风范,尊重别人的意见;⑫有伦理观念,能区别手段与目的,绝不为达到目的而不择手段;⑬带有哲学气质,有幽默感;⑭有创见,不墨守成规;⑮对世俗,和而不同;⑯对生活环境有改造的意愿和能力。这些特征有值得我们学习和借鉴的地方,在人格塑造过程中要把握好的辩证关系。

自信而不自负,自谦而不自卑;
勇敢而不鲁莽,果断而不冒失;
稳重而不犹豫,谨慎而不怯懦;
豪放而不粗俗,好强而不逞强;
活泼而不轻浮,机敏而不多疑;
忠厚而不愚昧,干练而不世故。

# 第四章 积极心态

幸福不是个体主体之外的拥有物,而是个体主观上的一种积极、愉悦的情感体验,它涉及需要的满足、正向积极的情绪、感知体验、认知评判,以及个体的种种行为活动等多个方面。在很大程度上,幸福的体验来源于积极的、导向内在的愉悦感、满足感等美好情感体验的心理状态。这种心理状态的实质是个体对主、客观事件所选择和持有的积极态度,即积极心态(positive mental attitude),它被成功学大师拿破仑·希尔推崇为成功的首要黄金法则,同时,积极的心态也是人生幸福的不竭源泉。

## 第一节 态度与积极心态

在日常生活中,态度对个体行为及其主观感受有着深刻的影响,但是,态度作为一种古已有之的人类心理现象,最早得到科学心理学的肯定和接受却是在19世纪末期的心理学家朗格(L. Lange,1888)的反应时研究中。朗格在反应时实验中发现,一旦被试特别注意自己即将要作出的反应,也即被试在心理上对自己需要作出的反应有所准备时,他作出反应的时间就会比其他人更快。这种心理上的准备状态支配着人的记忆、判断、思考和选择,其实质就是态度。积极心态则是个体在心理上的积极的准备状态,这种积极的心理准备状态有助于个体获得和强调事物的正面信息、强大的行为始动力以及明确和坚定的行动方向,有助于个体克服困难,实现目标,满足需要,追求快乐,拥有幸福。

## 一、态度概述

### 1. 什么是态度

态度是个体对待他人或事物的稳定的心理倾向,包括认知、情感和意向三个方面的心理活动。作为主体对客体(他人或事物)的一种反应倾向,态度对主体即将采取的行为具有指导性和动力性的影响。例如,"我喜欢心理学",这种态度的主体是"我",客体是"心理学",态度是"喜欢",这一态度将把"我"导向这样的一种行为:在条件具备的情况下我会经常学习心理学知识。

态度是由认知(Cognition,C)、情感(Affect,A)和行为意向(Behavior intention,B)三因素构成的复杂心理活动。情感、意向、认知被称为态度的 ABC 结构。认知,是指态度主体对对象的知觉、理解、信念和评价,认知不仅包括对某人、某事之所知,而且也包括对某人某事的评价。如"富有的人才是幸福的人,所以我一定要努力赚钱"、"成功的人是幸福的,所以我一定要成功"等。情感,是指主体对于对象的情感体验,如喜欢和厌恶、尊重和轻视、接纳和排斥、无畏和惧怕等,比如:"我热爱生活"。意向是指由认知因素、情感因素所决定的对于态度对象想要表现出来的行为,即当个体对态度对象必须有所行为时他将怎样做,这就是行为的直接准备状态。比如:"我爱家人,所以我要努力让他们幸福"。

由于态度包含了情感部分,它涉及个性内在的心理结构而难以改变。因此,在态度的三个心理因素由于某些因素的影响而出现彼此不协调、不一致的情况下,三者之间发生矛盾之时,情感因素将起主导作用并难以改变,因此,我们常常看到很多人道理上都讲得通,却不能从根本上转变其行为意向,就是因为认知部分改变而情感部分还未改变,行为意向因取决于前两者也未能根本改变。

### 2. 态度的特征

态度作为包含知、情、意三个方面的复杂心理过程,具有以下几方面的特征。

（1）态度具有对象性。任何态度都是针对某一对象（人或事物）的，因此具有主体与客体的对应关系。谈及态度，必然同时提起态度的具体对象，而且态度对象可以是具体，也可以是一般的、抽象的、概括的。

（2）态度具有社会性。任何人的态度都不是与生俱来的，而是后天在社会生活中习得并逐步发展完善的，因而具有社会性。通常，某种态度形成后即会反过来指导个体对外界事物和他人之间的互动，同时，在这种社会环境中的相互作用的过程中，个体又不断修正着自己的态度，周而复始，个体的态度体系日益发展和完备。

（3）态度具有稳定性。态度形成之后，将会持续较长时间而不会轻易改变，有些态度甚至融入其人格结构中成为其中一部分。态度的稳定性会在行为方式上表现出规律性，使同一个人对同一对象形成前后一致的、自然的固定反应。当然，态度的稳定性也不是绝对的，因为某种态度形成之后的确不易改变，但在态度发展的初期，认知和情感两种要素的组织还没有固定化时，新的知识和经验很容易引起态度的变化。

（4）态度具有内在性。态度是一种内在的心理过程，像其他心理现象如思维、想象一样，无法直接观察。虽然态度和行为有密切的关系，但行为本身不等于态度，虽然态度包含有情绪情感成分，但它也不是情绪情感，更不是情绪情感的外在表现，所以态度是内隐的，是一种内在的结构，人们只有从当事人的言行和表情去间接地进行分析和推测。

（5）态度具有协调性。态度是由认知、情感和意向因素所组成的。一般情况下，三种因素是协调一致的，但有时三者也会出现不一致的情况。心理学研究发现，知、情、意要素之间的相互关联程度不完全相同。情感与意向的相关程度高于认知与意向或情感与认知的相关程度。例如，我们在认识上明知某人不错，是个好人，但就是不喜欢他，不想和他来往（认知与情感相关程度低），我们也经常听到有人说："知道是一回事，做又是一回事"（认识与意向相关程度低）。此外，在理智和情感因素发生矛盾、出现不一致时，情感因素往往会起主导作用。如,很多青年人都知道过度玩电脑游戏有害,但仍难以舍弃,因为他们对玩电脑游戏已有偏爱,形成一种习惯,这里,情感因素就占了上风,意向行为遵从了情感因素的方向。所以有心理学家认为,情感是态度中最重要的因素。

3. 态度的功能

态度包含了认知、情感和意向三个方面的心理活动,是人心理全貌的一个重要方面,是个体对外界的反映倾向,它体现了个体与环境之间的互动形态,决定了个体对外部世界的行为倾向。心理学研究已经证明,态度对个体的行为具有重要的影响。态度会影响个人对他人及事物的知觉与判断,从而影响到其采取不同的行为。态度还可能影响个体的学习、工作效率,帮助或阻碍个人作出某种选择等。

(1) 态度的认知筛选功能。态度具有稳定性,某一特定态度一旦形成,成为一定的心理结构时,就会影响对后继刺激的接受,对于后继刺激所具有的价值能够发挥判断和理解作用,久之即成为一种固定的、无弹性的、先入为主的态度,即"刻板印象",根据刻板印象去认识初次遇到的人或事物,会影响对个别差异的辨别,从而影响正确的社会判断。此外,态度还能使个体有选择性地接受有利于自己的、合适的信息,拒绝不合适的信息,因而可能曲解地接受错误信息而产生错误的认识,形成或强化偏见。态度的筛选功能,使得那些与个体既有态度相吻合的资料,容易被吸收、同化、记忆,而那些与个体的态度、信念相违背的资料,则被阻止和歪曲。

美国社会心理学家琼斯曾做过一个实验,实验挑选了来自美国南部白人大学生做被试,并把他们分为两组:第一组是反对种族歧视、反对黑人白人分校的;第二组为种族歧视者,赞成黑人白人分校。实验任务是要求所有被试者阅读同一篇反对黑人白人分校为主题的文章,然后尽量将读过的内容完整地写出来,结果发现,第一组学生的成绩明显优于第二组。

(2) 态度的行为导向功能。态度作为行为的心理准备状态,会支配人们按什么方式对特定事物采取什么行为,因此,态度能够影响人的行为方式,如,有实验证明个体会因为对所属团体(宗教)的忠诚态度,为维护团体利益或名誉,其忍受肉体痛苦的能力会显著提高。

心理学家曾做过有关宗教对大学生的耐痛力是否有影响的实验:试验对象经过特别的选拔,即其中一半为基督徒,一半为犹太教徒,但被试者本身不知道这种安排。第一队测完之后,告诉被试者,为了确定对大家的耐痛力的可信度,休息一会儿将做第二次测定。然后利用休息时间告诉一部分基督教徒的被试,"根据某一报告,基督教徒对于痛苦的忍耐力不如犹太教徒强",而对一部分犹太教徒的被试则说:"根据某一报告,犹太教徒的耐痛力不如基督教徒"。这样安排后,再做第二次测定,发现两组被试的耐痛水准都明显地提高了,而休息时间没有告以任何消息的另外的两部分受试者,两次所测结果没有什么差别。

(3)态度的行为动机功能。态度能帮助人们获得奖励,避免惩罚。故态度具有动机作用,态度将驱使人们趋向或者逃离某些事物,它规定什么是偏爱的,什么是期望的,什么是渴求的,什么是想要避免的。态度的动机功能主要有三个方面:第一,适应功能:态度促使个体转向为实现自己目标而服务的某一对象;第二,表现功能:态度可使主体摆脱内部紧张,成为表现自己个性的工具;第三,防御功能:态度可以促使个体解决内部矛盾,超脱群体情境以保护自己。

(4)态度的价值观表达功能。态度能表达人们深层的价值观,它既来自价值观,又能表现价值观,这是态度性质中最主要的一点。这就是说,价值观是态度的核心,价值观是指态度对象对人的意义。由于环境与教育条件的不同,每个人都具有不同的价值观,事物的价值取决于个人的需要、兴趣、信念和世界观等心理倾向,人的价值观不同,对事物的态度就会不同。因而,态度的不同表现了个体价值观的差异。

## 二、什么是积极心态

积极心态即积极的心理态度,是个体对待他人或事物乃至自身的积极的、正向的稳定心理倾向,是一种积极的、建设性的心理准备状态,包含了认知、情感和行为意向三个方面的积极而富有建设性的取向。

在看待事物时,拥有积极心态的人能看到事物既有好的一面,也有坏的一面,但强调好的方面,因而会产生良好的愿望和预期,在良好愿望和预期的引领下,就能最终得到好的结果。积极心态是一种对任何人、情况或环境所坚持的正确、诚恳而且具有建设性,同时也不违背自然规律和人类权利的思想、行为或反应。积极心态允许我们拓展希望,并克服所有消极心态。它给我们实现我们欲望的精神力量、情感和信心,积极心态是当我们面对任何挑战时应该具备的"我能……而且我会……"的心态。

积极心态是个体在意识、观念、动机、情感、气质、兴趣、信念、价值、人格等多方面心理因素中积极品质的一种综合体现。它是个体心理对各种信息刺激作出积极、建设性反应的趋向,而这种趋向对个体的思维、选择、言谈和行动具有积极和建设性的导向、支配作用,因此,积极心态是迈向成功不可或缺的要素,积极心态是个体最为重要的心理素质,在很大程度上有助于人们事业的成功和一生的幸福。

### 三、积极心态的基本特征

积极心理态度在对象性、稳定性、协调性、系统性等方面具有其显著的特征。

#### 1. 积极心态的普遍性特征

积极心态被认为是一种良好的心理素质,是个体对任何对象都持有的普遍的积极、建设性的态度倾向。因此,在态度对象性方面,积极心态具有普遍性特征。积极心态者无论是在成功还是失败时,无论是在顺利还是挫折时,无论是面对自己还是他人时,无论是在面对人还是事时,都将坚持其积极、建设性的态度。也就是说,积极心态并不因为态度对象的改变而改变,它具有各种对象上的一贯性的特点。也正是因为这一特点,积极心态才被推崇为成功者首先要具备的最为基本的素质。

#### 2. 积极心态的协调性特征

积极心态所包含的知、情、意三元素比一般态度具有更加显著的协调一致性,因为它们拥有共同的特征就是积极、建设性,个体用积极的视角看待事物,形成积极、合理的情绪情感,进而产生具有建设性的行为意向,因此,彼此间协调性和一致性高。对于那些在三元素上无法同时体现出积极和建设性特征的心理态度,会因为丧失其中任何一方面的积极性和建设性的特点而不具备积极心态的特质而与积极心态分道扬镳。如,一个人认为自己是能成功的,他也喜欢成功,但是他却因为客观环境的阻碍而不肯积极行动、解决问题、实现目标,我们很难说他是一个拥有积极心态的人。

3. 积极心态的稳定性特征

态度本身就具有相对的稳定性,积极心态则更加强调其稳定性。积极心态被认为是持续的、稳定的对事物或对象的积极态度,一经形成,积极心态将难以改变,使同一个人对各个对象形成前后一致的、自然的、固定的积极反应。由于积极心态将只会把个体行为导向积极的、建设性的方向,将十分有助于问题的顺利解决和积极情绪情感体验的出现,因而能够形成良性的循环,使积极心态所包含的知、情、意三元素彼此间更为协调一致,相得益彰,因而积极心态也就日益稳固,并最终通过社会生活中的长期实践而积淀成为我们的良好个性品质,从而拥有非凡的稳定性。

4. 积极心态的系统性特征

积极心态是对任何环境、对象的积极和富有建设性的态度,因而,虽然具体到不同对象上,积极心态仍是具体的,但是,它们始终具有相同的特性,就是指向积极、建设性的方向,因而构成了关系更加紧密的一个完整的、协调一致的态度系统,并成为个体的鲜明的人格特征。

5. 积极心态的合理性特征

通常,人们的态度形成源于日常生活中比较"自然"的经验,有的经验甚至相当感性,而积极心态则更加强调意识和理性的主动选择,由于人性自身存在的弱点,以及后天教育中可能存在这样或那样的不足或疏漏,"自然"形成的态度难以完全达到积极心态的高标准,使人们容易多多少少地带有一些消极的、破坏性的心态或情绪,因而实际生活中"成功卓越者少,失败平庸者众"就是很好的注脚。因此,要臻于积极心态,就必须依靠我们理性的强大力量,要长期有意识地选择和培养积极的心理态度。

当然,积极心态并非毫无现实基础的盲目乐观,相反,它是建立在对事物客观规律的正确把握和认识的基础上形成的实事求是、积极自信、勇敢追求、充满希望的心理准备状态,拒绝在任何事情上妄自菲薄、自怨自艾、悲观绝望。因此,积极心态的基石就是理性。例如,有癌症患者被医生诊断为有30%的希望再活半年,积极心态者并不否认这一科学结论,但他却能看到如果自己各方面都准备好的话,自己就极有可能是30%中的一员,另外,半年时间的确很短,积极心态者可能更倾向于去考虑如何让这半年时间过得更加充实、更加美好,带给自己和家人更多幸福,那么,在同样遭遇癌症时,积极心态者将很可能比消极心态者活得更长,也更好些。显然,积极心态不是盲目乐观。

## 四、积极心态以理性为基石

我们说,积极心态并非是盲目乐观,而是人们在对客观事物和规律的正确把握的基础上形成的对事物(或人)的正确的、合乎逻辑的积极、乐观和建设性的态度和心理准备状态,它根本上说是理性的选择。积极心态必然涉及积极的认知、情感和行为意向等元素。其中,理性的认知相对容易实现,而情感则是最难以改变的,在认知和情感都达于积极和建设性的情况下,行为意向便随之而具备了积极和建设性特点。因此,理性情感是积极心态的核心。

### 1. 非理性的消极信念

在心理学家艾利斯创立的理性情绪 ABC 理论看来,人们对客观外界刺激性因素(Activating events,A)基于自己所持信念(Beliefs,B)做出评价后得到的结果(Consequences,C)就是我们体验到的种种情绪。也就是说,个人所持的信念(认知观念及认知评价)是客观刺激因素和主观情绪体验的中介,合理的信念和评价导致合理的情绪情感,而不合理的信念和评价将导致不合理的情绪情感,以及由此而产生不合理的应对行为,即消极的、病态的、破坏性的心理和行为反应。因此,理性信念及其体系乃是积极心态的根本所在。成功者多持有积极的合理的信念,而失败者则更多固守着不合理的消极信念。

心理学家艾利斯在长期临床实践的基础上总结了广泛存在于一般人群头脑中的11种非理性信念,认为我们常人容易出现各种过分、多余、消极的情绪情感,主要就是因为这些非理性信念的广泛存在,它们往往会导致不合理的负性情绪和消极行为,阻碍人们潜力的发挥和目标的实现。例如,在人们心目中广泛存在这样一种非理性信念,就是"人应该得到自己生活中的每一位重要人物的喜爱和赞许",人一旦持有这种非理性信念,就会经常感受到来自于人际关系的巨大压力,出现焦虑、不安,患得患失。关于11种非理性信念的危害和如何与之作斗争,我们将在后面详细介绍。

2. 非理性信念的特征

有学者又进一步总结了艾利斯提出的11种不合理的认知观念的共同特征:(1)绝对化的要求。所谓绝对化的要求就是指人们以自己的意愿为出发点,对事物怀有必定发生或不会发生的信念。这是不合理认知观念中最常见的特征;(2)过分概括化。这是一种以偏概全的不合理思维方式的表现。不仅会对自己作出不合理的评价,也会对别人作出不符合实际的评价;(3)糟糕至极。是指对任何事物可能产生的后果的一种灾难性的预测。

凡是包含有绝对化要求、过分概括化、糟糕至极等特点的信念都在很大程度上是不合理的、非理性的,它们往往是人们对事物的脱离现实、不合实际、违背规律、虚假夸张、完美主义的错误、误解或偏私的信念,持有这种信念的人,注定要受到比不持这种信念的人更多的压力、冲击、挫折、悲伤、失望等负性的情绪情感和心理感受,在行为上也更容易表现出气馁、退缩、逃避。

3. 积极心态与合理信念

人们对各种事物(或人)的合理信念构成了一个系统,而正确、合理的价值观也正是在这一系统的基础上建立起来的。积极心态来自于正确、合理的价值体系,也体现了正确、合理的价值体系,因而合理信念是积极心态的基础,反之,人们在现实生活中对各种事物所持的合理信念又体现了人们所具备的积极心态。

积极的、合理的信念和认知表现为在两个方面上的接纳和认可:

首先是对自我的接纳和认可。每个人应懂得接受自己、悦纳自己、爱惜和保护自己，珍惜自己的品德和荣誉，力争事业的进展和自我充分的发展，表现出较强的自信心。其次，是对环境和他人的接纳和许可，对事物的前景持乐观的态度。

拥有积极心态的人常常在多个方面持有合理信念，做到①知足常乐：认同"人有悲欢离合，月有阴晴圆缺"、"一切但求无愧于心"；②留有余地："水满则溢"、"月满则亏"；③看到希望：不非此即彼，非黑即白，思维弹性大，能够折中，懂得"条条大路通罗马"、东边不亮西边亮，从危险中看到机遇，相信"每个挫折都有宝贝"、"人生不怕吃苦，就怕白吃苦"；④强调参与：不过分计较得失，注重过程体验，寻求逐步提高而非奢求一步登天；⑤乐观豁达：坚持事物都有向好的可能，并积极为之努力，不过度计较暂时的挫折或困难；⑥善用升华：在遭遇挫折、失败，难以达成目的的时候能寻求升华，"化悲痛为力量"，取得成果，而不是采取破坏性行为对人、对己、对事。

## 第二节　积极心态与幸福

积极心态与幸福之间究竟有什么联系呢？我们可以先简单回顾一下关于幸福的心理学研究，到目前，关于幸福的心理学研究有两种取向：主观幸福感（subjective well-being，SWB）与心理幸福感（psychology well-being，PWB），主观幸福感把快乐定义为幸福，侧重个人主观体验，而心理幸福感则把幸福感理解为人的潜能实现，从人的发展角度诠释幸福。积极心态既强调主观上的积极认知、积极情感体验，也强调个体行为意向上的积极和建设性取向，因而与主观幸福感和心理幸福感都存在着密切关系。

### 一、积极心态与主观幸福感

幸福在这里被定义为主观幸福，或者叫做主观幸福感，就是我们个体以自己的标准为依据对自己的生活质量进行的综合评价。它实质上是我们对自身生活状态是否满意的一种主观体验。积极心态者乐观、开朗，对事物倾向于从积极的、建设性的方向去看待和评价，由此而产生的情绪情感则更多是快乐、积极的,行为意向上也是积极进取的,因而也更可能带来生活状态的满足感,于是幸福的主观体验也因而更可能产生,因此,我们认为它与主观幸福之间有密切关系。我们将从身心健康、内心和谐和幸福感受等方面来分析。

1. 积极心态有助于身心健康

健康是现代人日益关心的问题,而且人们已经不再将健康局限于身体,心理健康、生活的幸福感也越来越成为健康的核心。对于健康,世界卫生组织有专门的描述,认为健康涉及生理、心理和社会等方面,因此健康的标准应该包括这些方面。另一方面,越来越多的研究显示,人类所患的种种疾病中,与心理社会因素有密切关系的疾病比例远远大于我们以往所知道的,在诸如偏头疼、胸闷、心悸、腹泻、便秘、胃溃疡、高血压、心脏病,乃至癌症等疾病的致病因素中,心理社会因素都占有一席之地,一些发达国家综合医院门诊病人中有60%的人所患疾病是由于不良心理行为引起,WHO 的调查数据显示,综合医院门诊病人中有24%的人所患疾病实质上是心理障碍。在保持和促进身心健康方面,积极心态能赋予我们重要力量。

> 西方曾经有多家报纸报道过这样一则新闻:有一名男子在过马路时不幸被车子撞倒而丧命,验尸报告说,这个人有肺病、溃疡、肾脏病和心脏衰弱,可他竟然活到了84岁。验尸官说:"这个人全身是病,正常情况下他在30年前就该去世了。"有人问他的遗孀,他怎么能活这么久?她说:"我的丈夫一直确信,明天他一定会过得比今天更好。"这就是积极心态的力量。

(1) 积极心态导向恰当的情绪情感。积极心态的认知方面包含了广泛的合理信念和价值,从而使个体在对外界事物或自身遭遇做出合理的评价,因而个体体验到的则是恰当、合理的情绪情感。不合理的、严重、持续的消极情绪情感本身就是心理不健康的表现,同时也反过来作用于我们的肌体,在免疫系统、心血管系统、消化系统、代谢系统等多方面表现出影响作用,致使其出现功能紊乱,甚至是器质性病变。因此,积极心态因为能帮助个体在与环境互动过程中产生合理情绪、积极情绪,而有益于个体身心健康。例如,有研究

(Lyubomirsky,1997)发现,拥有积极的自我观念的人,他们有更为稳定的内在幸福或快乐的标准,能够以一种维持甚至提升其幸福感的自我观念的方式来作出反应,而拥有消极自我观念的人,其内在标准缺乏稳定性,更依赖社会比较信息来评价自我,常常以一种坚持或增加其不快乐的方式作出反应。

(2)积极心态导向积极的适宜行为。积极心态在对具体的事物(或人)的过程中体现出认知、情感和行为意向三方面的积极性、建设性,促进个体做出合乎事实依据、逻辑可能性的种种正确的行为选择,同时也积累了正向的情绪情感体验,因而其行为目标往往具有较高的现实可能性和自我与他人的适宜性,行为计划应具有目的性、有效性和合理性,不会由于知、情、意三方面的不协调和矛盾而出现自相矛盾、进退两难、退缩逃避等消极行为倾向,从而帮助个体形成积极的、适宜的、良好的行为习惯,有利于身心健康。例如,有研究(Bandura,1977)指出,与健康有关的锻炼习惯的养成取决于自我效能感,高的自我效能感有助于锻炼习惯的形成。因此,积极心态有助于个体产生适宜行为及良好习惯的养成。

(3)积极心态导向积极的防治行为。无论是在疾病出现之前还是之后,积极心态都有利于健康。在疾病出现之前,积极心态者通过减少致病的心理社会因素而有助于疾病的预防,如乐观开朗的人往往不容易患上心理或生理疾患,而悲观孤独的人相对更容易表现出心理上或身体上的种种不适感。而且,积极心态者一方面相信自己可以在很大程度上左右自己的身心健康,对自身健康有积极的预期和信念,同时也更乐意为自己的身心健康进行投资(时间和金钱)。这些都有助于预防疾病、维护健康。消极心态者则可能过度担忧自己的健康而不是有效地进行健康方面的建设,从而减少了对健康的有效投入。

在疾病发生后,积极心态者可以通过积极的自我预期和信念,情绪情感的有效调节,积极调动自身肌体潜力,通过主动配合医生的合理治疗方案,尊重医嘱,落实康复措施等手段,使自己能更快、更有效地从疾病中康复。例如,有研究发现,自我效能感能预测病人是否会进行或继续坚持医生所建议的锻炼计划,自我效能感高者更能坚持。

消极心态者则可能在疾病到来之时消极地看待自己的病情,产生悲伤、担忧、恐惧等不良情绪,影响他们的心理和身体状态,及其对合理治疗行为的依从度,从而影响治疗效果。这种现象在那些严重疾病患者身上很常见:乐观的癌症患者存活时间往往超过医生的预想,有的甚至创造了令人难以置信的奇迹,而悲观的患者则大多印证了医生的论断,有的甚至提前很多。

(4) 积极心态导向冷静面对突发事故。积极的心态会促使你具有对突发事件的冷静面对:为任何可能发生的紧急情况作好准备,强烈的积极心态通过下意识的心理把强大的激励因素加到你的有意识心理上,使你在瞬间发生紧急的情况下仍能迅速形成或利用积极心态,帮助你或他人生存下去。积极心态促进个体自己或他人冷静面对事故并幸存下来的例证还来自灾难事故中那些有积极心态的父母牺牲自己保全自己身边的孩子。

有这样一个故事:一位父亲的孩子刚刚出生两天,经医生检查后说:"这个孩子不能活了。""这个孩子会活下去的",父亲回答道。这位父亲具有积极的心态:他有信心,他相信祈祷,更相信行动。并立即行动起来,他委托一位儿科医生照料这个孩子,这位医生也有积极的心态,他知道,自然给每种生理缺陷都提供了一个补偿的因素。这孩子确实活下来了。

另一个故事则恰恰相反,一位妇女对她母亲说:"如果丈夫死了,我也再也不能活下去了!"于是,她由于经受不住丈夫去世的打击也去世了。她和她丈夫死在同一天。

## 2. 积极心态有助于内心和谐

积极心态由于其知、情、意三方面具有良好的协调性,也可以在很大程度上避免个体主观上的矛盾冲突、自我否定等不良感受和体验的产生。许多心理问题的患者往往存在内心的诸因素之间的不协调或矛盾冲突,如强迫症患者会强迫自己去做一些自己觉得没有意义、没有必要的事,如反复洗手、反复检查门窗是否关好,不去做会让他(她)痛苦,做了又觉得自己为什么跟别人不同要这么多此一举,这种自身思想、情感和行为的冲突和不协调给当事人带来了无尽的痛苦。拥有积极心态的人，内心是和谐的、安宁的。

（1）积极心态赋予我们充满自信的力量。很多人遭受着自卑感的束缚或者背负着不幸命运，由于自卑，他们对自己的评价远低于真实水平，他们对别人的评价则高于真实水平，他们感慨自己不如别人，对自己由爱而生怨恨，摧毁了自我力量之源泉，丧失了追求成功的动力，成为失败者。积极心态者通过对事物（人或自己）作出正确、合理的认识和评价，产生积极的情绪情感，进而导向积极、建设性的行为意向，将促使自己对自己和未来充满信心。积极心态者相信有志者事竟成，并因而最终获得胜利。

面对自己遭遇的失败时，积极心态者不仅仅归因于自身，而是全面分析其原因，情感上不是悲观、绝望，而是冷静、沉着，他（她）不会失去自信，也不轻易放弃自己的追求，于是，他（她）总能找到一条有助于成功的道路。

面对自己不如他人时，积极心态者不会盲目攀比，而是全面分析自己落后的原因，在情感上也不是愤怒、嫉妒、怨天尤人，而是平静、接纳，他（她）不会失去自信，只会进一步找寻有没有赶上他人的可能性。

（2）积极心态赋予我们克服心病的力量。一个人如果充满了恐惧、忧虑、紧张、怨恨、罪恶感等情绪，就会陷入拖拉、颓废的状态之中，这些情绪上的负荷一旦累积到一定的程度，个人的力量即无法支撑，结果造成在感情上、精神上及智能上的力量源泉被阻塞，并使自己深陷于怨恨、恐惧及罪恶感的泥沼之中。积极心态赋予我们克服这些心病的力量，通过积极的看待和评价事物和自己，通过合理的预期和目标设定，通过明确的行为方向和周详可行的计划，通过将这些最终落实，积极心态者将很快达到精力充沛、积极进取的良好状态。

（3）积极心态赋予我们内心平和的力量。当我们忧虑时，我们感到坐立不安、心浮气躁、操心不已，我们失去了内心的平和，这是现代人的流行病症，是因为我们把事情想象得很糟糕，我们害怕这样的事情发生，于是我们忧虑不安了。积极心态则可以让我们把事情往好的方面去考虑，怎样从多方面建设性地思考解决问题的方案，利用有限的时间如何更有效地把事情做得更好。

当两种需要、想法或行为相互冲突时,我们内心出现了不和谐,失去了平和,我们体验到犹豫、矛盾、冲突、进退两难,积极心态则让我们明确什么是对的,什么是错的,什么是积极的,什么是消极的,什么是建设性的,什么是破坏性的,什么是有意义的,什么是无意义的,什么是善的,什么是恶的,从而使我们达于内心的平和。

3. 积极心态有助于幸福体验

林肯认为,如果一个人决心获得某种幸福,他就一定能得到这种幸福。积极心态如何帮助我们赢得幸福呢?

首先,我们在这里将幸福定义为主观幸福体验,就是我们个体以自己的标准为依据对自己的生活质量进行的综合评价,它实质上是我们对自身生活状态是否满意的一种主观体验。因此,在一定程度上说,幸福本身就是个体对生活状态的态度的主观体验。积极心态作为个体的主要心理面貌,将不可避免地将个体对自身生活状态的态度打上积极的烙印,因此,积极心态者将更容易对自己生活状态作出积极、正面的认知和评价,进而产生积极、正面的情感体验,这种积极的、正向的情绪情感体验本身就是主观幸福感。例如,知足常乐是一种积极心态,它将促使个体更加容易从平静的生活中获取幸福感。所以,积极心态将直接导致个体更易于获得主观上的幸福体验。

另外,积极心态通过对个体的现实生活各领域,如工作、学习、休闲、人际关系、家庭生活等,施加积极、建设性的影响,也能间接地提高其主观上的幸福感。积极心态者善于积极地看待现实生活各领域中的问题或任务,通过积极、有建设性的情感和行为意向而向外部施加有益的影响,有助于个体在相关方面或领域获得事实上的进步和提高,这种进步、提高或收获又被个体迅速感知到,作出积极的评价,进而也产生了积极、正面的情感体验——主观幸福感。因此,积极心态又间接地导致个体获得主观幸福感。

**小故事:**

有一位名叫胡达克鲁丝的老太太,她的朋友和邻居W夫人和她同龄。在她们共同庆祝70大寿时,W夫人认为人生70古来稀,自己已年届70,是该去见上帝的年龄了。因此她决定坐在家里,足不出户,颐养天年。她为自己做寿衣、选墓地、安排后事。而胡达克鲁丝则认为:一个人能否做什么事,不在年龄的大小,而在于自己的想法。于是她开始学习爬山,其中有几座还是世界上有名的高山。最终她95岁高龄时登上了日本的富士山,打破了攀登此山年龄的最高纪录。同样是70岁生日这个事情,W夫人的心理反应趋向是消极的,足不出户,安排后事,结果在好多年前就去见上帝了,而胡达克鲁丝的反应则是积极向上的,她坚持学习爬山,不仅创造了吉尼斯世界纪录,自己晚年也因此而过得充实而幸福。

## 二、积极心态与心理幸福感

前文已论及了积极心态对主观幸福的积极意义,接下来我们讨论关于积极心态在现实生活领域中的积极意义,即对心理幸福感的意义和影响。积极心态作为个体的内在心理过程,也导向积极进取的外显行为,通过对自己的正确认识,设立合理的需要和目标,因而也为行为确立了积极的、建设性的方向,为积极行为提供了清晰、合理的期望目标和源源不断的动力,积极心态有助于个体开掘自身潜能、实现个人的发展成长及成功,因而在增强心理幸福感方面,积极心态也发挥着重要作用。

### 1. 积极心态有助于潜力的开发

积极心态是对事物(或人包括自己)全方位的积极态度,促使我们以积极的态度对待我们自己,从而带给我们开拓进取的力量。积极心态能带给我们的是正确思考的力量,使我们不被失败、挫折、偏见、教条、经验所蒙蔽;积极心态带给我们创新思考的力量,使我们用充满活力的、具有强烈信仰的心态武装头脑,不墨守成规,敢于创新;积极心态能带给我们自我提升的力量,通过改变那些让我们积累消极的感受和行为取向的种种消极因素,使我们获得提升的空间和能量;积极心态能带给我们不屈不挠的力量,使我们不被障碍、挫折和失败击倒;积极心态能带给我们持续进取的力量,通过身心调和达到自然的节律状态,持续地保持精力和体力,免遭疲劳、耗竭之苦。

显然,积极心态有助于我们对自己做出合理的认识和判断,形成乐观、合理的预期,拥有内心的平静和安宁,对自己和事物有信心,不为自己设置没有必要的限制,从而有助于我们自身潜力的开发。积极心态促进潜力的开发,而消极心态则妨碍潜力的开发,甚至摧毁本已拥有的力量。

有这样一个故事,印度的驯象师们往往是在大象还很幼小、无力的时候就用牢固的锁链拴在柱子上,并在柱子周围放上食物,小象无法挣脱锁链的束缚,而有吃有喝的条件也让它不想去奋力反抗,随着小象逐渐长大,它可以轻而易举地举起数百公斤的重物,却从来不曾尝试挣脱那根对它来说已经微不足道的锁链,力大无比的大象就这样因为一条事实上非常孱弱的而在它心目中却是无比牢固的锁链而生活在人的驱使之下。

与大象相比,虽然我们人类通常不会有人给我们拴上锁链,但我们常常是自己给自己戴上心灵枷锁,那就是消极的心态。消极心态会给我们设置种种限制和藩篱,使我们屈服于一些微不足道的失败、挫折的打击之下,最终归于平庸和颓废。

2. 积极心态有助于关系的建立

积极心态必然包括对人对己以及人我关系的积极态度,促使我们以积极的态度去对待自己、他人以及我们与他人之间的互动关系。积极心态赋予我们受人欢迎的力量,是因为积极心态者对自己有合理的认识和评价,合理的情绪情感,以及恰当的行为意向,因此在具有许多赢得他人欢迎的特点:自信、平和、安宁、乐观、真诚等。此外,积极心态者对于他人也持有积极态度,对他人有合理的认识和评价,合理的情绪情感,以及恰当的交往互动行为意向,因此也具备了受人欢迎的诸多特点:尊重、谦和、宽容、接纳、激励等。再者,积极心态者对自己的人际关系持有积极态度,以热情主动、不卑不亢、坦诚进取的态度与人交往,容易与他人形成良好的人际关系。另一方面,良好的人际关系对个体能产生有力的社会心理支持,有助于心理幸福感的提升,如,崔春华等(2005)研究发现,大学生社会支持与心理幸福感呈显著的正相关。

总之,将积极心态应用到人际交往中,你将收获到喜爱、尊重、信任、合作等积极的情感,以及良好的人际关系所提供的社会心理支持。

3. 积极心态有助于事业的成功

事业和工作对每个人来说都有举足轻重的地位,积极心态因而必然会涉及对事业和工作的积极态度。毫无疑问,在事业和工作上,积极心态有助于我们对它们做出合理的认识和判断,形成乐观、合理的预期,拥有强有力的信心,不为自己设置没有必要的限制,从而有助于获取成功。积极心态将有利于我们坚持不懈、努力进取、百折不挠等良好品质的形成和发挥;在事业和工作上,积极心态将有助于我们形成不受挫败、不知疲倦、不轻言放弃的良好工作态度;在事业和工作上,积极心态将有助于我们形成看到希望、乐观上进、勇于创造的精神状态。最终,积极心态将我们导向事业和工作上的巨大成功。

积极心态赋予我们立即行动的力量,有助于我们将计划付诸实践,将理想变为现实,做一个有行动力的人;积极心态赋予我们克服困难的力量,使我们成为一个坚强、勇敢、大度、成功的人;积极心态赋予我们克服忙碌的力量,使焦虑、烦躁的情绪无法立足,使我们以从容不迫的心情完成工作和任务;积极心态赋予我们吸引财富的力量,促使我们成为诚实、正直、诚信的人,从而获得实现自己事业成功所必需的财富。

将积极心态应用于事业和工作领域,你将收获到坚强、乐观、进取、诚信、合作等积极情感,以及工作上的非凡成绩和事业上的卓越成就。

## 第三节 积极心态的养成

积极心态从来不是与生俱来的,而是后天习得的。作为与幸福有如此密切关系的心理品质,关系到我们的学习、生活、工作的方方面面,关系到我们的成功和幸福生活,必然成为我们想要拥有的首要品质。下面我们从态度的形成与改变入手来介绍积极心态的养成问题。

## 一、态度的形成与改变

态度不是与生俱来的,也不是一成不变的,个体在后天的生活环境中的学习而形成态度、改变态度,态度形成后即对人的行为施加影响,态度的改变则是为了适应社会,态度的形成和改变是统一的,旧态度的改变也意味着新态度的形成,反之亦然。

1. 影响态度形成和改变的因素

态度的形成与改变,受到个体在社会化的过程中各种影响因素的影响,如家庭、教育、同辈群体、大众传媒、社会环境等,个体在具体环境中逐渐形成自己的态度体系,然后就凭借这一体系来对外界反应,同时也在现实生活中不断地加以丰富和完善。

2. 态度形成与改变的阶段

态度不同于一般的认知活动,它包含了情感因素,因而其形成和改变都有复杂的过程,经历模仿与服从—同化—内化等阶段。

(1) 模仿与服从。模仿和服从是态度形成与改变的两种起始方式。模仿就是对他人态度的认同与吸收。父母常常是幼儿模仿的对象,随后,个体通过模仿同学、老师、明星或榜样不断习得态度、改变态度。模仿常常是不知不觉、自觉自愿地进行的,是态度形成和改变的最为常见的开端。

服从又称顺从,指个人按照社会要求或别人的意愿而做出行动,因受外界压力,服从一开始大都不是心甘情愿的,只有当被迫的服从形成习惯后,才会变为自觉的服从,产生相应的态度。

(2) 同化。在这一阶段,个体态度上已不再是表面的改变,而是自愿接受新的观点、行为,使自己的态度与要形成的态度相接近,但新态度还仍未与自己原有态度体系完全融合。

(3) 内化。内化是态度形成的最后阶段。这时,个体内心已经真正发生了变化,接受了新观点、新行为,并将其纳入已有的价值体系之内,成为自己的态度。这时态度就比较稳固,不易改变了。

3. 态度改变的方法

态度的转变是指态度在方向与强度两个方面的转化和改变。比如,喜欢玩电脑游戏的人不再喜欢了,就是方向上的转变,极端喜欢玩电脑游戏的人不再那么喜欢了,就是强度上的转变,非常喜欢玩电脑游戏的人变得非常讨厌玩,就是从一端转向另一端,则方向与强度都发生了变化,而且强度和方向之间原本就是有联系的。

态度转变可以从两个方面来分析:一是怎么使他人转变态度,二是怎么使自己态度转变。下面我们介绍如何使自己转变态度的几种方法。

(1) 自我批判。自己有意识对自己的观念进行分析、批评,主动接触与原有态度不一致的信息,主动寻求可信度高的意见和观点,主动进行逐步深入的自我劝说。

(2) 积极实践。直接的、第一手的实践经验有助于改变原有态度,长期持续的实践活动会促进态度的改变。

(3) 强迫接触。不管是否喜欢,强迫自己同对象接触,将有助于态度的改变。保持与对象的接触,可以增加个体与态度对象的了解,促进态度的改变,"日久生情"就是对保持接触而发生态度转变这一现象的归纳。

1937年史密斯曾做过一个实验:他利用两周时间安排研究所的白人学生到黑人区与著名的黑人编辑、外科医生、诗人、画家等见面,听黑人小说家的演说,参加黑人学生的茶会、黑人企业家的午餐会等,结果46人中有44名学生对黑人的态度比实验前变得更为友善,而且在一年后仍然很友善。

(4) 加入群体。任何群体都有明确的或隐性的公约、规则,个人由于加入该群体之后,对群体产生认同态度,因而更乐意或更倾向于接纳团体规范,从而更有效地改变了态度。

心理学家勒温在20世纪40年代曾做过这样一个实验:由于"二战"时期食品短缺,美国政府希望能说服家庭主妇购买一向不受欢迎的动物内脏做菜,勒温采用了两种办法:一种是把上述要求作讲解与劝说;另一种把上述要求作群体规定,结果接受讲解和劝说并拿到一门烹调内脏的食谱的小组只有3%的人改变了态度,而群体规定的小组有32%的人改变了态度。

## 二、积极心态的养成与训练

积极心态的养成与训练,涉及旧的、消极的心态的改变和新的、积极的心态的形成,涉及个体原有消极态度强度的减弱和方向的转变,也涉及新的积极态度的强度增强、方向稳固。前文我们已经介绍了有关态度形成和改变的基本知识和理论,据此,我们认为,积极心态的养成和训练,需从以下几方面来进行。

1. 让自己拥有积极认知

积极的认知观念和评价对于积极心态是必要的而且是基础性的,没有积极的认知观念和评价,我们就无法拥有积极的情绪情感和建设性的行为意向。因此,在对待任何事物都必须在认知观念和评价方向上尽可能向着积极、正面和建设性靠拢,并习而惯之。

要养成积极认知的习惯,就必须和我们头脑中已有的那些让自己轻易产生愤怒、泄气、烦闷、挫败、恐惧、沮丧、逃避等负性情绪的任何想法、观念、评价(非理性信念)作斗争,消除负性、消极情绪的根源。心理学家艾利斯总结出 11 种非理性观念特别容易出现在我们头脑中,有它们的存在,我们就容易发生情绪困扰,如果坚定地去除这些非理性观念,代之以积极的、理性的信念,我们就具备了积极认知的能力,在很大程度上也因此而拥有了积极心态。

2. 保持理性的情绪情感

积极认知在某些情况下并不是一件容易的事情,尤其是当我们某些消极的、不那么合理的非理性信念成为我们某些习惯性的反应基础的时候,我们甚至都不能觉察到它们的存在,但消极情绪则已然发生了,因此,对于情绪情感本身的关注和管理也是非常必要的。

(1) 觉察自己的情绪。我们往往会随着外在事件的变化而产生各种情绪,但这时不管对于何种情绪,我们都应该先停一下,跳脱出来,冷静地去体会感觉自己的情绪,到底是愤怒、是悲伤,还是羞愧,将它理个清楚,如果不如此做的话,你就可能会把注意力放在外在事物上而受影响,将你的情绪越搞越乱,以致失去了理性,做出不当的行为反应。

(2)认清引发情绪的原因。把自己从情绪中独立出来,询问自己:"你为什么生气?你为什么难过?你为什么愤怒?"探讨原因,了解情绪背后的想法和观念,可以帮助我们弄清楚是哪些想法或思考方式让我们产生了负向的情绪。这一阶段的关键是在前几个问题之后,问自己:"你对自己说了些什么?"并且检测如此的认知或想法是否合理——"你这样想是合理的吗?是实事求是的吗?"进而修正、调整它而达到改变情绪的目的。

(3)恰当的表达自己的情绪。没有人会读心术,没有人能真正懂得我们的感受,除非我们表露我们的感受,别人才有机会更加了解我们的感受、立场和原则。同样,我们也可以从别人的情绪表达中了解他的心情。表达情绪时要以平静、非批判的方式叙述情绪的本质,描述而不是直接发泄。此外,我们表达情绪的目的是为了与人分享,而不是改变他人,我们无法单方面去改变或控制对方,表达情绪是为了让对方可以更多的了解我们。

(4)以合适的方式舒解自己的情绪。舒解情绪的目的是适当地表达自己的情绪,整理自己的思路,让自己更有能力去面对未来。舒解情绪的方法很多,有些人会痛哭一场,有些人会找好朋友诉苦,另外一些人会逛街、听音乐、散步。这里介绍一些暂时舒解自己情绪的方法:①推陈出新,改变自我:适时的对稳定的习惯做些小的变动,就会有一种新鲜感;②打扮自己:经常衣冠不整,蓬头垢面,不仅影响情绪也会使自己处于尴尬的状态;③巧用颜色:为了保持自己的良好情绪,应积极去寻找,接触那些温暖、柔和而又富有活力的颜色,如绿色、粉红色、浅蓝色等;④走进大自然:大自然的奇山秀水常能震撼人的心灵。登上高山,会顿感心胸开阔;放眼大海,会有超脱之感;走进森林,就会觉得一切都那么清新。

3. 加强目标性和计划性

积极心态的人,对自己、对将来都持有积极的看法和预期,在积极的认知和评价的基础上,拥有理性的、积极的情绪情感,拥有建设性的行为意向,因此,在行动上也将是积极的人。积极行动的通过有效的目标来指引自己,通过有效的计划来推动自己前进。目标是未来的现实,一切的成功最终都归结为目标的达成,而目标的完成需要通过计划性来实施。目标对人生有巨大的导向作用,计划则是把我们带向成功的道路。目标是行动的导航灯,没有目标,我们就不会努力,因为不知道为什么要努力。

有效目标能使我们:①给自己的行为设定明确的方向,充分了解自己的每一个行为的目的;②知道什么是最重要的事情,从而有助于合理安排作息时间;③未雨绸缪、把握今天;④评估每个行为的进展,提高工作效率。但是,有效的目标在制定时就必须考虑其实现的可能性,它不能只是梦想,而必须是"SMART"(聪明的)目标:即,具体的(Specific)、可量化的(Measurable)、能达成的(Achievable)、符合实际的(Realistic)、有时间限制的(Time based)。有关目标设置方面的详细方法请参阅本书第十一章。

目标的实现,要有计划性。也就是站在你现在的地方,用你之所有,从现有的起点,去做你力所能及的事。如果你双眼盯住人生目标去做事,对你还有什么苛求的呢?请你集中力量追求主要目标;不断提高自身;在人生的道路上,或许你犯过错误,或许你有过困难重重的艰难过去,请破围而出,继续向前,别让它成为阻碍你去达到目标的步伐;在你的前面有确定的目标,你仍有提高自身的空间,坚信明天的你一定会比今天的你更好。

实现目标的过程是由现在到将来,由低级到高级,由小目标到大目标,一步一步向前的。但是,设定目标的有效方法则是和实现目标的过程正好相反,由将来到现在,由大到小,由高级到低级层层分解。一个完整的目标分解后,其实就是一套完整的达到目标的行动计划,接下来需要做的就是按照计划去一步一步地实施。比如,一个刚进校的大学生在确定自己到毕业时的目标时,应先将目标分解:大学毕业时的目标—学四年的目标—每个学年的目标—最近一学期的目标—最近一学期每周的目标——周中 7 天分别怎样度过。确定了各个层次的目标之后,结合每个小目标制定实施计划,计划制定好再进行推敲,看每个小目标是否能顺利达成和实现。当然,有了明确的目标和清晰的计划而不积极行动也不是真正的积极心态者。真正积极心态的人不仅知道自己要实现什么样的目标,要成为什么样的人,更善于运用潜意识的力量,正面自我暗示,永远积极思考,并强调行动第一,立即行动,从现在做起,定期检查衡量进度,作积极调整,坚持到底,永不放弃,直至成功。

4. 塑造积极心态,拥有幸福人生

用积极的、建设性的思维方式武装起来的头脑,可以使我们在困难面前不低头,在挫折面前不屈服,在失败面前不气馁,在成绩面前不骄傲,始终保持进取之心、乐观之心,努力追求自己的人生理想和远大目标,成就幸福人生。请将下面的文字写在你天天看得到的地方,阅读并用行为实践它,相信一段时间后,你将惊奇地发现自己已经拥有了积极的心态。

① 言行举止像你希望成为的人;
② 要心怀积极、必胜的想法;
③ 用美好的感觉、信心和目标去影响别人;
④ 使你遇到每一个人都感到自己重要、被需要;
⑤ 心存感激;
⑥ 学会称赞别人;
⑦ 学会微笑;
⑧ 到处寻找最佳新观念;
⑨ 放弃鸡毛蒜皮的小事;
⑩ 培养一种奉献的精神;
⑪ 永远也不要消极地认为什么事是不可能的。

# 第二篇 实现幸福

第五章　把握情绪
第六章　洞悉情商
第七章　逆风飞扬

# 第五章  把握情绪

快乐主义的伊壁鸠鲁(Epicuros)认为:"快乐是生活的开始和目的。心理学家弗洛伊德(Freud)曾指出,学习掌握自己的情绪是成为文明人的基础。幸福是我们天生的善,我们的一切取舍都从快乐出发,我们的终极目的仍是得到快乐。"人有感觉,能够感受痛苦和快乐,所有的生物都对快乐感到舒适,对痛苦感到厌恶。幸福是一个人全部快乐的总和,拥有积极快乐的情绪,是幸福人生的要义。

## 第一节  情 绪 概 述

情绪是人精神状态的一个方面。《辞海》的解释是:情绪是"从人对客观事物的态度中产生的主观体验"。英国《牛津英语词典》则将其解释为:"任何心理、感觉、感情的动机或骚动;泛指所有激烈或兴奋的心理状态。"

情绪和情感都是人对客观事物是否符合自身需要而产生的态度体验,但从产生的基础和特征表现上来看,两者还是有所区别的。首先,情绪出现较早,多与人的生理性需要相联系;情感出现较晚,多与人的社会性需要相联系。其次,情绪具有情境性和暂时性,情感则具有深刻性和稳定性。情绪常由身旁的事物所引起,又常随着场合的改变和人、事的转换而变化;而情感可以说是在多次情绪体验的基础上形成的稳定的态度体验。再次,情绪具有冲动性和明显的外部表现;情感则比较内隐。人在情绪左右下常常不能自控,高兴时手舞足蹈,郁闷时垂头丧气,愤怒时又暴跳如雷;情感更多的是内心的体验,深沉而且久远,不轻易流露出来。情绪和情感虽然不尽相同,但却是不可分割的。因此,人们时常把情绪和情感通用。一般来说,情感是在多次情绪体验的基础上形成的,并通过情绪表现出来;反过来,情绪的表现和变化又受已形成的情感的制约。当人们做一项工作,总是体验到轻松、愉快的时候,时间长了,就会爱上这一行;反过来,在他们对工作建立起深厚的感情之后,会因工作的出色完成而欣喜,也会因为工作中的疏漏而伤心。由此可以说,情绪是情感的基础和外部表现,情感是情绪的深化和本质内容。

　　关于情绪的类别,长期以来说法不一。我国古代有喜、怒、忧、思、悲、恐的"七情说",美国有心理学家则把人的基本情绪归纳为悲痛、恐惧、惊奇、接受狂喜、狂怒、警惕、憎恨等8种。一般公认人类的基本情绪有4种,即快乐、愤怒、恐惧和悲哀。快乐是指一个人盼望和追求的目的达到后产生的情绪体验,其表现为眉开眼笑、谈笑风生等。愤怒是指所追求的目的受到阻碍,愿望无法实现时产生的情绪体验。愤怒时紧张感增加,有时不能自我控制,甚至出现攻击行为。恐惧是企图摆脱和逃避某种危险情景而又无力应付时产生的情绪体验。恐惧的产生不仅仅由于危险情景的存在,还与个人排除危险的能力和应付危险的手段有关。悲哀是指心爱的事物失去时,或理想和愿望破灭时产生的情绪体验。悲哀时带来的紧张的释放,会导致哭泣。

　　情绪的强度有强、弱两极,如从愉快到狂喜、从微愠到狂怒。在情绪的强弱之间还有各种不同的强度,如在微愠到狂怒之间还有愤怒、大怒、暴怒等不同程度的怒。情绪强度的大小决定于情绪事件对于个体意义的大小。情绪还有紧张、轻松两极。人们情绪的紧张程度决定于面对情境的紧迫性、个体心理的准备状态以及应变能力。如果情境比较复杂、个体心理准备不足而且应变能力比较差,人们往往容易紧张,甚至不知所措。如果情境不太紧急、个体心理准备比较充分、应变能力比较强,人就不会紧张,而会觉得比较轻松自如。

# 一、情绪的功能

人是有感情的动物,喜怒哀乐人皆有之,多数心理失常者都在情绪上有困扰,因此,情绪的调适与心理健康关系最为密切。在正常的情绪下,情绪反应符合下列几个条件:第一,它是由适当的原因引起的,该原因并为当事者本人所觉知。第二,情绪反应的强度应和引起它的情境相称。第三,当引起情绪的因素消失之后,反应会视情况而逐渐平复。正常的情绪反应,不论是积极的还是消极的,都有助于个体的行为适应。

(1) 愉快而平稳的情绪,能使人的大脑处于最佳活动状态,保证人体内各器官系统的活动协调一致,使得食欲旺盛,睡眠安稳,精力充沛,充分发挥有机体的潜能,提高脑力和体力劳动的效率和耐久力。

(2) 愉快的情绪还能使整个机体的免疫系统和体内化学物质处于平衡状态,从而增强对疾病的抵抗力。据说英国著名化学家法拉第,在年轻时由于工作紧张,神经失调,身体虚弱,久治无效。后来,一位名医给他做了详细检查,没有开药方,只留下一句话:"一个小丑进城,胜过一打医生。"法拉第仔细琢磨,觉得有道理。从此以后,他经常抽空去看滑稽戏、马戏和喜剧等,并在紧张的研究工作之后,到野外和海边度假,调剂生活情趣,以保持经常的心境愉快,结果活了76岁,为科学事业做出了很大贡献。有人调查发现,几乎所有长寿老人平时都非常愉快,并且长期生活在一个家庭关系亲密,感情融洽,精神上没有压力的环境中。

(3) 达观快乐的积极情绪还能使别人更喜欢接近自己,从而有助于建立良好的人际关系。美国心理学家杰·列文甚至认为:"会不会笑,是衡量一个人能否对周围环境适应的尺度。"此种说法虽不免有些夸张,但真诚的笑,确能感染别人,消除隔阂。来了陌生的客人,相视一笑,即可握手言欢;打扰、伤害了别人,歉然一笑,便能得到谅解;遇到异国朋友,投之一笑,彼此的心就通了。一个面孔阴郁,从来不笑的人,很难说心理是健康的。无怪乎莎士比亚说:"如果你一天之中没有笑一笑,那你这一天就算是白活了。"

(4) 焦虑、忧愁、恐惧、愤怒等不愉快的情绪,只要适当(符合前边讲的三个条件),也是正常而有益的。个体在适度的焦虑情绪之下,大脑和神经系统的张力增加,思考能力亢进,反应速度加快,因而能提高工作效率和学习效果。人们常说,生于忧患,死于安乐,先天下之忧而忧,这说明忧愁也有好的一面。过分的恐惧,固然反常,但对一切都不知惧怕,也是不正常的。适度的惧怕,可使人们小心警觉,避免危险,预防失败。恐惧使个体进入紧张激动状态,由于交感神经兴奋,肾上腺分泌增加,呼吸、心跳、脉搏加快加强,血压、血糖和血中含氧量升高,血液循环加快,把大量营养输向大脑和肌肉组织,血小板较平时增加很多,因之血液较易凝固,而消化器官的活动将会减低,甚至完全停止,这种应激反应的作用,使身体有较多的能量来应付当前的危险。

## 二、不良情绪的危害

所谓不良情绪是指两种情形:一是过于强烈的情绪反应;二是持久性的消极情绪。两者对于人的健康和社会适应都是有害的。

### 1. 过于强烈的情绪反应

人的情绪虽然主要受皮层下中枢支配,但是当这一部分活动过强时,大脑皮层的高级心智活动,如推理、辨别等将受到抑制,使认识范围缩小,不能正确评价自己行动的意义及后果,自制力降低;引起正常行为的瓦解,并使工作和学习效率降低。国外有人做过这样一个实验:让几个大学生个别地进入实验室,该室有四个门,其中三个门是锁住的,只有一个门可以打开,实际上只要按顺序将各门试一下,便能很快找到出路。但当实验者用冷水、电击、强光、大声等强烈刺激同时加之于受试者,使之趋于紧张状态时,好几个被试者呈现慌乱现象,不知道按顺序找出路,四面乱跑,已经试过是被锁住的门,会重复地去尝试,显然是给弄糊涂了。像这一类因情绪激动而失去理智的现象,在日常生活中是屡见不鲜的。好些学生平时成绩不错,到了考试时,由于过分紧张,成绩反而降低。有些运动员在重大比赛中,也常常因心情紧张而临场发挥不好。过度的精神紧张,还可能引起超限抑制,一个人吓得呆住或气得说不出话来就是这种表现。在盛怒之下引起心脏病猝发而突然死亡的事例,在临床上也时有所见。即使高兴的情绪也需要适度,"乐极生悲"并不是耸人听闻。心肌梗死患者大笑容易发生意外,重症高血压病人过度兴奋可能诱发脑溢血。一位外国作家曾举出过许多由于高度愉快而引起死亡的例子:有一个人得知三个儿子在奥林匹克运动会上同时夺得金牌后突然死亡。当一位哲学家去世时,他的侄女因为在他临终床头找到了6万法郎,就快活地死掉了。《儒林外史》中屡试不第的穷书生范进,在突然听到自己中了举人的消息后,喜极发疯,患了癫狂病。

2. 持久性的消极情绪

另一种不利的情形是情绪的持久性反应。当人在焦虑、忧愁、悲伤、惊恐、愤怒、痛苦时,会发生一系列生理变化,这是正常现象,当情绪反应终了时,生理方面又将恢复平静。通常此类变化为时短暂,没有什么不良的影响,但若情绪作用的时间延续下去,生理方面的变化也将延长。久而久之,就会通过神经机制和化学机制引起心血管系统、消化系统、泌尿生殖系统、呼吸系统、内分泌系统等各种躯体疾病。

有人用动物做了这样一个实验:将A、B两只猴子的身体固定在相邻的铁架上,只让前肢自由活动,下肢均有导线相连,可由一自动控制的仪器通电给以电击。两猴面前各置一弹簧开关(放松即自动弹回),所不同者A猴面前的开关可用以切断电流,使两猴都解除痛苦,B猴面前开关虽可操纵但无效用。实验开始前,先让猴子学会操纵开关。每次实验时间为6个小时,然后休息6小时。实验中每隔20秒电击一次,在通电之前先亮灯为信号。由于A猴要时刻警觉,每隔20秒操纵一次开关(倘若疏忽,两猴会同时受到电击),因而比"坐以待击"的B猴加倍紧张。实验持续23天后A猴便死亡,经解剖发现其肠胃中已产生溃疡,而B猴的肠胃却安然无恙。

还有学者曾对500多人进行调查分析,结果表明,人们在经历一系列紧张事件后,各种疾病都有所增加。据美国耶鲁大学医学院报告,在所有门诊病人中,属于情绪紧张而患病的占76%。这些病人因为长期陷于某种情绪状态,对那种紧张心情已经习以为常,所以往往把注意力集中到身体的症状上,而不觉得它和情绪有关了。

## 三、情绪与癌症

Temoshok 提出癌症患者的"C型"性格特征——不善于宣泄和表达内心的感受,倾向于为了取悦他人或怕得罪他人而抑制自己的情绪。Hagnell 对 2 550 名瑞典人进行持续 10 年的前瞻性研究,发现癌症患者在发病前不善于表达情绪,在情绪忧郁时容易转化为退缩、幼稚、幻想及合理化自慰等状态。现在美国哈佛大学对于 C 型性格作了一个解释:喜欢抑制烦恼、绝望和悲观的性格,这样的情绪容易使机体的免疫力受到影响,害怕竞争、逃避现实,企图以姑息的方法来达到虚假、和谐的性格,表面上处处牺牲自己来为别人打算,但是心中其实又有所不甘,遇到困难当时并不出击,到最后却要做困兽犹斗等悲观的性格,比较容易患癌,他们把这种性格叫做 C 型性格或者癌症性格。

## 四、情绪与美容

人的情绪受下丘脑管辖,下丘脑是调控神经、内分泌的中枢,当人遇到高兴的事,心情愉快时,机体会通过下丘脑中枢神经调节使乙酰胆碱分泌增多,该物质能使血管扩张,血液通向皮肤增多,从而使面色红润,容光焕发,给人一种神采奕奕的感觉。相反,当人在过度紧张,情绪低落时,体内儿茶酚胺类物质释放过多,肾上腺素分泌增多,使动脉小血管收缩,血流缓慢或阻滞,造成氧气对皮肤的供应减少,皮肤会出现程度不同的发紫。当一个人受到严重精神打击,长期不能从负性情绪中解脱出来,导致神经内分泌激素失控,脑垂体持续分泌促黑色激素,促使上皮细胞过多合成黑色素,堆积在皮肤里,使面容憔悴,灰暗无华,甚至连眼圈也发黑。同时,由于毛细血管循环障碍,输送皮肤的各种营养物质减少,皮肤容易发生干燥、萎缩、起皱等。

### 五、情绪与创造力

19世纪至20世纪70年代,龙勃罗梭首先对情绪、心理健康与创造力之间的关系作了系统的研究。他通过对天才的研究发现,天才由于过度敏感而导致情绪极不稳定,因此,很多人患有忧郁症,甚至精神分裂。但后来埃利斯等人对创造型天才的大规模研究都没有支持龙勃罗梭的结论。除了龙氏外,巴博克研究了天才的遗传因素,发现很多天才的情绪极不稳定,常常走极端,多数天才都处在疯狂的边缘,一生与幸福无缘。弗洛伊德认为,创造性人物的本我与超我之间的冲突引起了他们的失常感、罪恶感与焦虑感。创造性人物借助艺术创作来解决冲突,艺术家常有这些情绪的纷扰。斯蒂克尔指出:"并不是所有的神经病者都是艺术家,但是每个艺术家都是神经质的。"另外,心理分析学家费尔贝恩、夏普、利维、格罗赞恩、哈里·李等都将艺术家视为有很严重的罪恶感和焦虑感的人。投射测验也显示:艺术家(不包括作家)有很强的罪恶感,而且普遍患有焦虑症、神经症,他们的情绪极不稳定。可见,心理分析学家通过对艺术家临床研究的结果发现,情绪纷扰和创造力之间有密切联系,并认为创造是解决情绪问题的一种方法。

罗杰斯在他的心理治疗过程中发现,许多艺术家和文学家由于创造力受情绪纷扰所阻塞而前来求治。经过心理治疗后,他们的创造力得以恢复。因而罗杰斯在他的创造论中提倡情绪健康。马斯洛发展了罗杰斯的心理健康理论,著有《情绪对创造的阻塞》一文。20世纪80年代至90年代,有关研究表明,艺术家确实比非艺术家更加情绪化。1991年,哈蒙德和艾德尔曼采用EPQ测量也发现,职业演员比非演员在神经质分量表上的得分明显偏高,和高创造性的科学家相比,艺术家看起来更焦虑,情绪不稳定,易冲动。

## 第二节 面部表情:情绪的识别

情感的外部行为特征就叫表情。表情是人际交往中信息传达、情感交流不可缺少的手段,也是了解他人主观心理状态的客观指标。

借助表情，我们才能"察言观色"，在别人的举手投足间洞悉他的内心感受。面部的表情运作，就称之为情绪面部表情，它是情绪在面部的具体外显行为。面部表情是情绪的发生机制，它是最敏感的情绪发生器和显示器。人的面部表情由7 000多块肌肉控制，是具体情绪体验的鲜明标记。

达尔文在《人类和动物的表情》一书中指出，现代人类的表情和姿势是人类祖先表情动作的遗迹，这些表情动作最初具有适应意义。因此，以后就成为遗传的东西而被保存下来，例如，愤怒时咬牙切齿、鼻孔张大的表情是人类祖先在行将到来的搏斗中的适应动作。正因为表情有其生物学根源，所以许多最基本的情绪，如：喜、怒、哀、乐等原始表情是具有全人类性的。现代情绪心理学研究也证实，人类的表情，尤其是面部表情，具有跨文化的先天性质，人生来就有表达情绪的能力，并且有跨文化的一致性。面部表情具有社会性意义，是人们相互沟通、传达信息、建立联系最基础的媒介。

## 一、情绪在面部的表现

人的面部可以表现出成千上万、不计其数而又十分微妙的表情，而且表情的变化十分迅速、敏捷和细致，能够真实、准确地反映情感，传递信息。面部所表现出的各种各样的情感，最能吸引对方的注意。在你未开口之前对方就从你的面部表情上得到了一定的信息，对你的气质、情绪、性格、态度等有所了解。所以有句话说得好，看人先看脸，脸是人的价值与性格的外观。所谓脸面不仅是指人的长相，主要是指面部表情。

脸上泛红晕，一般是羞涩或激动的表示。在与性爱有关的场合，人们时常会脸红，它是人类显示童贞的信号。脸色发青发白是生气、愤怒或受了惊吓异常紧张的表示。脸上的眉毛、眼睛、鼻子和嘴更能表示极为丰富细致而又微妙多变的神情。皱眉表示不同意、烦恼，甚至是盛怒；扬眉表示兴奋、庄重等多种感情；眉毛闪动表示欢迎或加强语气；耸眉的动作比闪动慢，眉毛扬起后短暂停留再降下，表示惊讶或悲伤。

人的眼睛最能袒露人的内心的隐秘和激情了。正如一首小诗所写:"眼睛是心灵的窗口,不会隐瞒更不会说谎。愤怒飞溅火花,哀伤倾泻泪雨,它给笑声增一层明亮的闪光。"眼睛的直径约为2.5厘米,不仅是人体中最小的器官,而且也是生长变化最少的,但它的表情达意却是极为复杂而微妙的,有时很难用语言来形容,所以从来就有眼睛会说话之说。一般来说,眼睛正视表示庄重,仰视表示思索,斜视表示轻蔑,俯视表示羞涩。但它有个显著特点:看到很喜欢的人或事物,瞳孔会异常增大;看到不喜欢的人或事物,瞳孔则会缩小,甚至会缩到针眼那么细小。一个正常的男人在看到裸体女人的图像时,他的眼睛会瞪得比平时大一倍。某些打牌的人当他发现对手的瞳孔放大时,他就会知道对手得了一手好牌。因为瞳孔不会撒谎,聪明的赌徒总是先用小金额下赌注,随后密切注视庄家的眼神反应。庄家屡次输钱却还不知秘密是怎么泄露的。这类情况表明人们很早就注意到心理活动和眼神、瞳孔的关系。古今文学家都爱用眼神来描述人的感情,如含笑的瞳仁、贪婪的眼光等都体现了眼睛与心灵的关系特别密切。

科学研究表明:瞳孔变化最能反映内心世界的变化。凡在出现强烈兴趣或追求动机时,瞳孔会迅速扩大。据说,古代波斯的珠宝商人出售首饰时,总是根据顾客瞳孔的大小来要价的。如果一只钻戒的熠熠光泽能使顾客的瞳孔扩张,商人就将价钱要得多一些。

呈现在眼前的美味食品也会使人的瞳孔扩张,饥肠辘辘的人的瞳孔扩张得更大些,如果加上吞咽的动作,就构成了人们常说的那种"馋相"。除了视觉刺激,其他感官接受的刺激也可以引起瞳孔的变化。当人聆听心爱的音乐时,或用舌头品尝美味食品时,另外恐怖、紧张、愤怒、喜爱、疼痛时瞳孔同样会出现扩大反应。厌恶、疲倦、烦恼时瞳孔则会缩小。可见瞳孔与心理关系十分密切。

我们利用瞳孔变化的规律,就可测定一个人对某种事物的兴趣、爱好、动机及其对异性的爱慕与否等心理变化。瞳孔的放大或缩小完全是无意识的,也是难以掩饰的,所以眼神会透露内心的秘密。相爱的恋人彼此看到一泓黑而闪射光亮的深潭,就会直觉地感到爱情有了回报,或对方有求爱之意;倘若看到瞳孔缩小如针尖一般,就会感到彼此的关系出了问题。

眼睛的这个特点又引出了第二个特点,就是最强烈的眼神与一般的眼神有很大的区别。最强烈的眼神有两种:一种是仇人相见,分外眼红;一种是情侣相见,格外激动。这两种眼对眼的长久凝视和撞击出火花的目光交流只发生于强烈的爱或恨之时,而在一般的关系和一般的场合,人们大都不习惯被人长久直视,也不去长久直视对方,时间一长就会很不自在地移开目光。所以,在一般的交谈中,眼神要亲切自然:既不能不看对方,也不能死死盯住对方的眼睛不动;既不能目光东移西转,也不能不吸引对方的注意。当一个人演讲时,更要善于利用眼神来吸引听众的注意。

眼神不对头,必然影响人际交流。有一个很诚实的人,常常为别人所怀疑,因为他过分拘谨、羞涩,当他向别人申述什么事情的时候,他的眼睛总是左顾右盼,而不注视在听他申述的人的脸上。于是,人家便对他怀疑,认为他说的话是虚假的。这说明,你同别人说话时,眼神应当注视在对方的脸上;忽略了这一点,或是具有不好的习惯,会使人对你难以信任。

在面部表情上,对于嘴的作用不可轻视:

嘴唇闭拢,表示和谐宁静、端庄自然;

嘴唇半开,表示疑问、奇怪、有点惊讶,如果全开就表示惊骇;

嘴唇向上,表示善意、礼貌、喜悦;

嘴唇向下,表示痛苦悲伤、无可奈何;

嘴唇撅着,表示生气、不满意;

嘴唇绷紧,表示愤怒、对抗或决心已定。

嘴的表情达意一般如此,值得注意的是人们大都懂得眼睛很会说话,而对于嘴的作用有点轻视。美国的一位心理学家为了研究比较眼和嘴表情的作用,他将许多表现某种情绪的照片横切之后再综合复制,比如把表现痛苦的眼睛和一张表现欢乐的嘴配合在一起。实验结果,他发现观看照片者受嘴部的表情的影响远甚于受眼部的影响,也就是说,嘴比眼能表现出更多的情绪。问题倒不在于嘴与眼相比,谁的表现力更强。而在于我们的嘴不出声也会"说话"。可见,面部表情能够传达多么复杂而微妙的信息。

据研究发现,交往中的一个信息表达=7%的语言+38%的声音+55%的面部表情。

人的面部是由骨骼肌肉、血管、皮肤等组成的有机活体,所以无时不在变化着,尤其面部表情的变化,可以引起面部五官各部的外形变化。

人的表情形成分两类:一是常态表情、自然貌,天生一种笑貌或怒貌,嬉笑貌或严肃貌。二是由于多种心理感情支配瞬间产生的喜怒哀乐,然而这种表情不可避免地影响到刑事相貌工作,所以我们必须要认识这种表情变化的内在原因和变化的幅度及规律。

## 二、面部表情的类别

### 1. 愉快的表情

微笑:眼稍半闭拢,下睑吊起,外眥附近二三条皱纹,鼻唇沟弯曲,口唇微开,能见上齿,口角微向上抬,额部外皮有二三条弯曲皱纹。

大笑:头略上仰,眉上升,额部微现皱纹,眼几乎合拢,口张开,上下齿分离,可见下齿,鼻唇沟弯曲并加深,下睑沟、鼻梁侧方及额上部显出皱纹。

乐极:头向后仰,眼全闭拢,口大张,上下齿分离较远,鼻唇沟更加深。

### 2. 悲苦的表情

烦恼眉紧皱,眉间出现纵向皱纹,眼向下望,上下唇收缩。

悲哀:睑无力下垂,眼向下望,鼻翼扩张、鼻唇沟下部稍向内弯,上下唇放松,口裂微开,口角微向下。

痛苦:头颈软弱倾斜,眉梢向下,睑无力下垂,眼向下望,鼻唇沟加深下部向内侧弯曲,口角向下,下颌放松,口微开。

### 3. 正直的表情

仇视:头稍低屈,眼有力向上望,鼻扩张,鼻唇沟加深下部有力向内弯曲,上下唇用力收缩,口角现弯曲皱纹。

指责:眼大张,用力前望,眼球稍显突出,白膜稍带红色,鼻翼扩张,面部肌肉收缩,额部及颈部线静脉显于外表。

反抗:头有力转向对象并向上昂起,眼大张,用力向侧上方望,鼻翼扩张,上下唇收缩。

4．丑恶的表情

嫉妒:头稍向侧方倾斜,眼向侧方有力偷看,鼻唇沟下部弯曲,口闭紧。

伪善:头稍低,眉上抬,额部现皱纹,眼半闭,下睑吊起,鼻翼压低,鼻梁两侧出现纵向皱纹,鼻唇沟加深中部弯曲,口角向上,口张开,仅见上齿,强作笑容。

乞怜:头倾向上仰,眉皱起上抬,额部及眉间纵横皱纹加深,下睑吊起,眼无力向上望,鼻唇沟加深下部弯曲,口张开,口角向下。

5．思考的表情

注意:头略向上抬,面向对象,眉略上举,额部出现轻度皱纹,眼张开前望,眼光固定,口微开。

考虑:头稍低屈,额部出现轻度皱纹,眉皱紧,眉间出现纵向皱纹,眼向前下方望,口闭紧。

回忆:头斜向上仰,眉上抬,额部现皱纹,眼斜向上望,上下唇及下颌放松,口微开。

6．惊惧的表情

惊异:头稍前伸,眉略皱紧上抬,头部及眉间现轻度皱纹,眼有力前望,鼻翼扩张,口裂收缩。

惊愕:头稍上抬并后收,眉略皱紧上昂,额部及眉间纵横纹加深,眼张开有力前望,鼻翼扩张,口有力张开仅见下齿,口角向下,鼻唇沟下部弯曲。

恐怖:眉头更上昂,眉梢向下,眉毛竖起,额部横纹加深,眼大大张开,眼球突出,四周露出白膜,上下睑沟加深,鼻翼扩张,颈口裂放松张开,仅见下齿,面色苍白,额部及颈部线静脉显于外表。

7．敬慕的表情

盼望:头斜向上仰,眼向侧上方望,下睑吊起,鼻唇沟弯曲,口微开,可见上齿。

景仰:头向对象上仰,眉上抬,眼向前上方注视,口微开,面带微笑。

爱慕:头伸前微向上昂或斜侧向对象,额部有皱纹眉上抬,眼向对象,上睑垂下略蔽虹膜,下睑吊起,鼻唇沟中部弯曲,口微张开,只见上齿,颊部现二三条弯曲皱纹。

8. 厌恶的表情

嘲笑:额部有浅的皱纹,眉头上升,下睑吊起,眼斜视对象,鼻翼扩张,鼻唇沟弯曲,口微张开,口角向下。

鄙视:头斜向上仰,眼斜向下望,上睑略蔽虹膜,口角向下,鼻唇沟微弯。

嫌恶:眉紧皱,眉间有纵横皱纹,眉头压低,眼斜视对象,鼻翼扩张,口裂收缩,口角稍向下。

## 第三节　健康情绪与幸福感

### 一、大学生常见消极情绪

生活中,每个人都不可避免地遇到失意、困难、险境,从而产生各种各样的消极情绪,如烦恼、痛苦、忧伤、愤怒等。不愉快的消极情绪,不仅可以降低我们体验到的幸福感受,更甚者,消极情绪若得不到及时排解,这种不良心理能量的积聚若超过一定的负荷就会破坏心理平衡,引起心理疾病。大学时期是青年人心理成熟、社会能力成熟的重要时期,也是情绪丰富多变、相对不稳定的时期,情绪同样广泛地渗透到大学生的一切生活中,并明显地影响到学习、生活和健康。了解大学生情绪特点及相关情绪困扰表现,帮助培养良好的情绪是增进大学生心理健康的重要方面。一个人若长期处于消极情绪的状态下,或处于激烈的情绪状态下,就会造成情绪障碍。在这种情况下,正常的心理和生理活动会受到影响,出现很多异常心理和行为,若不及时采取各种调适措施,就可能引发出严重的后果。

1. 烦恼

烦闷苦恼的事人人都有,失恋、考试不及格、同学关系不和、经济拮据等都可能成为大学生烦恼的内容。例如,一男生因同宿舍同学睡觉时打呼噜,经常彻夜不眠,上课时昏昏沉沉,学习成绩下降,为此非常烦恼。对于烦恼,重要的不是烦恼本身,而是能否从烦恼中解脱出来。情绪健康的人并不是没有烦恼,他们能够把"我不要烦恼"的愿望转变为"我要快乐"的有效行动,从烦恼中摆脱出来。烦恼使他们永不满足现状,烦恼使他们不断进取。情绪不健康的人则相反,整天情绪低落、萎靡不振,往往不明白自己应当怎么办,行动缺少目标,陷入烦恼的陷阱而不能自拔。

2. 焦虑

焦虑是一个人预料将会有某种不良后果产生或模糊的威胁出现时的一种不愉快情绪,其特点是紧张不安、忧虑、烦恼、害怕和恐惧。焦虑是应激下的人的一种最常见的情绪反应。例如,对身体有害的威胁,对个人自尊的威胁,做那些超过个人能力限度的工作之压力,以及各种冲突和挫折情境,都可以引起焦虑。焦虑严重程度,可以从轻微的忧虑一直到惊慌失措或惊恐。一般而言,轻度的焦虑不仅对人无害,而且可以激发人的斗志,唤起警觉,促进功效;然而,强烈的焦虑反应却是有害的,严重地影响人的身心健康。焦虑者常表现出精神运动性不安,来回走动,不由自主地震颤或发抖,还伴有出汗、口干、呼吸困难、心悸、尿急、尿频、全身无力等不适感。

3. 抑郁

抑郁主要表现为情绪低落,表情苦闷,行动迟缓,常感力不从心,思维迟钝,联想缓慢,因而言语减少、语流缓慢、语音低沉或整日沉默不语。引起抑郁状态产生的原因可能是具体的,但抑郁状态产生之后具有很强的弥散性,使人感到生活和生命本身都没有意义,具有强烈的无助感,甚至产生自杀念头或采取自杀行动。

4. 暴躁

暴躁是指容易发火、发怒、过分急躁,"一触即跳",与他人发生矛盾,因一点小事就表现出粗野蛮横。这种人对外界的容纳性相当低,许多人还有很重的"哥们义气"。例如,曾经有位男生,一次一个好朋友告诉他晚间自习因占座位与别人发生了口角,这个男生为给朋友出气,立刻赶到教室,不分青红皂白使用木棒将人打伤。

5. 冷漠

冷漠表现为对外界的任何刺激都无动于衷,无论是悲、欢、离、合、爱、憎都漠然视之。冷漠者初期主要认为生活没有意义,心情平淡,出现抑郁状态,随后逐渐发展到强烈的空虚感,内心体验日益贫乏,不愿进行抉择和竞争,缺乏责任感和成就感。例如,一女生曾这样认为:自我一出生,父母就教我与人竞争,别人会弹琴我也得会弹,别人会跳舞我也得会跳,别人考试第二我得第一,比来比去,虽然上了大学,但我觉得好没意思,父母真不该把我带到这个社会来。所以平时这个女生表情平淡呆板,行动无生气,懒散,对他人的奋斗进取精神不理解。

## 二、追求情绪健康

幸福感作为个体的一种主观体验,"主观自适"是它的另一种表达方式。"主观自适"是一种主观积极而正面的体验,是一个多维度的个体心理特征,其构成指标包括总体生活满意度、重要生活领域(学习工作、人际关系等)满意度、积极情感情绪体验程度以及消极情感情绪低水平体验度等。特定的环境和心态会影响个体的心情和心境,从而影响其主观自适程度的判断和表达。如因学业压力处于焦虑状态的大学生,很可能对自己的生活满意程度做出比较消极的结论,反之亦然。从这个角度看,大学生的幸福感在很大程度上依赖于其情绪健康与否。

每一个人都有喜、怒、哀、乐,还伴随着相应的表情和心理体验,这些情绪情感活动是人对外界事物的态度的反映。例如:遇到一个好消息时会产生高兴的体验,表情愉快,会笑起来;相反,听到一个坏消息、不幸的消息,会产生悲哀、痛苦的体验,会哭起来……这就是情绪。所以,情绪会随着外界事物的变化而发生改变。而"情绪反应适当"是情绪健康的一个重要表征,也就是说情绪发生应来自某种适当的原因。快乐的情绪一般来自于可喜的事物,悲哀的情绪一般由不愉快的刺激物引发。若我们受了挫折反而欣喜若狂,受人赞赏反而愤怒万分,那就是情绪反应不适。情绪反应适当还表现为情绪应随客观事物的变化而变化,刺激物消失,情绪反应也应逐渐消失。如某人因某事很生气,属于正常反应。但时过境迁仍长期处于生气状态,就属情绪不健康,这会大大地影响我们对生活的幸福感受。情绪健康的另一个重要表征是"情绪稳定"。情绪稳定表明个体中枢神经系统的活动处于相对平衡状况,反映了中枢神经系统活动的协调。心理健康的人有较强的情绪自控力,遇事能适度表达自己的情绪。若大学生情绪变化过快,一会儿欣喜万分,一会儿跌进深谷,很难说他对生活会有一种积极、正面、稳定的幸福体验。情绪健康还有一个重要表征就是"主导心境愉快"。心理健康的人也有喜、怒、哀、乐各种情绪体验,但能恰当地自我调控、热爱生活和积极乐观是其情绪体验的主流。在人生道路上,个体难免因遭遇挫折而悲伤哀愁,这实属正常的情绪反应。但若长久沉溺于某种消极情绪而无力自拔,其生活幸福感自然会大打折扣。

## 第四节　驾驭情绪,追求幸福

痛苦与幸福是人生的一把双刃剑。人生的真谛正是在于人能通过对自己思想和情感的调控,来面对和超越自己的不幸而获得幸福。所以,如何控制自己的心理力量,追求幸福的生活就变得极为重要。从形式上讲,幸福感是一种比较稳定的正向心理感受。我们在日常生活和学习活动中,或多或少都会遭遇某些挫折和磨难,从而会体验到各种负性情绪。倘若这种消极负性情绪长久挥之不去,个体势必很难形成一种对生活的稳定的正向心理感受。若要保持身心康健,对生活拥有一种幸福感,我们需对自身情绪有所认识与了解,学会科学而有效地调控自己的消极负性情绪。人是有感情的,但更是有理智的。一个心理健康的人能用理智驾驭情感,而不做情感的俘虏。

## 一、体察情绪

需要时时提醒自己注意:"我现在的情绪是什么?"例如:当你因为朋友约会迟到而对他冷言冷语,问问自己:"我为什么这么做?我现在有什么感觉?"如果你察觉你已对朋友三番两次的迟到感到生气,你就可以对自己的生气做更好的处理。有许多人认为:"人不应该有情绪",所以不肯承认自己有负面的情绪,要知道,人一定会有情绪的,压抑情绪反而带来更不好的结果,学着体察自己的情绪,是情绪管理的第一步。

## 二、适当表达

以朋友约会迟到的例子来看,你之所以生气可能是因为他让你担心,在这种情况下,你可以婉转地告诉他:"你过了约定的时间还没到,我好担心你在路上发生意外。"试着把"我好担心"的感觉传达给他,让他了解他的迟到会带给你什么感受。什么是不适当的表达呢?例如:你指责他:"每次约会都迟到,你为什么都不考虑我的感觉?"当你指责对方时,也会引起他负面的情绪,他会变成一只刺猬,忙着防御外来的攻击,没有办法站在你的立场为你着想,他的反应可能是:"路上塞车嘛!有什么办法,你以为我不想准时吗?"如此一来,两人开始吵架,别提什么愉快的约会了。如何"适当表达"情绪,是一门艺术,需要用心体会、揣摩,更重要的是,要确实用在生活中。

## 三、适当控制

对正常情绪应当宣泄,对不良情绪则要控制。要控制情绪,首先必须承认某种情绪的存在;其次,要弄清楚产生该项情绪的原因;最后,对于使人不愉快的挫折情境要寻求适当的途径去克服它或是躲开它。

### 1. 理智

在挫折面前,人应当以对事物的理性认识来控制个人的情绪。当忍不住要动怒时,要冷静审察情势,检讨反省,以决定发怒是否合理,发怒的后果如何,以及有无其他较为适当的解决办法,经过如此"三思",便能消除或减轻心理紧张,使情绪渐趋平复。具有辩证观点的人往往是比较理智的,很多表面看上去令人悲伤的事件,如果从另外一个角度或从发展的眼光去看,常可发现某些正面的积极的意义。塞翁失马,焉知非福,坏事、好事是可以转化的。与人发生争执时,倘能设身处地站在对方的立场上想一想,也就可以心平气和了。

2. 转移

在发生情绪反应时,头脑中有一个较强的兴奋灶,此时如果另外建立一个或几个新的兴奋灶,便可抵消或冲淡原来的优势中心。当火气上涌时,有意识地转移话题或做点别的事情来分散注意力,便可使情绪得到缓解。在余怒未消时,可以用看电影、听音乐、下棋、打球、散步等正当而有意义的活动,使紧张情绪松弛下来。有的人生起气来拼命干活,这既是一种转移,也是一种宣泄,不失为一种行之有效的制怒方法。但此时需提醒他注意安全,因为在被激怒的情况下,动作往往不够准确协调。

3. 幽默

高尚的幽默是精神的消毒剂,是极有助于个人适应的工具。当一个人发现一种不调和的或对自己不利的现象时,为了不使自己陷入激动状态和被动局面,最好的办法是以超然洒脱的态度去应付。此时,一个得体的幽默往往可以使一个本来紧张的情况,变得比较轻松。使一个窘迫的场面在笑语中消逝,使愤怒、不安的情绪得以缓解。善于幽默的人,不开庸俗的玩笑,更不随便拿别人开心,而是以机智的头脑、渊博的学识,巧妙诙谐地揭露事物的不合理成分,既一语点破,又使人容易接受。在一些非原则问题上,宁可自我解嘲,而不去刺激对方,激化矛盾。

4. 升华

将不为社会所认可的动机或欲望导向比较崇高的方向,使其具有创造性、建设性,叫升华。这是对情绪的一种较高水平的宣泄,是将情绪激起的能量引导到对人、对己、对社会都有利的方面去。据说歌德年轻时,曾遭受失恋的痛苦,几次想自杀,但他终于抑制了这种轻率的行为,把自己破灭的爱情作为素材,写出了震撼欧洲的名著《少年维特之烦恼》。遇到不公平的事情,一味地生气、憋气,或颓唐绝望,都是无济于事的,做出违反法律的报复行动更是下策,是在用别人的错误惩罚自己。正确的态度应该是有志气、争口气,将挫折变成动力,做生活中的强者。

5．自我安慰

当一个人追求某项事物而得不到时,为了减少内心的失望,常为失败找一个冠冕堂皇的理由,用以安慰自己,就像吃不到葡萄说葡萄酸的狐狸一样,所以称作"酸葡萄心理"。与此相反的是"甜柠檬心理",即用各种理由强调自己所有的东西都是好的,以此冲淡内心的不安与痛苦。这种自欺欺人的方法,偶尔用一下作为缓解情绪的权宜之计,对于帮助人们在极大的挫折面前接受现实,接受自己,避免精神崩溃,不无益处。但若用得过多,成为个人的主要防卫手段,则是一种病态,会妨碍自己去追求真正需要的东西。

6．放松

通过训练,人们还可以用自我放松法控制情绪。即按一套特定的程序,以机体的一些随意反应去改善机体的另一些非随意反应,用心理过程来影响生理过程,从而取得松弛宁静的效果,使紧张和焦虑的情绪解除。我国的气功、印度的瑜珈、日本的禅宗等均属此类。

四、积极舒解

舒解情绪的方法很多,有些人会痛哭一场,有些人找三五好友倾诉一番,另一些人会逛街、听音乐、散步或逼自己做别的事情以免老想起不愉快,比较糟糕的方式是喝酒、飙车,甚至自杀。要提醒各位的是,舒解情绪的目的在于给自己一个厘清想法的机会,让自己好过一点,也让自己更有能量去面对未来。如果舒解情绪的方式只是暂时逃避痛苦,尔后需承受更多的痛苦,这便不是一个合适的方式。有了不舒服的感觉,要勇敢地面对,仔细想想,为什么这么难过、生气?我可以怎么做,将来才不会再重蹈覆辙?怎么做可以降低我的不愉快?这么做会不会带来更大的伤害?根据这几个角度去选择适合自己且能有效舒解情绪的方式,你就能够控制情绪,而不是让情绪来控制你。当我觉得没有自信,总觉得不如人,我应该怎么做呢?

1. 停止批评和责难自己

《肯定自己欣赏自己》一书的作者克莱基荷芬解释,不断苛责自己,说丧气话的人,通常是对自己不够肯定的人。"要对自己温柔点,停止猛烈的批评,是建立自信的第一步",她建议,拿支笔列出你不断在责骂自己的话语,并且自问看到这些话会有什么感觉,这样的责骂是否对自己有好处。老实说,当然是没有好处,因此,一定要下定决心停止这种责难。如果一时还做不到,不妨先把注意力放在已经做好的部分,告诉自己做得有多好。

2. 学习积极正面的自我对话

我们的内心都有一部投影机,每天读出成千上万的画面与情绪,除了要停止负面的批评,还要积极输入一些正面的鼓励。写一张自己的自我评价表,把所有的优点都列上去,每周浏览一次,作为自我对话的脚本,在忍不住要责骂自己之前,先想想看自己还有哪些优点,其实没有想象中的糟。

3. 每天问自己两个问题

"我的人生有什么是好的?"、"还有什么事可以做?"心灵文学作品《自尊心的六根支柱》作者布蓝登则进一步建议,从这两个问题启发自己更有创意的对话,找到自己的价值,才能更肯定自我。

4. 停止和别人比较,珍惜自己所拥有的

别再羡慕别人的太太比较漂亮,或嫉妒别人比较会赚钱,许多痛苦和不平就是从"跟别人比较"开始的,拿支笔写下自己的优点,列下自己所拥有的,和自己比,也学会珍惜。

**心灵贴士:肯定自己,珍惜自己所拥有的**

  我们永远不会像自己想象的这么幸福,也不会像自己想的这么不幸。

              ——作家拉劳士吉

  一个人应养成信赖自己的好习惯,即使再危急,也要相信自己的勇气与毅力。

——拿破仑

## 五、情绪的音乐舒解

2000多年前的《乐记》就指出音乐能调剂人的和谐生活、涵养德性、增进健康。宫、商、角、徵、羽就是古代的"五音"。《内经》认为，五音分别通五脏，直接或间接地影响人的情绪。根据中医的学说，五行与五脏的关系为肝属木，心属火，脾属土，肺属金，肾属水。五音和五脏经由五行（金、木、水、火、土）而彼此产生作用，如宫音雄伟、宽宏，具有"土"之特性，可入五脏中的"脾"，商音清净、肃穆，具有"金"的特性，可入肺等等。五音与五脏的匹配关系是：肝—角；心—徵；脾—宫；肺—商；肾—羽。不同的音调作用不同的脏腑，会引起相应的情绪变化。比如："闻肝（木）音则惕然而惊"。

音乐为什么能调节人的情绪呢？现代神经生理学的研究证实，音乐的音响能直接影响到大脑边缘系统即"情绪脑"，并可随着乐曲的节奏、旋律、速度、调性等不同，而表现为镇静、兴奋等不同的情绪反应。音乐调节人的情绪有物理和心理两方面的作用。从物理作用来说，音乐是一种有规律的声波振动，能协调人体各器官的节奏，激发体内的能力。人的躯体内无处不在进行着振动，脑有电波，胃肠有蠕动，心脏有搏动，紧张和松弛，收缩和伸展，这些振动都有一定的节律，就像人的生物钟一样是有规律的，有节奏的。当音乐的节奏，旋律和自己体内所感受到的节奏相吻合时，就会产生快感和愉悦。

在不同的心理状态下倾听相应的音乐能够调节人的情绪，使人产生愉快感。在紧张的工作之余，听一首轻松愉快的乐曲，在内心狂躁不安时，伴以悠扬悦耳的音乐，不仅可以调节生活，而且是一种美的享受，在欣赏音乐的同时，人们松弛了工作中绷紧的神经，忘记了生活的烦恼，消除了工作中的疲劳，调节了紧张不安的情绪。

由于音乐欣赏者的多重理解性，人们对同一首音乐可能有着不同的主观感受，所以在不同的心理状态下，用以调节情绪的音乐，根据个人的爱好、经验、情绪等又有着多种多样的选择。但是，作为相同心理状态下的情绪调节的音乐，在速度、节拍、力度、音色、调性等方面又有着相对稳定的标准。音乐对不良情绪的调节作用尤为明显。

1. 对忧郁、烦闷情绪的调节

有忧郁、烦闷情绪的人，适于听一些风格清新、明快的乐曲。如江南丝竹和广东音乐，它们以流畅、明丽、清新、优美的风格，对忧郁、烦闷的调节，有着良好的功效。这样的乐曲有民族管弦乐曲《彩云追月》、《喜洋洋》、《花好月圆》，广东音乐《步步高》，笛子独奏曲《喜相逢》等。

2. 对紧张不安情绪的调节

生活节奏太快，工作任务太重，易使人的心情紧张，力不从心。过分紧张状态，扰乱了肌体平衡，能导致多种疾病，对人的健康构成威胁。如果感到情绪紧张不安，可以选用缓慢悠扬的旋律与柔绵婉转、曲调低吟、清幽和谐的乐曲，以调节人的心理状态，宁心安神。如《春江花月夜》，一首典雅优美的抒情的乐曲，宛如一幅山水画卷：春天静谧的夜晚，月亮在东山生起，小舟在江面荡漾，花影在两岸轻轻地摇曳……听此一曲，紧张的神经在不知不觉中得到了放松。类似的乐曲还有《蓝色多瑙河》、《平湖秋月》、《二泉映月》及歌曲《军港之夜》等。

3. 对高度焦虑情绪的调节

过度焦虑，则束缚个体的认知活动，影响工作和学习。此时可倾听贝多芬的《第六交响曲》《田园》，全曲和谐，明朗，淳朴，愉快，好像置身在鸟语花香的田野里，沐浴着温暖的阳光，呼吸着新鲜的空气，尽情享受着潺潺的溪水，品味着夜莺和杜鹃悦耳的鸣叫，经历着"暴风雪"以及"暴风雪"过后的彩虹、水珠、草地、牧笛……在这样的意境下，你还会感到焦虑吗？类似乐曲有琵琶曲《汉宫秋月》，贝多芬钢琴奏鸣曲《月光》等。

4. 对自卑情绪的调节

假如一个感到事事不如人，时时不如人，做什么都没有信心，萎靡不振，那么，他很可能处于相对低落、自卑的情绪氛围中。用来调节此类情绪的音乐多为号召性,鼓动性强的军乐曲、进行曲或富于哲理性的交响乐等。乐曲鲜明、高昂、激昂,如贝多芬的《第六交响曲》、《命运》,整个作品形象生动,层次清晰,情绪激昂,气魄宏大,富有强烈的艺术感召力。它时时提醒人们:不可自卑,不要气馁,要扼住生命的咽喉,与命运抗争,才能取得成功!类似的乐曲还有《黄河大合唱》、《义勇进行曲》、《松花江上》、《卡门序曲》等。

　　运用音乐调节情绪的,不是仅仅听,还可自我哼唱,即有意识地哼唱歌曲、乐曲或者别的曲调,久而久之,会对身心有极大的好处。比如当你产生了怒气、紧张、烦躁、焦虑等不良情绪时,若你能有意识地哼上几句歌曲,则会使情绪逐渐平和下来。哼唱还有利于解除疲劳、不论这种疲劳是肉体上还是精神上的。另外,哼唱还有利于气的运行和血的流通,因为哼唱的音乐有固定节奏,这就打破了正常的呼吸节奏,起到了调节气息的作用。

# 第六章　洞悉情商

21世纪是一个竞争空前激烈的世纪,仅有高智商并不能保证事业成功、人生幸福。良好的情商对于成功和幸福的获取也极为重要。这正如美国著名未来学家约翰·奈斯比特在其巨著《大趋势》中所说:"我们周围的高技术越多,就越需要人的情感。""我们必须学会把技术的物质奇迹和人性的精神需要平衡起来",实现"高技术与高情感相平衡"。拥有高情商的人在工作生活中,更能感到幸福快乐。

## 第一节　情商概述

实验:1960年,著名心理学家瓦尔特·米歇尔在斯坦福大学附属幼儿园里选择了一群4岁的孩子,这些孩子多数为斯坦福大学教职员工及研究生的子女。老师让这些孩子走进一个大厅,在每一位孩子面前放一块软糖,并对孩子们说:老师出去一会儿,如果你能在老师回来时还没有把自己面前的软糖吃掉,老师就再奖励你一块。如果你没等到老师回来就把软糖吃掉了,你就只能得到你面前的这一块。

在十几分钟的等待中,有些孩子缺乏控制能力,经不住糖的甜蜜诱惑,把糖吃掉了;而有些孩子领会了老师的意图,尽量使自己坚持下来,以得到两块糖。他们用各自的方式使自己坚持下来。有的把头放在手臂上,闭上眼睛,不去看那诱人的软糖;有的自言自语、唱歌、玩弄自己的手脚;有的努力让自己睡着。最后,这些有控制能力的小孩如愿以偿,得到了两块软糖。

研究者对接受这次实验的孩子进行长期跟踪调查。中学毕业时的评估结果是,4岁时能够耐心等待的人在校表现优异,入学考试成绩普遍较好。而那些控制不住自己,提前吃掉软糖的人,则表现相对较差。而进入社会后,那些只得到一块软糖的孩子普遍不如得到两块软糖的孩子取得的成绩大。

这项并不神秘的实验,使人们意识到对智力在人生成就方面所起的作用估价有些偏高,而对原本并不陌生的人类情感,在人生成就和生活幸福方面实际上所起的巨大作用估价太低了。正是这项实验研究引发了人们对情商研究和教育的重视。

## 一、情商的内涵

情商,也叫情绪智力,英文为 Emotional(Intelligence)Quotient(缩写为 EQ)。情商是相对于智商而言的,它反映的是一个人把握和控制自己的情绪;揣摩和驾驭他人的情绪;在外界压力下不断激励自己、把握心理平衡的能力。正像智商是用来反映一个人传统意义上的智力水平高低一样,情商是用来衡量一个人情绪智力水平高低的。

情商本质上是情感与理性协调联结的结果,这是有其神经生理活动依据的。现代神经生理学的成果表明,人类情感活动尽管有其非常自主的神经生理机制,但它又与主管理性活动的大脑皮质有着非常密切的联系。情感一方面具有很强的独立活动能力,可以影响、冲击,甚至阻碍理性,但它在许多情况下,又可以接受理性的控制和调节。

情商的概念是由美国耶鲁大学心理学家彼得·塞拉维和新罕布什尔大学的专家约翰·梅耶在 1991 年首次提出,并在 1996 年对其含义进行了进一步的阐述。他们认为情商主要包括四个方面的能力:情绪的认知、评估和表达能力,思维过程的情绪促进能力,理解与分析获得情绪知识的能力以及对情绪进行成熟调节的能力。但情绪智力这个概念是在《纽约时报》科学专栏作家、哈佛大学教授丹尼尔·戈尔曼1995年写出《情绪智力》(*Emotional Intelligence*),提出"真正决定一个人成功与否的关键是情商而非智商"的论断后,情商才成为美国社会广泛传播和讨论的话题,而后又流行于世界。

一般来说,情商主要包括以下5个主要方面。

1. 了解自我

自我觉知——当某种情绪刚一出现时便能察觉乃情商的核心。监控情绪时时刻刻变化的能力是自我理解与心理领悟力的基础。没有能力认识自身的真实情绪就只好听凭这些情绪的摆布。对自我的情绪有更大的把握性就能更好地指导自己的人生,更准确地决策婚姻、职业之类。

2. 管理自我

调控自我的情绪,使之适时适地适度。这种能力建立在自我觉知的基础上。这一能力的低下将使人陷于痛苦情绪的漩涡中;反之,这一能力高者可从人生的挫折和失败中迅速跳出,重整旗鼓,迎头赶上。

3. 自我激励

服从于某目标而调动、指挥情绪的能力。要想集中注意力、自我激励、自我把握、发挥创造性,这一能力必不可少。任何方面的成功都必须有情绪的自我控制,压抑冲动,积极热情地投入。

4. 识别他人情绪

是在情感的自我觉知基础上发展起来的又一种能力,是最基本的人际关系能力。具有识别他人情绪能力的人能通过细微的社会信号,敏锐地感受到他人的需求与欲望。这一能力更能满足如照料、教育、销售或管理职业类的要求。

5. 处理人际关系

大体而言,人际关系艺术就是调控与他人的情绪反应的技巧。人际关系能力可强化一个人的受社会欢迎程度、领导权威、人际互动的效能等。擅长处理人际关系者,凭借与他人的和谐关系即可事事顺利。

在所有这几个方面,人与人当然有很大差异。比如,有些人长于排解自身的焦虑,却拙于安慰他人的痛苦。虽然能力水平的最根本基础,毋庸讳言是神经系统,但人脑的高度可塑性,使人能够不断学习。因而,情感技能方面的小毛病完全可以得到纠正。在很大程度上,这些欠缺代表的是情绪方面的某种习性以及对此的反应模式,所以,通过正确的努力是可以得到改善的。

## 二、智商与情商

智商与情商是不同的概念,但两者也是有联系的。情商包括对自己和他人情绪的认知。智商作为一种认知能力,不仅影响个体对客观世界的认知,也影响到个体对人际关系的认知,人的智商间接地影响到人的情商。一个智商不高的人,很难有较高的情商。但是,情商又不是简单地由智商所决定的,我们不能由一个人的智商推断其情商。智商与情商都是在先天遗传素质的基础上,由后天环境教育的影响形成发展的,但两者相比,情商比智商更多地受后天因素所制约,与人的主观因素有着更密切的关系。

### 1. 智商、情商的性别差异与个体差异

男女智商的平均值无显著差异,尚无充分的证据能证明男性比女性聪明。智商的性别差异主要表现在男女智商的离差程度和智力的结构上存在差异。男性智力的离差程度大于女性,高智商与低智商的比例,男性高于女性,女性中等智商的比例较高。男女智力结构上的差异主要指智力类型、认知风格等方面男女有别。例如,抽象逻辑思维能力男性优于女性,而形象思维能力女性并不逊色于男性,语言能力往往女性比男性强。在认知风格方面,男性冲动型的比例往往高于女性。情商的性别差异主要表现为男性与女性的情商各有优势,各具特点。女性情绪的敏感性高于男性,感情细腻,善于体察他人与自己的情绪,且在情绪的表达上存在着一定优势,而男性情绪的调控及自我激励水平一般高于女性。至于男女情商的总体水平,似乎难以找到孰高孰低的证据。智商、情商还存在着个别差异。智商的个别差异,不仅表现在智力结构上——不同的人类型不同,各具特

点,还表现在发展水平上——有的人聪慧,智商高;有的人愚笨,智商低。在全部人口中,中等智商的占多数,高智商、低智商的均属于少数。人的智力发展水平呈正态分布。智力的个别差异远大于性别差异,情商也是如此,其差异更多地体现在人与人之间情商的高低、结构的差异:有的人善于体察他人情绪,理解他人,能够很好地表达、调控自己的情绪,善于处理人际关系,社会适应性好;有的人则情绪敏感性低,不善于表达、调控情绪,移情水平低,难以与人和睦相处,社会适应性差。

2. 智商、情商与社会行为

人的道德判断能力的高低影响到人的道德行为,而人的智力与道德判断能力有关,个体道德判断依赖于智慧的成熟,智力发展是道德判断能力发展的必要条件。但是,个体道德判断能力发展并不是简单地由智力发展水平所决定,智力发展不会必然导致其道德判断能力的提高,从而增加"亲社会"行为产生的可能性。智力虽然间接地影响到人的道德行为,但这种影响的性质是难以确定的,高智商者并不一定"亲社会"行为多于低智商者,"反社会"行为少于低智商者。西方学者对于智力与社会行为的关系作过许多的研究,虽然有的研究者发现智商与诚实行为存在着正相关,但也有些研究者认为与人的社会行为不存在相关。之所以不同的研究者得出的结论不一致,可能与不同的研究者的研究方法,取样的范围等因素有关。通过有限的社会行为进行研究,其结论的可靠性值得质疑。平时我们看到,不同智商的人都有可能产生"亲社会"行为,违法犯罪的人中各种智力水平的人都有,通过归纳的方法,难以推导出智商与社会行为存在着相关。也无实证研究得出两者之间相关,更无经得起检验的资料说明智商与社会行为之间存在着因果关系。

情商也影响人的社会行为。情商高的人善于体察、表达、调控自己的情绪,善于处理人际关系,能很好地与他人协作共事,他们比一般人更易产生"亲社会"行为。情商低的人,感同身受的能力低,考虑问题、处理事务往往以己为中心,难以理解、体谅他人,不能很好地表达、调控自己的情绪,容易产生冲动性行为,不善于与他人合作,人际关系紧张,社会适应性差,难以产生亲社会行为。情商与人的社会行为进行实证研究是困难的,进行定量分析也是难以进行的,但根据我们的观察,通过经验层次的分析概括和现状的思辨,我们还是可以得出这样的结论:情商与"亲社会"行为存在着正相关。

3. 智商、情商与心理健康

智商与人的心理健康有关。虽然人们对于心理健康的具体标准有争议,但将智商正常作为判别一个人心理健康的标准之一则是大多数人所认同的。就智力而言,智商达到中等或中等以上的人才算是心理健康的人,智力低下属于心理不健康的范畴。智力对于人的心理健康有着直接或间接的影响,智力与人的心理健康有关,那么,能不能根据一个人的智力发展水平推断其心理健康水平?不能!智力正常只是心理健康的标准之一,心理健康还有其他标准,只有各个方面都基本达到标准,才算是个心理健康的人。现实生活中我们发现,多数心理疾病并未因智力低下所致,高智商者心理上有问题的人的比例相当高。也许高智商者有着比一般人更大的心理压力、更多的心理矛盾。正是心理矛盾冲突带来的过大的心理压力,导致他们心理疾病的产生。情商与人的心理健康有着更直接、更密切的联系。情商高的人,能很好地识别他人的情绪,移情水平高,因而善于理解他人;有着较高的人际交往的技能与艺术,因而善于处理人际关系;面对新的环境,能够主动调节自己以适应环境,社会适应性好;能够很好地表达、调控自己的情绪、行为,因而有利于保持情绪稳定,行为理智;能够自我激励,成就动机水平高,因而有利于心理潜能的发挥。高情商的人所表现出来的行为特点,如社会适应性强、人际关系良好、情绪稳定、充分发挥自己的心理潜能等正符合心理健康的主要标准。虽然我们不能将高情商与心理健康完全等同起来,从而得出心理健康完全由情商所决定,但我们还是可以根据一个人的情商对其心理健康状况作一基本估价。

## 第二节 情商与成人发展

哈佛大学 Jerome Kagan 认为:"那些坚信情绪会妨碍适应性选

择的唯理论者恰恰错了。仅仅依靠逻辑,缺乏感知和情绪能力……会导致大多数人做出许多愚蠢的事情来"(1994)。情绪可以帮助理性集中注意力并安排优先顺序,并有研究者认为情绪并非和理性相对立。另外最重要的在于通过神经科学研究找到了情绪在大脑中的"超高级通路"、情绪的化学物质,这为情绪影响我们的行为提供了科学依据。情绪是"可习得的智慧的精髓"的论断为情商的开发提供了可能。20世纪后期,对情绪的关注开始从生命前期转向成人期,情商开发对成人具有重要的意义。

## 一、情绪控制与成人发展

格罗斯(Gross,1997)专门研究了成年期的情绪控制,在外部控制维度上,不存在年龄差别。而在内部控制维度上,老年女性对生气的控制好于年轻对照组,情绪控制存在个体差异性。成人是社会活动的主体,人为了使自己的情绪表达符合社会的要求,必须对自己的情绪进行控制。成人情绪控制在人际交往、事业发展中具有重大的意义。情绪控制理论以个体与环境的关系为基点来阐释人与环境的适应性,它把人的行为控制系统分为初级控制和次级控制。其中,初级控制主要是个体改变环境的企图,满足个体基本的需求和欲望,次级控制主要是适应环境并顺应环境的企图。研究表明,成年期次级控制的范围相当的宽广,包含:自我保护性归因(如酸葡萄效应、甜柠檬效应)、目标和激励水平调整、积极再评价以及向下的社会比较等。与成年期的初级控制相对稳定相比较,次级控制水平的发展则贯穿于整个成年期。在中国的文化背景下,个体倾向于使用次级控制即适应环境并顺应环境,但在不同的文化背景下次级控制表现出随年龄增长不断上升的趋势。随着年龄的增长,成人的情绪与其社会性发展具有更大的关联性。特别是成人适应环境并顺应环境的次级控制成为成人教育发展的重要课题。

## 二、情绪选择与成人发展

在人际交往过程中,个体在表达情绪的同时也在监视、解释对方的情绪。正是这种复杂的、往往无意识的过程,使社会交往十分细腻而深刻。人类存在三种基本的社会交往的动机:情绪调节、发展和保持自我概念、寻求信息。情绪选择理论的提出者卡斯滕森(Carstensen)认为人到中年期以寻求信息为目的的交往会减弱,情绪调节的目的突出表现在包含人际交往中满意的情绪体验、生活中积极的情绪等核心社会交往动机方面。成人社会角色赋予成人最大的挑战便是一种情绪的选择与调节,情绪选择理论从社会交往的角度来解释情绪调节的作用,个体觉察情绪、运用并产生情绪以协助思维的过程对成人来说具有重要的意义。

### 三、情绪认知与成人的发展

成人所面临的社会环境是纷繁复杂的,因此对成年人的智力衡量决不能仅仅局限于认知方面的维度,而应该是成人的发展与适应问题即成人承担社会角色和解决复杂问题等能力方面。情感发展理论的创始人拉鲍维维夫(Labouvievief)认为:成人的情绪问题与个体的认知适应性紧密联系在一起。在成年早期,个体偏向于应用情景性来解释和解决问题。从年龄阶段纵向看,个体情绪体验和调节与年龄呈正相关的,到达中年达到高峰。在横向方面,个体应该在个体成熟性方面存在较大的差异。不同的成熟性表现出不同的社会适应性,情绪认知与成人的社会适应性、解决问题、应对策略上具有很大的关联性。

### 四、主观幸福感与成人发展

主观幸福感是一种情绪体验,成人的主观幸福感对成人终身的发展产生重大的影响。研究表明影响主观幸福感的因素一般包含:年龄、收入、婚姻、社会支持、自尊、心理控制点等。而这些因素恰恰是影响成人选择学习、生活方式的重要决定力量。通常意义上,我们认为成年以后随着个体生理功能的逐渐衰退、智力功能的减退、人际交往范围的减小而带来的是情绪的消极体验。但研究表明,成年期的情绪体验是一个不断成熟的过程。通过成人教育帮助成人情绪体验的提升、成熟,提高成人的主观幸福感有利于成人的发展。

## 第三节 情商与幸福

### 一、情商对成才的作用

情商在人生成功和个人成才的过程中究竟起多大的作用？最典型的说法是：一个人的成功只有20%归功于智商，80%应归功于情商。也就是说，智商不能决定一切，情商才是制胜的关键。

所谓20%与80%并不是一个绝对的比例，它只表明了情商在人生成就中起着不可忽视的巨大作用。尽管智商的作用不可缺少，但我们过去把它的作用估量得太高了。

美国哈佛大学教育学院的心理学家霍华德·嘉纳说："芸芸众生，命运之神往往青睐生活中的强者——他们不是命中注定就有惊人的成就，而后天的努力是他们事业成功的归因，这当中情商是命运天平中关键的砝码。情商较高的人一般能把握住生活中的机遇，最终取得成功。"

著名的成功学者、曾为两届美国总统顾问的拿破仑·希尔博士，在他著名的《成功定律》一书中，总结了"成功定律"15条。这15条定律分别是：①明确的目标；②自信心；③储蓄的习惯；④进取心及领导才能；⑤想象力；⑥充满热忱；⑦自制力；⑧任劳任怨不计酬劳；⑨迷人的个性；⑩正确的思想；⑪专心一致；⑫合作精神；⑬战胜失败；⑭宽容他人；⑮实施黄金定律（己所不欲，勿施于人）。不难看出，这15条中至少有10～11条与本书作者提出的情商五大内涵相一致或有比较密切的联系。像自信心、自制力、迷人的个性、专心一致、合作精神、战胜失败、宽容他人和"己所不欲，勿施于人"等，与情商理论内涵如出一辙。"成功定律"与情商理论是相互独立的体系，我们可从中看到它们之间的惊人相似之处。"成功定律"从一种理论的角度证明了情商理论的正确性，它也说明了情商在人生成功中确实起着非常大的作用。

我们来看看科技和文化史上的一些例证：著名科学家爱因斯坦、达尔文、洪堡和大诗人海涅、拜伦等人在上中小学的时候，其智力和学习成绩并无超人之处（当然这也与这些奇才的超人之处不易被一般人发现有关）。在达尔文的日记中有这样一段话："不仅教师，家长也都认为我是平庸无奇的儿童，智力也比一般人低下。"杰出的植物学家、化学家、政治家洪堡上学时的成绩也并不好。他本人说："我曾经相信，我的家庭教师怎样让我努力学习，我也达不到一般人的智力水平。"可是，这些被认为智力水平一般的人，后来却成了举世公认的杰出人才。

## 二、情商，幸福杠杆的支点

### 1. 情商对人际关系的影响

人"不仅是一种合群的动物，而且是只有在社会中才能独立的动物"。人是社会的人，必须在与人交往中生存下去。在当前社会开放的大背景下，人们的人际交往出现了许多可喜的变化，但由于社会正处于转型期，人们生活节奏快，工作压力大，使得人们在人际交往中还存在许多问题，不少人为此陷入苦闷、孤寂的状态之中，甚至导致自杀或伤害他人等现象。究其原因，主要是他们在交往中不能正确识别、评价自己或他人的情绪，从而不能适应人际关系，导致心理病态。

情绪的识别、评价能力是情商的重要内容之一。良好的情绪认知与评价能力首先表现为能对自己的情绪进行识别、评价，知道自己情绪产生的原因，并能有效地调节自己的情绪。同时，人们还可以通过语言或非语言觉察别人的情绪，理解他人的态度，对他人情绪作出准确的识别和评价。这种能力对人的生存和发展至关重要，它能使人与人之间相互理解，和睦相处，是人际关系和谐的"润滑剂"。

### 2. 情商对身心健康的影响

情商具有调节功能。人们在准确识别自己情绪的基础上，能通过一些认知和行为策略，来有效地调整自己的情绪，使自己摆脱焦虑、忧郁、烦躁等不良情绪从而使自己维持积极的心境状态。研究表明，情商和焦虑以及抑郁呈显著的负相关，即情商分数高的人，其焦虑水平和抑郁水平相对较低；反之情商分数低的人其焦虑水平和抑郁水平可能较高。临床医学研究也证明,情绪与健康是交互影响的,不良情绪会产生高血压、冠心病、偏头痛等心身疾病,而良好的情绪则能更好地调节机体的新陈代谢,使全身各个系统、器官能更协调、健全地发展,从而使疾病减缓或消除。因此,加强情商培养,可以使人们通过对自己情绪的认知、调控来保持良好的情绪,形成乐观、开朗的性格,克服孤僻、抑郁、暴躁的性格,促进身心健康发展。

3. 情商对成功就业的影响

在当今社会体制转轨、经济转型这样一个大变革时期,求职者面临着发展机遇和严峻挑战。一方面,社会为他们提供了更多的展示个人能力的空间和岗位;另一方面,社会对劳动者的素质也提出了更高的要求,用人单位在关注应聘者智商的同时,更注重测试其工作热情、工作主动性、工作责任心、人际交往能力以及再学习能力。在一年一度的公务员考试中,也增加了情商的内容。因此可以看出,情商对成功就业至关重要。

4. 情商对人生幸福的影响

不是每个人都会成功,但也不是每个成功的人都很幸福。有的人身居高位却忧心忡忡,有的人事业飞黄腾达却终日郁郁寡欢,有的人平平淡淡却心满意足,有的人一无所有却随和快乐。这说明,幸福与财富、权力并无直接关系,而是由一个人的心态决定的。因此摆正自己的位置,找准自己的方向,做到善良而不软弱,坚强而不跋扈,进取而不急功近利,热情而不浮躁,沉稳而不迂腐,淡薄而不消沉。拥有这样的心态,即使毕业后生活、事业平平,也能体验到生活的乐趣,于平凡中见精彩,于繁琐中寻快乐,从而把握住自己的幸福。

## 第四节 培养情商,给幸福增殖

情商的培养相对于传统智力来讲,有几点不同:第一,情商受遗传因素影响较小,有更大的发展空间。第二,主管情商的大脑皮层高级中枢成熟较晚,为情商的充分发展留下了更多的时间。第三,情商是一种社会智商,儿童对情商的获得和提高是社会学习。因此将更多地依赖文化特征和社会背景,对教育条件的要求更高,并具有更多的着力点。第四,情商的实践性强。受教育者获得的某些智力知识,可能在一定的时间内没法应用因此只有学习而没有行为。情商则拥有广泛的用武之地,获得之后可以随时运用于自身的活动,从而提高活动的效率、改善行为的后果。

## 一、不要对梦想说不

敢于做梦!敢于希望!敢于认定自己有很大的潜能!心理学家越来越肯定"白日梦"的价值。研究显示智商最高的人,往往花很多时间在做白日梦,许多真正伟大的发明都是由想象而来的。但记住,除非你把梦实现,否则它永远是个梦。爱默生是有史以来最伟大的幻想家,但爱默生却对一个有抱负的艺术家说:"在艺术的领域中想成功别无他法,只有脱下外衣来拼命画。我小的时候,母亲常对我说这话'你要做什么样的人,全看你自己。'"每一个重要的改革,至少都有上百人试过,但从未成功。为什么?有两个原因,许多有潜能的改革者不会做梦,许多梦想者无法把梦实现。梦想,让我们有高瞻远瞩的能力,给我们希望,鼓舞我们尝试做不可能的事,鼓励我们变得比本来更好,鼓励其他人期待一些对我们而言更具挑战的事。最务实的做梦是愿意不计代价将其实现。务实,把我们的梦成形,把我们的希望弄得更明确,把我们的理想变得有用,把我们的抱负化为行动,把我们的理想加入一些实际。每天都有许多可能和潜能呈现在我们面前。机会陈列在我们眼前,有如无云夜空中的星星,我们四周的人都在抓住它们。"但那些人是幸运的",有人呻吟道。真的吗?你的梦想可以实现,只要你肯付出代价来使它实现。

许多人不愿付出代价来使自己成功,那就是为什么有许多人退入所谓的"舒适带",即渴望一个可以休息的地方,一个安全的地方,一个舒服和娇生惯养的地方。但"舒适带"像洞穴,洞中黑暗而难以看清,不流通的空气变得陈腐和难以呼吸,四周的墙把我们封闭住,低矮的顶,使我们难伸直身子。也许你已厌倦做一个失败者,也许你已是一个小赢家,但你要做大赢家。

## 二、摘取胜者的王冠

有些马为何会是其他马身价的 100 倍？是它比那些马速度快上 100 倍吗？不是，它只是比其他马跑得快一点。事实上，在许多场比赛中，它比跑第二的马只快过一个鼻子。裁判往往不能直接判断输赢，直到他们看了两匹马跑到终点线时马鼻的差距才能断定的。在人类每一个努力的领域中，这种些微的差距，便把赢家跟一些入围者分别出来，而这些入围者占人口总数不到 2%。赢家之所以能赢得这些微的差距，往往不是决定于天才、资源或脑子，而是成功者的态度。失败者责怪他们的环境，赢家能突破环境。失败者只看到限制他们的那道墙，赢家能找到一条出路，跳过它、绕过它或钻过去。

我们都能做赢家，只要我们能控制输入我们伟大的电脑——"思维"的东西。只要有足够正确的输入，我们的思想会开始控制感情，否则便是感情控制思想。

## 三、培养克己自律的习惯

"先做好自己的主人，然后才能做别人的主人。"管理自己，做自己的主人很不简单，因为每个自我中都经常存在着感情与理智的战争，而所谓的克己自律，就是要克服自己本能的好恶，根据理智思考结果做事。即使在情感高涨时，仍能够做他应该，而非他想要做的事，就是高度克己自律的表现。克己自律从表面上来看，是自我控制的一种形式。现代的大众心理学喜欢告诉大家，自由就是"把所有藏在心里的都表现出来"，"只要自己喜欢就好，不必在乎别人"。这是不对的。一个人只有在战胜自己的感情，并证明为自己命运的主人后，才能真正获得自由。当一个人感情盖过理智后，便成为天下最不自由的感情奴隶。

了解在感情与理智纠缠不清时感情的趋向，便是建立克己自律习惯的第一步。很不幸地，在大自然的平衡定律下，最能够获得即刻性满足与欢娱的行动，通常对长期的健康、幸福、成功的伤害最大。因此，我们必须学习分辨生命中哪些行动会让我们马上享受，而哪些则是让我们未来才能尝到幸福美果的。行动是为了现在，更是为了未来,因此现在的行动必须与未来的结果相结合。这便是未来导向思考模式的主轴。不论我们多么喜欢现在,但是凡谨慎的人,在享受现在之时,都会考虑到现在对未来的影响。

对未来关键是要有正确的认识,有正确的认知,便有选择,从认知中发展知识与智慧后,便有了选择,而不会因为"我没办法,非这么做不可"之类愚蠢理由,而犯下错误。会说出这种不能算借口的人,是真正的失败者。他们拒绝承认自己有力量,按照自己的理智做事,并且做对。他们原本可以运用自己的理智,忍受短暂的痛苦,来换取更长远的利益。但是他们忽略了一个重要的原则:人在任何时候都有选择。没有克己自律的精神,使得他们一再和以前使他们失败的人打交道,其结果便是,他们虽然打发了眼前,却无法避免长期的失败。

虽然花费了同样的力气,有的人成功,有的人却尝到失败。两者或许都知道要如何做才能够成功,但是造成两者之间区别的,可能是成功者懂得以理智追求成功,而失败者却被感情驱使。戴高乐有一次谈到他自己的弱点时说:"我时常做错事,但很少预测自己会做错事。"

和很多其他习惯一样,克己自律是一种需要学习、培养的艺术。要养成自律的习惯,至少要经过两个步骤:第一,我们必须经常而客观地分析自己行动可能带来的长期后果。第二,我们必须坚毅卓绝、不屈不挠地追求自己下定决心要追求的长期利益目标。

正如亚里士多德所说的,重要的是情感要适度,适时适所。情感太平淡,生命将枯燥而无味,太极端又会成为一种病态,到了无生趣、过度焦虑、怒不可遏、坐立不安等都是病态。克制不愉快的感受正是情感是否幸福的关键,极端的情绪(太强烈或持续太久)是情感不稳定的主因。但这并不是说我们只应追求一种情绪,永远快乐的人生未免也太平淡。痛苦也是生命的一个重要成分,痛苦能使灵魂升华。苦乐同样使人生多彩,重要的是苦乐必须均衡。如果说人心是一道复杂的数学题,幸福感便取决于正负情感的比例。这个比喻是有理论根据的,曾有人就数百名男女做过研究,请他们随身带着呼叫器,研究人员不定时提醒他们记录当时的情绪。结果发现,一个人要觉得满足不一定要避开所有不愉快的情绪,只是不可让激烈的情绪失控取代所有愉快的感受。一个人即使感到强烈愤怒或沮丧,只要有相当的快乐时光相抵消,还是会有幸福感。研究也发现,学业成绩或智商与情感幸福的关系微乎其微。

## 四、走出自我攻击的怪圈

我们应该了解的是,许多表面上正常的行为都可能对自己构成伤害。例如,受过高等教育,明知道有危险性的人,开车时却故意不系安全带;孕妇抽烟或喝酒,危害胎儿的健康;不擦防晒油,直接暴露在太阳底下,增加患皮肤癌的机会。

自我攻击的本质,是由于自己的行为或怠惰,造成本身的失败、损失、伤害或痛苦。与追求个人最大利益的行为完全背道而驰。

自我攻击中的"自我",不只是肉体,也可以是某种有意义或象征性的认同;所以,不仅造成自己肉体、感情或精神上的伤害,也可能损害个人的声誉或人际关系。此外,我们将"自我"的观念加以延伸,包括个人的目标及计划。阻止自己达成梦寐以求的工作目标(客观上可预期成功),即使并未造成肉体或精神上的伤害,也算是自我攻击。

我们把自我攻击称为悲哀的矛盾,因为它违背合理与正常的行为本质。保护自我是人类自然的本性,理智则教我们如何达成目标,追求满足、健康、舒适及快乐。简单地说,就是以合理的方式,分析并且追求最大的利益。所以,自我攻击基本上是不合理的;心理学家对这种不合理感到好奇,因为它表示某些更深入、更黑暗的动机,可以改变正常与理性的行为方式。自我攻击的悲剧,发生在人们加诸于自身的悲伤或痛苦的结果;此种悲剧比单纯的不幸更令人痛苦,毕竟没有人的一生当中完全都是成功和快乐;人们都相信某种程度的痛苦或失败是无可避免的。但是,自我攻击似乎是完全可以避免的。如果你的计划因为运气不好,或对手太强而失败,那是无可厚非的;但如果失败的责任在于你自己,就很难不去想,根本不应该有自我攻击那种结果。因为你自己的行为而破坏你的计划,的确是一种残酷的讽刺。

我们并不完全是想教人如何避免自我攻击行为,而是教他们应该怎样做,有哪些变通的方法。

1. 审慎地判断

有很多自我攻击的行为都是因为失算而铸成大错。因此,审慎而客观地判断,避免错误及偏见,才是最根本的办法。如果你发现自己因为眼前的利益,忽略长期的风险及代价,就应该重新考虑所有可能发生的后果及利害得失。自我攻击的行为的另外一项原因是情绪。不愉快的情绪使人容易偏激、意气用事。因此,除了学习掌握情绪,更重要的是,了解情绪如何影响判断的合理性,造成毁灭自己的错误;研究人员还应该探讨情绪如何影响思考的过程。同时,你应该有所警觉,在情绪沮丧低落时,更可能产生自我攻击的行为。因此,你应该尽量避免不愉快的情绪,或是将伤害减至最低。至少,你可以试着在情绪欠佳时,避免作决定。

2. 寻求替代的利益

从交易性的自我攻击行为中,我们可以找出第二种避免伤害自己的方式。在交易的行为中,人们获得某些利益,但必须付出代价及承担风险。此时,人们应该找出替代的方式,或是适应没有那些利益的生活,就可以避免自我攻击的行为。有时候需要心理治疗人员、家人或朋友共同的协助。

3. 接纳不完美

对于恶意的自我攻击行为,最重要的是帮助当事人认清,无论如何抗争都不会赢;他们唯一需要的,是一种健康与被爱的感觉。如果你不去报复,如果你知道错不在自己,如果你能体会出有些失败并不公平,人生还是可以差强人意。成功并不一定都是凭实力得来,世界并不全然公平正义。如果人们了解到不完美的事情太多,每个人都不够完美,就能降低许多人伤害自己的冲动。

4. 接纳批评

因为太在乎别人而产生的自我攻击行为,比较难以处理,但是仍然可以治疗。最根本的方式是让当事人了解,大多数的人都和他们一样,担心自己的能力不足,怕自己的表现不够好。等到他们能坦然地接受这种想法,下一步是改变"如果别人赢,我就输了"这种尖锐对立的观念。这种竞争的观念,也是危害亲密关系、导致自我攻击行为最常见的催化剂。在心理治疗时,最困难的工作是让他们不再挑剔别人,转而检讨自己。治疗人员可以提醒他们,"对于那边的傻瓜而言,他也通常能有效地消除他们钻牛角尖的想法。至少,可以帮助他们坦然地面对别人的批评,不再无谓地贬低自己"。

许多伟大的思想家及精神领袖都说过,痛苦是人生必经的过程;虽然痛苦的程度不尽相同,痛苦的事实似乎是恒久不变的。每个人都受到自然及社会力量的摆布,而这些力量完全不是他们自己所能掌握。这种先天的不利,意味有些痛苦是无法避免的。根据弗洛伊德的分析,在人们在内心与外在世界,都存在许多令人不快乐的原因。他的结论是,不论是自然或文化,似乎都不能增加人类的快乐。

虽然人生难免有某种程度的痛苦,但是我们没有理由放弃追求快乐的权利;相反地,我们更应该努力减少痛苦。即使我们无法阻止犯罪、老化、疾病,及不人道的行为,至少可以努力避免成为自己的头号敌人。

我们也必须认清,自恋狂及自我本位,造成最多不当的自我攻击行为;唯一的治疗方式,是和别人建立健康的互动关系投入社会、激发人性的善意、自我提升。

幸福快乐的日子,可能只是童话故事中天真的幻想。这个世界上存在着许多具有毁灭性的力量,使人们不敢奢望没有痛苦的幸福生活。但是,一切都操之在己。

如果人类学会不再伤害自己,在世界上就减少一个敌人,也就减少一分痛苦。这种希望,使人们不断地努力探讨,并且解决自我攻击行为这种可悲的矛盾。

## 五、肯定的自我

你的父母、环境、其他人和你生活中发生的事件都深深地影响到你对自己的看法。不过,任何事件和环境的结合都无法完全决定你对自己的印象。因为自我印象的形成与发生在我们身上的事没有太多的关系。如何形成一个坚强肯定的自我印象?只要自尊心高,你可以用信心、希望和勇气去应付失望和令人丧失勇气局面。方法很简单！只要你喜欢自己，相信自己，信任自己的经验过程，你可以既成功又快乐。你可以勇往直前，做你要做的人。

从现在开始，毫无条件地完全接受自己，你若不喜欢自己的话，责怪父母、社会，你的体力和精力限制或其他影响你不喜欢自己的因素是无济于事的。

1. 不要再说自己的坏处和丑事

你不喜欢别人把你看得很差劲是吗？你特别不喜欢一些假的评论是吗？但是，一句自我批评的话，其毁灭的力量十倍于一句别人批评的话。经常说自己不好的人，最后会相信他们自己说的话。一旦他们相信自己的话后，就会表现出自暴自弃。

如果人们给自己一些肯定的想法和评估，他们会相信这些想法。给自己一些恭维，是增长自尊的方法。不要养成妄自菲薄的习惯。要习惯于说自己好话，你会发现你较喜欢你自己。

2. 改进你必须改进和能改进的地方

想想看你做过记号的那些你不喜欢而能改进的地方。着手去改进它们。

3. 学习接受别人和尊敬别人

厄尔·南丁格尔说有的人之所以被炒鱿鱼是因为他们无法与人相处，这话一点不错。"相处融洽"要视你接受别人的程度而定。一个人或一个团体跟另一个人或团体起冲突的最大原因是一方想将他的价值观和期望加诸在另一方身上。海伦凯勒说过："容忍是沟通的第一原则，也因为有这种精神，才能保有所有人类思想的菁华。"原谅别人的过错，高兴地看见别人的成功，能欣赏别人的意见是真正的成熟。不论在任何行业，成功的秘诀是为了解别人要什么，慷慨地去帮助他们得到。如果你帮助别人成功地实现他们的梦想，你就等于实现了自己的梦想，你在一生中会交到许多朋友。如果你想成为一个失败而不幸的人，你只需去讨那些你喜欢的人的喜欢。

接受每个人都有优点和缺点这个事实，他们跟你一样。"你愿意人怎样待你，你应怎样待人。"乃是建立良好人际关系的金科玉律。

采取肯定的态度和有肯定态度的人交往世界上有两种人肯定的人和否定的人。乐观肯定的人早上从床上跳起来会说:"早。"悲观否定的人会把被子拉到头上呻吟道:"天哪！又到早上了。"你是哪种人?

发展肯定态度的第一个规则是:行动果决,你会变得肯定!

发展肯定态度的第二个规则是:跟有肯定态度的人做朋友。

事实上,在生活中有不少人给我们一些否定的看法和展望。新闻报道中,坏事总是多过好事。我们总是听到飞机失事的消息,却不闻成千上万的飞机安全抵达的消息。当你跟成功的人在一起,跟持肯定人生观的人在一起,他们会增强你对生活的肯定态度。那些尊敬自己的人,会有助于你对自己产生好感。

4. 明白你的价值

成功快乐的人懂得珍惜别人和利用万物。那些寻找能使他们快乐的东西的人是永远找不到快乐的。约翰·罗斯金(19世纪英国散文家)说:"一个在生活中有进步的人是心肠越变越软,血液越流越热,脑子反应更快,他的精神正进入生活的和平中。"

希伯来人所谓的崇拜偶像,有助于我们澄清对自己的展望。偶像是假的,当我们赋予我们自己不实的形象时,我们就是把自己偶像化,如此我们便不可能喜欢真实的愉快。同样的,当我们为自己刻画出未来的形象,而且认定我们只有在达到这个形象时才会快乐,那么我们对挡在路上的任何东西只会感到备受威胁和焦虑。

如果你要维持一个肯定的自我印象,记住:只有你和你所爱的人是最重要的。你的目标和行动只是表示你的价值的方法,你一生所积聚的东西只是生活中多余出来的。

5. 要自立,但要对他人伸援手

自尊心强的人是懂得如何使自己站起来的人。他们愿意放弃一时的欢乐,选择一条有前途的路。我们都渴望自由,保有自由最好的方法是自立,只有在自立的情况下才能维持我们的自尊和开放的心态。拉尔夫·爱默森说得好:"每个人有朝一日都会知道羡慕是无知,模仿是自杀。尽管宇宙中充满了好东西,但老天不会降下恩物来,除非一个人汗滴禾下土。一个人都不会知道,除非他着手去做。"

同样的,有肯定自我印象的人才会去真正帮助人。那些对自己有好感的人,会去帮助别人对他们自己产生好感,他们愈肯帮助人,他们对自己愈有好感。只有没安全感、害怕、自尊心低的人才会说:"人人为己。"

### 6. 培养强烈的感恩的心

有人说过,世界上最大的笑话是"自制人",这种人是不存在的。同样的,世界上最大的悲剧是一个人大言不惭地说:"没人给过我任何东西"这种人不论是穷人或富人,他的灵魂一定是贫乏的。

有坚强肯定自尊心的人,当他们意识到上天赏赐有多么丰厚时,他们会真正地谦卑起来。他们感激别人对他们的生活所做的贡献。

### 7. 培养坚强的人际关系

尊重别人,为别人着想的人,自然能与人相处融洽,然而一个成功的人,也许会有许多相识,却只会有少数朋友。有人说过:"所谓朋友是了解你和爱你的人。"当你快乐时,他们真正为你快乐,当你遭逢困难时,他们始终不离弃你。我们在生活中不时会受到打击,这时,唯一使我们能活下去的,便是知道有人关心我们。友谊跟感恩一样,它不是自动来的,它是我们把自己给予所爱的人的结果。没有比这种投资报酬率更大的投资。同样的,你努力追求到的名与利,若没人跟你分享,是毫无价值的,因此建立自尊,要从培养友谊着手。

## 六、人际关系的卡耐基策略

处世艺术不仅表现在对自我的了解上,而且还要求了解对方的观点。因为,只有弄清楚对方的观点,自己才能找到合适的应付措施。

卡耐基每年夏天都到缅因州钓鱼。他个人非常喜欢草莓和乳脂作饵料,但他奇怪地发现,鱼儿较喜欢小虫。因此,每次去钓鱼,他不想自己所要的,想是鱼儿所要的。卡耐基的钓钩上不装草莓和乳脂,他在鱼儿面前垂下一只小虫或蚱蜢,说:"你不想吃吃这个吗?"

所以,为什么要谈论我们所要的呢?这是孩子气荒谬的想法。当然,你感兴趣的是你所要的,你永远对自己所要的感兴趣,但别人并不对你所要的感兴趣。其他的人正跟你一样,只对他们所要的感兴趣。

因此,唯一能影响别人的方法,是谈论他所要的,教他怎样去得到。

请记住!当你明天要别人去做某件事的时候,譬如说,当你不要你儿子抽烟的时候,别跟他讲什么大道理,只要让他知道,抽烟会使他无法加入篮球队,或赢得百米竞赛。

卡耐基在处理人际关系问题上有他独到的见解。

卡耐基指出,跟别人交谈的时候,不要以讨论不同的看法作为开始,要以强调而且不断强调双方所同意的事情作为开始。不断强调你们都是为相同的目标而努力,唯一的差异只在于方法而非目的。

要尽可能使对方在开始的时候说"是的,是的",尽可能不使他说"不"。

"一个'否定'的反应",奥佛斯屈教授在他的《影响人类的行为》一书中说,"是最不容易突破的障碍,当一个人说'不'时,他所有的人格尊严,都要求他坚持到底。也许事后他觉得自己的'不'说错了;然而,他必须考虑到宝贵的自尊!既然说出了口,他就得坚持下去。因此一开始就使对方采取肯定的态度,是最最重要的。""懂得说话的人都在一开始就得到一些'是的反应',接着就把听众心理导入肯定方向。就好像打撞球的运动,从一个方向打击,它就偏向一方;要使它能够反弹回来的话,必须花更大的力量。"

"这种'是的'反应是一种非常简单的技巧,但是被多少人忽略了!"一般看来,人们若一开始采取反对的态度,似乎就能得到他们的自尊感。激烈派的人跟保守派的人在一起时,必然马上使对方愤怒起来。而事实上,这又有什么好处呢?他如果只是希望得到一种快感,也许还可以原谅。但假如他要实现什么的话,他在心理方面就太愚笨了。

## 七、心理暗示是永远的动力

就自我而言,心理上的积极暗示是非常重要的,它能帮助自己走出困境。只要知道你在想些什么,就知道你是怎样的一个人,因为每个人的特性,都是由思想造成的。我们的命运完全决定于我们的心理状态。爱默生说:"一个人就是他整天所想的那些。"你我所必须面对的最大问题,事实上也是我们需要应付的唯一问题就是如何选择正确的思想。如果我们能做到这一点,就可以解决所有的问题。曾经统治罗马帝国的伟大哲学家巴尔卡斯·阿理流士认为,"生活是由思想造成的"。

不错,如果我们想的都是快乐的念头,我们就能快乐;如果我们想的都是悲伤的事情,我们就会悲伤;如果我们想到一些可怕的情况,我们就会害怕;如果我们想的是不好的念头,我们恐怕就不会安心了;如果我们想的净是失败,我们就会失败;如果我们沉浸在自怜里,大家都会有意躲开我们。

这么说是不是暗示对于所有的困难,我们都应该以乐天态度去对待呢?不是的。生命不会这么单纯,不过大家应选择正面的态度,而不要采取反面的态度。换句话说,我们必须关切我们的问题,但是不能忧虑。关切和忧虑之间的分别是什么呢?关切的意思就是要了解问题在哪里,然后很镇定地采取各种步骤去加以解决,而忧虑却是发疯似地在小圈子里打转。

我们多数人的生活境遇,既不是一无所有,一切糟糕;也不是什么都好,事事如意。这种一般的境遇相当于"半杯咖啡"。你面对这半杯咖啡,心里产生什么念头呢?消极的自我暗示是为少了半杯而不高兴,情绪消沉;而积极的自我暗示是庆幸自己已经获得了半杯咖啡,那就好好享用,因而情绪振作,行动积极。

由此可见,心理暗示这个法宝有积极的一面和消极的一面,不同的心理暗示必然会有不同的选择与行为,而不同的选择与行为必然会有不同的结果。有人曾说:"一切的成就,一切的财富,都始于一个意念。"我们还可以再说得浅显全面一些:你习惯于在心理上进行什么样的自我暗示,就是你贫与富、成与败的根本原因。因而我们一直强调,发展积极心态、走向成功的主要途径是:坚持在心理上进行积极的自我暗示,去做那些你想做而又怕做的事情,尤其是要把羞于自我表现、惧于与人交际改变为敢于自我表现和乐于与人交际。

## 八、相信你是最后的胜利者

每个人都期望生活中充满欢笑和乐趣。有时生活很艰辛,非常艰辛。你愈往上走,生活中的困难愈多。

对许多人而言,生活中充满了压力。这些压力导致苦恼。压力在我们的社会中是最常谈到、却是最少为人所了解的东西。要知道压力的问题有多严重,只要看看药房中各种舒解压力的药物即可。不感到压力的人并非没有压力,而是他懂得如何有效地控制日常生活中的压力。以下是8种处理压力的方法。

### 1. 学会如何适应改变

工作、居处、婚姻关系或生活中任何一个方面有所改变都会产生压力。压力会产生紧张和苦恼。由于我们经常会碰到改变,因此我们得学会把它们当成是挑战和机会。

(1) 接受生活会随时改变这个事实,去适应它。学会去调整适应新的情况和挑战。

(2) 把目光放在长远目标和价值上。一位海军喷气式飞机驾驶员说,他起初很怕把飞机降落在航空母舰上:"每样东西都在动,船上上下下的,浪在动,飞机在动,想把所有的都弄成一致似乎是不可能的。"有时生活不也像这样吗?一位老手告诉这个年轻的驾驶员解决之道:"在甲板中央有个黄色的记号,那个记号是静止的,我每次都以飞机的鼻翼对准那个记号,一直飞向它。"这是一句值得深思的话。对付压力和紧张最好的办法便是有一个努力的目标,把目光定在那个目标上。

### 2. 学会适应困难

告诉自己:"每种困难都有解决之道。"否认困难存在并非上策。有些成功的人是专爱找困难解决的。以下方法可以把困难转化为冒险。

(1) 做万一的打算。例如,我并不期望汽车爆胎,但我在车厢后面永远放有备胎。我相信大多数人都会这么做。随时准备有困难发生。

(2) 以勇气、信心和希望来面对问题。问题往往是隐藏在一个恐怖面具之后的机会。当你以信心、希望和勇气来应付它时，就可以把它们转化为达到目的的敲门砖。

(3) 面对问题而不逃避问题。所谓的睿智是在问题变得很紧急之前看出来并解决掉它。公司派两个推销员去非洲卖鞋子。其中一个推销员立刻回来，因为那儿的土著不穿鞋子。另一个打电话回公司说："立即运送百万双各种尺寸的鞋子，因为土著人没鞋子穿。"

(4) 了解问题。往往问题之不获解决是因为我们不了解问题的本质。把你认为的问题很简单地写下来，你会发现多数看到的常是问题的表面现象。

(5) 以发问的方式来检查问题。在没看清楚整个问题前，不要立刻得出结论。解铃还需系铃人，问题的解决之道还在问题本身。当你问问题时，你会发现解决方法开始出现。

(6) 想出几个可能的解决方法。在开始解决之前，你得有几个方案。很简单地把所有合理的选择列出来。跟那些你重视他们判断的人谈你的问题。

(7) 选择了解决之道后便采取行动。如果要采取非常措施，那就去做。两小时是无法让你跳过断崖的。宁可出错，也比什么都不做或拖延行动为好。

(8) 事情过去后，面对下一次挑战。失败者会一再在问题中打转，但赢家会改变方向继续前进。有些解决方法也许需要几年，你也许要调整既定的解决方案，以适合新的消息和情况，但不要半途而废。

3. 学习应付冲突

我们每个人或跟自己，或跟别人会起冲突。应付冲突的方式有以下一些。

(1) 退缩。从冲突中走开。

(2) 以漠不关心的态度应付它。我们拒绝牵涉入冲突，寻找别的出路以避免这种不愉快的情况。

(3) 妥协。寻找妥协的解决之道，好使大家都满意。

（4）寻求第三者的帮助。顾问和仲裁者都有助于我们解决冲突。

（5）陷入一种赢输之战，把对方视为敌人，互不相让。最后强者赢了，至少是暂时的，不过到头来，大家都输了。

（6）以创意来寻求解决方法。

你可以用上述任何一种方法，也可以数项并用。不管用什么方法要把冲突解决掉，因为未解决的冲突永远会引起压力和苦恼。

4. 克服担心的习惯

担心是司空见惯的，它是一个真正的杀手，担心会榨干你创造的精力，会使你变得无效率。诺曼·皮尔教授提出一些方法来克服担心。

首先，把问题说出来，明确地了解你到底在担心什么。其次，找出问题可能产生的结果，并决定采取行动后的结果。再次，猜测最坏的结果如何，往往它不会比我们想象的严重。最后，着手来减少这最坏的结果，着手去解决问题。

人们担心只有两个原因：不是损失一些他们要保有的东西，就是得不到他们想要的东西。你要先问问自己，这种得与失，是否值得你如此患得患失。克服担心的习惯，可以减少压力。别担心！动手去做！

5. 学习如何放松紧张

卡耐基说过两个人砍木头的故事。一个家伙整天工作，只在午饭休息一会。另一个在一天之中休息数次，并在中午小睡一会。结果一天下来，后者砍的比前者多。"我不懂"，他说："每次我看你时都坐在那儿，结果你砍的木头比我多。""你没注意我休息的时候在磨我的斧头吗?"卡耐基说这个故事是要大家明白休息的重要。

**放松的方法：**

① 采取一个短暂的休息或周期性的休息。

② 变换你的工作，长期采用一个姿势工作或做同一件工作会减少一个人的生产力并会产生压力。

③ 每天做运动，有助于松弛紧张，晚上会睡得好些。

④ 每天练习把脑袋弄空后再上床。提醒自己已经做完一天的工作,而且明天已有明天的计划。

6.学会以透彻的态度来看事情

学习把真正严重的事和只不过是令人感到挫折的事分开。很多我们视为严重的事不过是庸人自扰而已。一位律师迟到了,他向顾客说明他的车在路上坏了。"我希望没什么严重的事发生。"他的顾客说。律师说:"怎会严重?不过是辆车而已。"

7.培养幽默感

一个人在面对他的问题还能笑时,压力就不会那么大了。在每种情况中找出幽默的地方来。

8.变换你的兴趣

"花点时间来闻玫瑰花。"这句老话到今日还管用。花时间跟家人相处,跟朋友相处。花时间在你的嗜好上。这些事不仅会丰富你的生活,而且有助于应付压力。

# 第七章 逆风飞扬

人生不如意事十有八九,前进道路没有一帆风顺。谁都希望自己的人生道路顺风顺水,但是这永远只是一个美好的愿望。面对逆境,有的人努力奋争,百折不挠;有的人浅尝辄止,偃旗息鼓;有的人陷入困境,恐惧回避;有的人悲天悯人,仰天长叹。

这样的状况下,只有高逆商者才能体验到人生的幸福。他们对人生充满了希望,对成功表现出极大的兴趣,遭遇逆境时,能够经受苦难奋勇向前;而低逆商者对事物则不感兴趣,缺乏生活激情,容易知难而退。

## 第一节 逆境概述

### 一、逆境的概述

在美国哥伦比亚大学举行的一次物理博士资格考试中,我国留学生陈成钧获得第一名。他的考分超过第二名(我国台湾大学一教师)20%,打破了这所大学物理系历届博士资格的考试记录。学院决定免除他全部硕士学位课程,跳一级直接获取博士学位。这是多么感奋人心的喜讯呀!但是,陈成钧这一出色成就却来之不易。1957年,刚满20岁的他,正在北京大学物理系读三年级,被一场灾难性的风暴卷了进去,被"莫须有"地戴上了右派分子的帽子。从此,他就开始走上一条坎坷不平的道路。

人们常说,挫折有两重性,它可以把人置于死地,也可以使人置之死地而后生。陈成钧想,古今中外许多有作为的人并不都是在顺境中成长的。无情的摧残,虽然给他心灵上造成了创伤,但也激起了他不甘沉沦的热情与信心。他抓紧劳动空隙时间,继续攻读物理学。他相信,在我们国家,知识总是有用的。陈成钧在一封信中写道:"至于我自己,还是那一句话:'真金不怕火炼',即使再炼我10年、20年、30年,我仍要锻炼身体,积累知识,为了中国人民的明天尽力做对生产力发展有推动作用的工作。"

人生逆境难免,所谓逆境就是指人们在某种动机的推动下,在实现目标的活动过程中,遇到了无法克服或自以为无法克服的障碍和干扰,使其动机不能实现、需要不能满足时,所产生的紧张状态和情绪反应。

日常生活的经验告诉我们,人在遇到逆境后,生理上会引起血压升高、心跳加快、呼吸急促、脸色苍白等;在情绪上可能会企图反击,对构成挫折的起源实施报复,还可能失去控制能力,像小孩似地任意胡闹。我们在日常生活和工作中,并非一帆风顺,常会遇到各种困难和障碍,甚至遭受失败的结局而无法实现既定目标。这是因为生活在现实社会中的人,总是无时无刻不受到自然环境、社会现实和个人素质等条件的限制,使人们的动机和目标得以实现的可能性受到很大的限制,因而对每个人来说,挫折和失败也就在所难免。

## 二、逆境产生的原因

人们产生的任何心理挫折,都与其当时所处的情境有关。构成挫折情境的因素是多种多样的,分析起来主要有两大类。

1. 外在的客观因素

构成心理挫折的外在的客观因素主要来自自然和社会两方面。自然因素是指由于自然的或物理环境的限制,使个体的动机不能获得满足。如任何人都不能实现长生不老、返老还童的愿望,大都难免遭到生离死别的境况和无法预料的天灾人祸的袭击。以上是由自然发展规律和时空的限制而形成的心理挫折,对人类来说还不是主要的。

社会因素是指人在社会生活中所受到的人为因素的限制,其中包括一切政治、经济、民族习惯、宗教信仰、社会风尚、道德法律、文化教育的种种约束等。如学非所用,在工作岗位上不能充分发挥作用,学习的课程与兴趣间的矛盾;家长和老师教育方法的不当等等。凡此种种社会因素,不但对个人的动机构成挫折,而且挫折后对个体行为所产生的影响,也远比上述自然因素所产生的心理挫折要大。

2. 内在的主观因素

由内在主观因素引起的挫折包括两类:一类是由个人容貌、身材、体质、能力、知识的不足,使自己所要追求的目的不能达到而产生的心理挫折;另一类是由个人动机的冲突而引起的挫折。在实际生活中,人们常常同时存在若干动机,其中有些性质相似或相反而强度接近,使人难以取舍,便形成了动机的斗争。如在同一时间内,某人既想去参加同学聚会,又想去看科技展览,但不可能两全其美。这就是动机的矛盾斗争,又称动机冲突。动机冲突的实质是需要之间的冲突。大致有三种动机冲突形式。

双趋冲突,在两个目标都符合需要并有相同强度的动机中,个体因迫于情势不能两者兼得,从而在心理上产生难以取舍的冲突情境。所谓"鱼和熊掌不可兼得"。

双避冲突,两者同时违背需要,造成厌恶或威胁,产生同等强度的逃避动机,由于情势又不能同时避开,由此产生的难以抉择的斗争,为双避冲突。

趋避冲突,即某一目标对个体既有利又有害,既有吸引力又有排斥力,处于既爱又恨的矛盾状态。动机冲突常常是引起挫折的重要原因。

## 三、挫折的性质

众所周知,人的需要、动机只是一种主观愿望,它同客观现实之间总是存在着这样或那样的矛盾。这种主观愿望和客观现实之间的矛盾,正是构成"挫折心理"的基本原因。

1. 挫折普遍存在于人生的各个领域

与人际交往有关的挫折。人与人的相处十分复杂,每个人都有自己的阅历、观点、立场、性格特点和沟通模式,因此一旦遇到误解、冲突,就会成为生活中的逆境。

与恋爱心理有关的挫折。人的一生必然经历被爱或者爱人,但是恋爱并非一帆风顺,"失恋"和"单相思"常使某些人神魂颠倒,在情感上难以自拔,造成心理失调,甚至导致精神崩溃。

与生活贫困有关。有些人由于家庭经济非常困难,无法满足他们在"生活城市化"过程中的各种需求。他们不甘于艰苦朴素的生活,羡慕"高消费",但是自身的经济状况无法满足自己的消费,这种矛盾心理必然会演变成"挫折心理"。

与职业工作有关。工作事业是人生的重要组成部分,但是在职业发展的过程中并不尽如人意。在择业阶段,由于增加的劳动力涌入市场,社会需求增长缓慢,导致人才供求的矛盾十分突出。就业的紧张局势会给一部分人造成逆境。同时,已经就业的部分人,由于职业发展、薪酬待遇、职场人际关系等等原因,也会产生欲望需求不能满足的现状,从而产生人生的逆境。

与生理缺陷有关。有些人患有慢性生理疾病,久治不愈,长期受到疾病的困扰,忧心忡忡,自信心严重缺失,甚至悲观厌世,有自杀的倾向;有的人外貌条件比较差,有的男性个子太矮小;有的女性体态太胖。在人与人之间自感没有优势,走路时总是抬不起头,自卑心理严重。

与突发事件有关。人生中,有些人突然遭受不幸,如父母一方猝逝或遇到各种灾害等;有的突然患重病,有的女性突然遭到歹徒强奸;有的与异性谈上了恋爱,可对方突然与他(她)告吹了;这些也会成为人生中的逆境。

2. 挫折既有积极一面,也有消极的一面

无所谓积极和消极挫折,关键看我们如何对待它。

**小故事：**

一个女儿对父亲抱怨她的生活,抱怨事事都那么艰难。她不知该如何应付生活,想要自暴自弃了。她已厌倦抗争和奋斗,好像一个问题刚解决,新的问题就又出现了。

她的父亲是位厨师,他把她带进厨房。他先往三只锅里倒入一些水,然后把它们放在旺火上烧。不久锅里的水烧开了。他往一只锅里放些胡萝卜,第二只锅里放只鸡蛋,最后一只锅里放入碾成粉末状的咖啡豆。他将它们浸入开水中煮,一句话也没有说。

女儿咂咂嘴,不耐烦地等待着,纳闷父亲在做什么。大约20分钟后,他把火关了,把胡萝卜捞出来放入一个碗内,把鸡蛋捞出来放入另一个碗内,然后又把咖啡舀到一个杯子里。做完这些后,他才转过身问女儿,"亲爱的,你看见什么了?""胡萝卜、鸡蛋、咖啡",她回答。

他让她走近些并让她用手摸摸胡萝卜。她摸了摸,注意到它们变软了。父亲又让女儿拿一只鸡蛋并打破它。将蛋壳剥掉后,他看到了是只煮熟的鸡蛋。最后,他让她喝了咖啡。品尝到香浓的咖啡,女儿笑了。她怯生生地问到:"父亲,这意味着什么?"

他解释说,这三样东西面临同样的逆境——煮沸的开水,但其反应各不相同。胡萝卜入锅之前是强壮的,结实的,毫不示弱;但进入开水之后,它变软了,变弱了。鸡蛋原来是易碎的,它薄薄的外壳保护着它呈液体的内脏。但是经开水一煮,它的内脏变硬了。而粉状咖啡豆则很独特,进入沸水之后,它们倒改变了水。"哪个是你呢?"他问女儿。"当逆境找上门来时,你该如何反应?你是胡萝卜,是鸡蛋,还是咖啡豆?"

**3. 挫折的消极性和积极性是相对的,是可以转化的**

人生多舛,世事艰难。这就是说,人生少不了逆境,少不了坎坷,少不了挫折。顺境常常是过去艰苦耕耘收获的结果,逆境也正是日后峰回路转、否极泰来的前奏。因此,你要想取得成功,就得突破人生的逆境,忍受人生的挫折,走过人生的坎坷。

北魏节闵帝元恭,是献文帝拓拔弘的侄子。孝明帝时,元义专权,肆行杀戮,元恭虽然担任常侍、给事黄门侍郎,总担心有一天大祸临头,索性装病不出来了,那时候,他一直住在龙华寺,和谁也不来往,就这样装哑巴装了将近12年。孝庄帝永安末年,有人告发他不能说话是假,心怀叵测是真,而且老百姓中间流传着他住的那个地方有天子之气,元恭听了这个消息,急忙逃到上洛躲起来。没过几天就被抓住送到了京师。关了好几天,由于抓不到什么证据,不得已又放了他。

北魏永安三年十月,尔朱兆立长广王元晔为帝,杀了孝庄帝。那时,坐镇洛阳的是尔朱世隆。他觉得元晔世系疏远,声望又不怎么高,便打算另立元恭为帝,但又担心他真的成了哑巴。于是便派尔朱彦伯前去见元恭,摸清真实情况。事已至此,元恭也知道形势发生重大变化,见到尔朱彦伯后开口说:"天何言哉!"12年的哑巴说了话,彦伯大喜。不久,元恭即位当了皇帝。

人生的路有起有落,逆境虽然痛苦压抑,但对一个有作为、有修养的人士来讲,在各种磨砺中可以锻炼自己的意志,从而由逆向顺。

## 第二节 逆境商数

逆商(Adversity Quotient)即逆境商数、厄运商数之意,简称AQ,是现代人认识自我,并借以创新自我的又一概念。

### 一、逆商的定义及其提出的过程

从1903年智商IQ的首次测试,到多重智力MI对IQ的直接挑战,继而出现情商EQ和德商MQ的研究热度未尽,随之而来的逆商AQ又风行于世纪之交的欧美学界。"Q"之系列研究成为20世纪心理学界一大景观。从智商IQ到逆商AQ的"Q"之系列研究,立足心理学实验并迁移其成果而活用于教育,走过了从人类智力因素到非智力因素量化研究近一个世纪的科学探索历程。智商IQ、情商EQ、德商MQ和逆商AQ,堪称20世纪人类对自身多元商数量化测定基础上定性评估的四大亮点。

逆商是人们面对逆境,在逆境中的成长能力的商数,用来测量个体面对逆境时的应变和适应能力的大小。逆商的概念最早由美国学者保罗·史托兹博士 1997 年在《AQ——逆境商数》一书中提出,逆商有它自成体系的测试内容、量表和指针,并据此对个体进行逆商测试,用以表示个案逆商发展的相对指针和逆境承挫力之参数。总体上看,逆商 AQ 是衡量个体逆境条件下坚忍程度、耐挫能力、抗争特质、生存本领、胆识风范、心态韧性、人情练达、自强力度等诸项个性心理素养的量化标准。

根据保罗·史托兹的逆商 AQ 学说,人们对待逆境和挫折的心态犹如登山攀高,逆水行船,面对崇山峻岭,悬崖峭壁,乃人生征途命运之旅正常摩擦系数的主观体验及其承受统合。他根据人们在逆境中的表现划分为:不屈不挠型、半途而废型和畏缩不前型三大群体类型,而各群体类型又可细分为三种左中右的亚类型,这样总共有九个逆商等级标准。作者提出针对逆商 AQ 之高低对不同个案施以不同的逆商教育之方略,即逆商教育,挫折教育、承挫力教育、生存教育。

所谓逆境坚忍顺境克制之思辨,古今中外不乏哲论。但对逆境个体心态量化基础上的定性研究,却是 20 世纪以来人类不懈追求的科学目标之一。近年来,国际比较教育学界预测,21 世纪人类对自身的逆境与顺境承受力度的研究,将成为新的教育科研热点,而顺境的克制力度和平常心态之研究,正在引起学者们继逆境耐挫力研究之后新一轮"Q"之系列研究极大的科研亢奋,并极有可能成为 21 世纪"Q"之系列研究的重新起点。

作为研究发起人,尽管保罗·史托兹博士的逆商 AQ 理论,在量表、指针和测试内容方面尚有不完备之处,且常模的拟定又以西方人群为背景,但毕竟使人们领略了逆商 AQ 及其逆商教育发展的前景魅力,起码给我们许多借鉴性的教育启迪和理性升华。

## 二、逆商的重要性

孟子曰:国无敌国外患,国恒亡。换句话说就是:帮助你成长的人是你的敌人。管理学界《九商成功论》认为:人的生命之树,由"九商"决定,包括根为心商、德商、志商;干为智商、情商、逆商、悟商;果为财商、健商。"九商"的全智发展能为人生创造精神财富、物质财富、智慧财富、道德财富和健康财富。其中"逆商"对人的磨难养生尤为重要。AQ 不但与我们的工作表现息息相关,更是一个人是否快乐的关键。保罗·史托兹教授提出的"顺境需要 EQ,逆境需要 AQ",已在西方社会得到广泛认同。

前英国首相丘吉尔曾说:"一个人的成就不是其聪明与智慧,而是在面对逆境时能坚持下去的勇气。"换句话说,即使一个人的智商(IQ)、情商(EQ)以及财商(FQ)再高的人,在面对困难与挫折时,如果不能沉着冷静的应对,反而退缩恐惧、逃避问题,让自己深陷泥沼中而无法挣脱,那么拥有再好的条件亦是徒然。

根据国际 AQ 专家保罗·史托兹(Paul G. Stoltz)长达 37 年 1 500 项研究基础提出:一个人的 AQ 愈高,愈能弹性地面对逆境,并且积极乐观,接受困难的挑战,发挥创意找出解决方案,因此能不屈不挠、愈挫愈勇,而最终表现卓越而迈向成功之路;相反的,AQ 低的人则会经常感到沮丧迷失、处处抱怨、逃避挑战、缺乏创意,面临逆境往往半途而废、自暴自弃、怨天尤人,终究一事无成。

美国麻省 Amherst 学院进行了一项很有意思的实验。试验人员用很多铁圈将一个小南瓜整个箍住,以观察当南瓜逐渐地长大时,对这个铁圈产生压力有多大。最初他们估计南瓜最大能够承受大约五百磅的压力。

在实验的第一个月,南瓜承受了五百磅的压力;实验到第二个月时,这个南瓜承受了一千五百磅的压力,并且当它承受到两千磅的压力时,研究人员必须对铁圈加固,以免南瓜将铁圈撑开。最后当研究结束时,整个南瓜承受了超过五千磅的压力后才产生瓜皮破裂。

他们打开南瓜并且发现它已经无法再食用,因为它的中间充满了坚韧牢固的层层纤维,试图想要突破包围它的铁圈。为了吸收充分的养分,以便于突破限制它成长的铁圈,它的根部甚至延展超过 8 万英尺,所有的根往不同的方向全方位的伸展,最后这个南瓜独自接管控制了整个花园的土壤与资源。

植物对逆境的抵抗往往具有双重性,即逆境逃避和逆境忍耐可在植物体上同时出现,或在不同部位同时发生。我们对于自己能够变成多么坚强都毫无概念!假如南瓜能够承受如此庞大的外力,那么人类在相同的环境下又能够承受多少的压力?大多数的人能够承受超过我们所认为的压力。

### 三、高逆境商数 AQ 者的特质

具体来说,高 AQ 的人具有以下特质:在逆境中能够迅速恢复精力;表现杰出,而且能维持表现;非常乐观;在必要时愿意冒险;可以成功地进行改变;很健康,而且很有活力;很坚强;能够以创新的方法寻找解决之道;能够很敏捷解决和思考问题;能够学习、成长、进步。

首先,高逆商者充满了人生欲望。欲望是产生成功愿望的最原始火花,是成功的源泉。高逆商者充满了人生欲望,他们会对成功表现出狂热的兴趣,遭遇逆境时自然就能够奋勇向前;而低逆商者对事物则不感兴趣,缺乏生活激情,自然容易知难而退。

有了生活的欲望和对成功的追求,就能克服一切艰难险阻,从跌倒中爬起,继续前进,最终达到目的。挫折并不可怕,因为它既没有毁灭希望,也没有封杀所有通向成功的道路。真正可怕的是,在挫折之后丧失了进取精神而自甘于沉沦。

每个人都会有难题,都会遭遇困境,高逆商者碰到了一个难题,就会认为是一种挑战,是磨炼自己意志,增强进取欲望的机会,而低智商者遇到一个困难时,则会认为是自己的命不好,认为是天意要扼杀他,而怨天尤人。

逆境如同一把双刃剑,它既可以为我们所用,也可以把我们扼杀。关键要看你握住的是刀刃还是刀柄。你解决了一个个的难题,就是取得了一个个的胜利,这些胜利就是成功之路上的一个个阶梯。每当你取得了一个胜利,你就增长了一些智慧,也就向成功靠近了一步。

每个人都是宇宙中的一部分,都处在不断变化的过程中,变化是一条无情的规律。对于个人来说,重要的只有一点:成败决定于你的心态,决定于你有没有进取的欲望。

一位斯巴达人对母亲抱怨自己的剑太短了。母亲回答说:"儿子,前进一步你的剑不就是长的吗?"

其次,逆商水平的高低取决于才能与欲望的相辅相成。一个才华横溢的人,如果无欲无求,最终只能一事无成抑或其才能根本不被人了解。而有着强烈成功欲望的人,如果没有才能做基础,也不会有什么成就。《克服逆境》一书告诉我们,在具备了高逆商的两个基本要素后,首先要培养自己的勇气。遇事不要惊慌失措,也不要"深思熟虑"。一位将军说:勇敢是即使吓得半死时,仍能表现得宜。有时候,"初生牛犊不怕虎"的勇气就会助你成就大业。其次,永远不要为了阶段性的困境而放弃目标,不要奢望目标立马就能实现,尝试为自己的大目标分阶段地设置数个小目标。这样可以在陷入困顿时,不至于盲目而不知所措,用小目标的实现来鼓励自己坚持到终点。

可口可乐的总裁古滋·维塔就是一个高逆商的人。这位著名的古巴人40年前随全家人匆匆逃离古巴,来到美国,身上只带了40美金和100张可口可乐的股票。同样是这个古巴人,40年后竟然能够领导可口可乐公司,让这家公司在他退休时股票增长了7倍!整个可口可乐价值增长了30倍!他在总结自己的成功历程时讲了这样一句话:"一个人即使走到了绝境,只要你有坚定的信念,抱着必胜的决心,你仍然还有成功的可能。"

古滋·维塔是高逆商的代表,他的一生经历了无数的坎坷,但都一次又一次地被他超越了。逆商告诉你如何在逆境中生存,并如何战胜它而取得成功;逆商可以预测在逆境中你所持的态度;逆商预测你在逆境中能否充分发挥自己的潜力。

恺撒一次乘船外出时,突然海上起了风暴,艄公惊惶失措,满脸恐惧。恺撒却安慰他说:"你担心什么呢,要知道你现在是和恺撒在一起。"

美国政治家约翰·卡尔霍恩就读耶鲁大学时,生活艰难却废寝忘食、勤奋学习,一些同学常常以此讥讽他。他回答道:"这有什么奇怪的。我必须抓紧时间去学习,这样我才能在全国有所作为。"听了这话后,对方报以大笑,卡尔霍恩却认真地说:"你不相信?我只要3年的时间可以当国会议员,如果我不是因为知道自己有这样的能力,我还会在这里读书吗?"这些都是成功者所表现的自信。

一项科学研究发现,对逆境持乐观态度的人表现出更具攻击性,会冒更大的风险;而对逆境持悲观反应的人则会消极和谨慎。反映在自信心方面,自信的人的逆商较高,在逆境中往往更容易保持乐观,自然也就容易达到成功的目标。缺乏自信的人则表现不积极,容易对前途丧失信心,不去努力争取。自信心是希望和韧性的体现,在很大程度上决定一个人如何对待生命中的挑战和挫折。

大自然利用困难和失败,让人们懂得谦卑,并且领悟生命的真理和智慧。一位智者曾经说过:"你不可能遇到一个从来没有遭受过失败或打击的人。"他发现,人们成就的高低,和他们遭到失败和打击的承受能力成正比。他还有另外一项重要的发现:真正伟大的成功者,往往是年逾半百的人。他说:"人们在50岁至70岁之间,遭遇到人生的种种磨难,智慧达到最高峰,对自己各方面的能力都有很强的判断能力,更重要的是他们能够树立坚定的信心。"

马歇尔·菲尔德的零售店在芝加哥大火中烧毁了,所有的家产付之一炬。面对这个令人沮丧的场景,他却指着燃烧中的灰烬说:"我要在这个地方,开一家全世界最大的零售商店。"他做到了。在芝加哥的史笛特街及鲁道夫大道的交汇处,人们至今依然可以看马歇尔·菲尔德的公司巍然矗立着。

每一次逆境中都隐藏着成功的契机。就像一颗种子,需要勇气、信心及创造力,才能萌芽成长并且开花结果。

相反,一个人的AQ越低,便越容易向挫折低头,并且越具有以下特质:容易放弃;容易迷失;没有发挥所有潜能;感到无助;不健康;被问题苦苦纠缠;逃避具有挑战性的工作和情况;不会善用有益的想法和工具;喜欢休息。

## 第三节　提高逆商的策略

管理学有言:21世纪,唯一不变的真理就是凡事都会改变。不论达官贵人还是贩夫走卒,谁也不知道明天会发生什么事,从而让人无法琢磨、无可适从。既然人生无常不可避免,生活中发生七灾八难也无法完全摆脱,人要活下去,任何悲观消极都无济于事。人生无常,智者常乐。俗话说:"人无千日好,花无百日红。"这是人生无常的写照。谁都渴望能青春常在、长命百岁,一切平安无事,过着安稳美好的生活,但命运总是像天上的白云般变幻莫测而让人把握不定。

## 一、打好心情的地基——乐于接受无常

遇到称心如意的事,谁都可以应付自如,轻松愉快。逆境受挫时,往往就会忧闷不堪、不知所措、消极颓废,或在紧要关头,因失去理智、判断错误而陷入绝境,或变得自暴自弃、自甘堕落而自取灭亡。

人生挫折难免,失意难免,要为我们的失败做准备。当人们面临重大事变时,一般会经历几个阶段。

第一步,否认。当厄运到来时,我们经常会反复问自己,"不可能、不会吧、应该不是吧"。比如说,今天老板告诉你,下周你不用来上班了,我们已经决定裁掉你了。你的第一反应就是不会吧,这不会是真的,我一定是在做梦,后来发现是真的。很遗憾,就发生在你身上。

第二步,愤怒。当事情证实就发生在自己身上以后,我们通常都会感觉到不公平,感觉愤怒。为什么会是我呢?为什么不是别人呢?我为什么这么倒霉呢,那个人比我恶劣多了,为什么不是他。

第三步,讨价还价。愤怒之后,发现事情也没有办法改变,这时我们开始讨价还价,对象一般是跟上帝、神、真主,中国人一般是跟老天爷。例如,不幸听到家人发生了空难,心理就会祈祷,"老天爷啊,如果你让我的家人活着,我从此下半辈子吃素"。

第四步,沮丧。一切所有的努力,最后发现都无法改变,好像不可避免了,工作真没有了,亲人真的离我们而去了,这是我们开始感觉沮丧。怎么会这样呢,这一关最难过,如果这一关过去了,就进入了第五步。

第五步,接受。如果事情一定要发生,我来接受它吧。这五个步骤,抗变五部曲,只要发生我乐于接受,从第一个步骤一下到第五个步骤,一旦发生我就接受。

## 二、悲观变乐观，忍受变享受

初中学过一篇《塞翁失马》的文章：近塞上之人，有善术者，马无故亡而入胡。人皆吊之，其父曰："此何遽不为福乎？"居数月，其马将胡骏马而归。人皆贺之，其父曰："此何遽不能为祸乎？"家富良马，其子好骑，堕而折其髀。人皆吊之，其父曰："此何遽不为福乎？"居一年，胡人大入塞，丁壮者引弦而战。近塞之人，死者十九。此独以跛之故，父子相保。

哲学告诉我们，世界上没有绝对的好与坏，事物之间是不断地相互转化的。所以我们要"凡事乐观而冷静"，不以物喜，不以己悲，"做最好的打算，尽最大努力，争取最好的结果"。保持阳光心态，巧妙地运用内归因和外归因的心理学原理，从容面对成功和失败。

"一些人往往将自己的消极情绪和思想等同于现实本身"，心理学家米切尔·霍德斯说："其实，我们周围的环境从本质上说是中性的，是我们给它们加上了或积极或消极的价值，问题的关键是你倾向选择哪一种？"

20世纪的60年代，意大利一个康复旅行团体在医生的带领下去奥地利旅行。在参观当地一位名人的私人城堡时，那位名人亲自出来接待。他虽已80岁高龄，但依旧精神焕发、风趣幽默。他说，各位客人来这里打算向我学习，真是大错特错，应该向我的伙伴们学习；我的狗巴迪不管遭受如何惨痛的欺凌和虐待，都会很快地把痛苦抛到脑后，热情地享受每一根骨头；我的猫赖斯从不为任何事发愁，它如果感到焦虑不安，即使是最轻微的情绪紧张，也会去美美地睡一觉，让焦虑消失；我的鸟莫利最懂得忙里偷闲、享受生活，即使树丛里吃的东西很多，它也会吃一会儿就停下来唱唱歌。"相比之下，人却总是自寻烦恼，人不是最笨的动物吗？"他总结道。

人有时痛苦和悲观都是自己选择的结果，就如一则人寿保险公司的广告所描述的：一条大道，一个人站在交叉点上，一边是乐观，一边是悲观，关键看你怎么选择。钱锺书在《围城》里说：天下有两种人。譬如一串葡萄到手，一种人挑最好的吃，另一种人把最好的留在最后吃。后一种人永远快乐,他吃的总是剩下的葡萄中最好的;前一种人永远悲哀,他吃的总是剩下的葡萄中最坏的。绝望的悲观者凡事习惯往坏处想,并且会用钻牛角尖的方式,将这些焦虑扩大化。

快乐是自找的,烦恼也是自找的。如果你不给自己寻烦恼,别人永远也不可能给你烦恼。所以,每当你忧心忡忡的时候,每当你唉声叹气的时候,不妨把你的烦恼写下来,然后进行科学的分析。科学家们进行科学的量化、统计发现,40%的忧虑是关于未来的事情,30%的忧虑是关于过去的事情,22%的忧虑来自微不足道的小事,4%的忧虑来自我们改变不了的事实,剩下4%的忧虑来自那些我们正在做着的事情。

聪明的犹太人说,这世界上卖豆子的人应该是最快乐的,因为他们永远不担心豆子卖不出去。假如他们的豆子卖不完,可以拿回家去磨成豆浆,再拿出来卖;如果豆浆卖不完,可以制成豆腐;豆腐卖不成,变硬了,就当豆腐干来卖;豆腐干再卖不出去的话,就腌起来,变成腐乳。

还有一种选择:卖豆人把卖不出去的豆子拿回家,加上水让豆子发芽,几天后就可改卖豆芽;豆芽如果卖不动,就让它长大些,变成豆苗;如豆苗还是卖不动,再让它长大些,移植到花盆里,当做盆景来卖;如果盆景卖不出去,再把它移植到泥土中去,让它生长,几个月后,它结出了许多新豆子,一颗豆子现在变成了很多豆子,想想那是多划算的事!

一颗豆子在遭遇冷落的时候,都有无数种精彩选择,何况一个人呢?人至少应该比一颗豆子坚强些吧?那么,你还有什么好忧虑的呢?正如:日出东海落西山,愁也一天,喜也一天;遇事不钻牛角尖,人也舒坦,心也舒坦。

## 三、始终保持弹性,热烈拥抱改变

周围的环境并没有改变,但如果自己改变了,眼中的世界自然也就跟着改变了。如果你希望看到世界改变,那么第一个必须改变的就是自己。心若改变,态度就会改变;态度改变,习惯就改变;习惯改变,人生就会改变。

不要害怕改变,改变可以重新再造自己。改变可以接受,是生活的一部分,不仅接受,而且全身心拥抱它。

达尔文曾说存活下来的物种不是最优秀的,而是适应环境改变的物种。不要以不变应万变,而应该以善变应万变。世界变了,我也跟着改变。心理学家发现,什么样的人活得最自在呢?就是那些学会改变,对生活保持弹性的人,就是这样做可以,那样做也无所谓。

从前,一位大师告诉人们,他正在练一种大法,可以让大山移过来。几十年后的一天,他开始表演移山。他对着大山念念有词:"山过来,山过来……"他喊了半天山也没动。到了黄昏,当他用嘶哑的嗓子喊过最后一遍以后,人们异口同声地说:"大师,山肯定没过来。"于是,他边喊边走,不一会儿,就来到了山脚下。这时,大师就近距离地面对着大山站住,并说:"各位,这回山到底有没有过来?"大家一听觉得很诧异,这时大师讲了一句很著名的话:"山不过来我就过去——这就是我几十年练就的移山大法。"大山的位置是不会改变的,但是人却有脚,山不过来,我们就走过去。我们时常会遇到困境,困境是不会自动消失的,但是我们可以通过自己的努力克服困境。

故事的结局足可让你回味三日不止——世上本无移山之术,唯一能移动大山的方法是:山不过来,我就过去。记住:大师不是改变每一个人,而是教给大家最有效的改变策略:无法改变事实,就改变对事实的看法;培养人才不是培养某种技能,而是培养思维模式。

现实生活中有太多的事情就像"大山一样"是我们无法改变的,或至少是暂时无法改变的。"移山大法"告诉我们如果事情无法改变,我们就改变自己。如果我们无法说服他人,是因为自己还不具备足够的说服能力;如果顾客不愿意购买我们的产品,是因为我们还没有生产出足以令顾客购买我们的产品,如果我们无法成功,是因为自己暂时还没有找到成功的方法;要想事情改变,首先得改变自己,只有借由改变自己,才可以最终改变属于自己的世界。山,如果不过来,那就让我们过去吧!

只有改变自己,才有可能改变别人;只有改变自己,才有可能改变顾客;只有改变自己,才有可能改变产品;只有改变自己,才有可能改变公司;也只有改变自己,才有可能改变世界。

## 四、凡事不抱怨，只解决问题

　　一个人呱呱坠地，外貌的美丑、家庭环境的好坏已经无法改变。今天，我们不应该为了自己长的不是鹅蛋脸而忧郁；明天，我们也不应该为了没有丰富的晚餐而发脾气。在你伤心的时候，在你生气的时候，你就已经在抱怨生活了。在你抱怨生活的同时，生活也在抱怨你。因此，抱怨并不能改变什么，不仅徒增烦恼，而且受到生活的唾弃。既然我们不能改变已经存在的，我们就应该更加努力，去创造我们想要的，这样的感觉才是幸福的。

　　　　古时有一位妇人，特别喜欢为一些琐碎的小事生气。她也知道自己这样不好，便去求一位高僧为自己谈禅说道，开阔心胸。高僧听了她的讲述，一言不发地把她领到一座禅房中，落锁而去。

　　　　妇人气得跳脚大骂。骂了许久，高僧也不理会。妇人又开始哀求，高僧仍置若罔闻。妇人终于沉默了。高僧来到门外，问她："你还生气吗？"妇人说："我不为别人生气，只为我自己生气，我怎么一时糊涂找到这个地方来受这份罪。"

　　　　"连自己都不能原谅的人怎么能心如止水？"高僧拂袖而去。过了一会儿，高僧又问她："还生气吗？""不生气了。"妇人说。"为什么？""气也没有办法呀。""你的气并未消逝，还压在心里，爆发后会更加剧烈。"高僧又离开了。高僧第三次来到了门前，妇人告诉他："我不生气了，因为不值得气。""还知道值不值得，可见心中还有衡量，还是有气根。"高僧笑道。当高僧的身影迎着夕阳又立在门外时，妇人问高僧："大师，什么是气？"高僧将手中的茶水倾洒于地。妇人视之良久，顿悟，叩谢离去。

　　　　什么是气？气便是茶。施于土里便是仙露，饮到腹内便是俗源。何苦要气？气便是别人吐出而你却要接到口里的那种东西。你吞下便会反胃，你不看它时，它却自然消散了。

　　　　AQ高的人通常没时间抱怨，因为他们正忙着解决问题。所以请减少抱怨的时间，因为少一分时间抱怨，就多一分时间进步。

## 五、变缺点为优点,化危机为契机

AQ 高手遇到逆境时永远先问自己:"这其中可能对我有什么好处或帮助呢?""我该如何做才能化危机为契机呢?"

日常生活中,我们总是先看到别人的缺点,马上对这个人打上了一个不好的标记,当然,之后就一直只看到他不好的地方,而他充满优点的那一面始终看不到。但乐观的人就跟我们不一样,他们总是会先问自己:"他有什么是让我喜欢的?"找到他的优点之后才会慢慢地去发现他的缺点。他们习惯先看事情的优点,而且乐意把注意力集中在这些令人兴奋之处,并多花精力经营这些优点,因而往往就比那些只挑毛病的悲观者,有更丰富多彩的结局。乐观的态度也可以让我们学会在任何困境中仍能找到值得庆幸的地方,保持热忱,不致绝望,并且进一步将危机变成契机。

有些人之所以会一直觉得烦,是因为他们习惯把注意力的焦点集中在生活的某些负面的地方,而忽略了其他资讯的现象,称为"选择性知觉";就是我们会只挑我们自己想看的看,而不是去看该看的,如果有人常常只是看坏不看好,那他就会出现那种消极的心态,就特别容易感到"人间处处烦",这样一来,心情怎么会好呢?

美国心理学家理查·卡尔森说:"Be kind, try not to be right."就是不要"事事讲道理,处处争有理",要常常多礼让,时时不计较。

生活中发生的事情如何看,完全取决于你的角度。当挫折发生时,如果第一个念头是:完了,这下没救了。那就很难逃脱悲观的诅咒。AQ 高手的做法是:遇到状况,先问自己现在有什么是可珍惜的?换句话说,在挫折中找优势,并把它转化成进步的助力。

如果你在一个地方做事,做错了,被老板骂,你会怎么想?骂对了好说,关键是骂错了呢?有的人就会想,这简直不是人呆的地方,于是就跳槽。请问跳到别的地方有没有可能受批评?有。可是,你到了第二个地方,又遇到了一个骂人的领导,骂了三次以后,好像这个地方也不是人呆的地方,你又走掉,然后,走了几个地方以后,你才发现,原来天下乌鸦一般黑!这样的人会不会有长进?不会有长进。

有的人,老板臭骂他一顿,他会想,我很受重用,老板这么忙,管了那么多人,居然还有时间来骂我!他可能会想,看来老板很关注我的。各位,老板在骂你的话,说明你还很重要,如果你没有希望的话,他会直接叫你走人。各位,如果老板在骂你的话,说明一件事情,说明老板暂时不会炒你的鱿鱼,如果老板要炒你了,他会非常客气的。

### 六、境随心转,有自我掌控的能力

一个顽童为了考验智者,手抓着一只小鸟问智者说:"我手中的小鸟是死的还是活的?"智者并没有直截了当地回答顽童:小鸟到底是死的还是活的?因为他很清楚,如果他若回答是活的,顽童将捏死小鸟,若回答是死的,顽童将放开手中的小鸟,让它飞走。智者抚着下巴的白须,悠悠说道:"是死是活皆由你自己决定。"

相信自己会有所掌控,决定了我们的 AQ 状态。生命当中有些东西,我们是可以掌控的,也有些事情,我们没有办法掌控的,不要过多的浪费自己的情绪能量。

有一个老板脾气非常暴躁,对部属要求十分严苛。有一天,有个职员拿了一份公文进去,只听见总经理大发雷霆,骂道:"你写的是什么东西,我看只有高中水平!"大家心想:被骂得真惨!不久,那人快步出来,居然还面带笑容,他对一脸错愕的同事解释:"你们看我进步多快,昨天老板才骂我只有小学水平,今天我就有高中水平了。"

积极思维者对事物永远都能找到积极的解释,然后寻求积极的解决办法,最终得到积极的结果。接下来,积极的结果会有正向强化他积极的情绪,从而又使他成为积极的思维者。让我们不要抱怨,因为我是一切的根源。

一青年向一禅师求教:"大师,有人赞我是天才,将来必有一番作为;也有人骂我是笨蛋,一辈子不会有多大出息。依您看呢?""你是如何看待自己的?"禅师反问。青年摇摇头,一脸茫然。"譬如同样一斤米,用不同眼光去看,它的价值也就迥然不同。在炊妇眼中,它不过做两三碗大米饭而已;在农民看来,它最多值 1 元钱罢了;在卖粽子人的眼里,包扎成粽子后,它可卖出 3 元钱;在制饼者看来,它能被加工成饼干,卖 5 元钱;在味精厂家眼中,它可提炼出味精,卖 8 元钱;在制酒商看来,它能酿成酒,勾兑后,卖 40 元钱。不过,米还是那斤米。"大师顿了顿,接着说:"同样一个人,有人将你抬得很高,有人把你贬得很低。其实,你就是你。你究竟有多大出息,取决于你到底怎样看待自己。"青年豁然开朗。

现实生活中,有人会因为失败而跳楼,也有人会因为战胜失败而成就一番大的事业;有人会因为对手强大而畏惧,也有人会因为挑战巨人而使自己快速成为巨人;有人会因为产品卖不出去而抱怨产品,抱怨公司,抱怨顾客,也有人因为产品卖不出去而创新出大受市场欢迎的新产品与服务;真正决定事物结果的根源并非事物的本身,而是有权对该事物作出不同评价的我们自己——我是一切的根源。

"一些人往往将自己的消极情绪和思想等同于现实本身",心理学家米切尔·霍德斯说:"其实,我们周围的环境从本质上说是中性的,是我们给它们加上了或积极或消极的价值,问题的关键是你倾向选择哪一种?"

霍德斯做了一个极为有趣的实验,他将同一张卡通漫画显示给两组被试者看,其中一组的人员被要求用牙齿咬着一支钢笔,这个姿势就仿佛在微笑一样;另一组人员则必须将笔用嘴唇衔着,显然,这种姿势使他们难以露出笑容。结果,霍德斯教授发现前一组比后一组被试者认为漫画更可笑。这个实验表明我们心情的不同往往不是由事物本身引起的,而是取决于我们看待事物的不同方式。

心理学家兰迪·莱森讲了一个他自己的故事:"有一天,我的秘书告诉我,'你看起来好像不高兴',他自然是从我那紧锁的双眉和僵硬的面部表情看出来的。我也意识到确实如此,于是,我便对着镜子改变我的表情,嘿,不一会,那些消极的想法便没有了。"是啊,生命短暂,我们何苦又要自寻烦恼呢!

## 第四节 逆境中幸福乐观的心理修炼

人生时时有挑战,处处有挫败,乐观是一种习惯,如果你习惯乐观,你一辈子就不会离快乐太远,快乐是一种享有的感觉,所以我们要快快乐乐地解决,而不是解决问题之后才享受快乐。

谁都希望自己顺风顺水,但是这永远只是一个美好的愿望。李嘉诚说:一个人只有面对和忍受逆境的痛苦,个人成功的机遇才能表现出来。所以,如果你不甘于平庸,那就从今天开始,提高你的逆商。

## 一、快乐心像法

有一个女孩被强暴了,非常痛苦。她就找心理学家去咨询。一见到心理学家就哭了,并泣不成声地说,我好惨,我多么的不幸,我这一辈子都忘不了这件事情了……心理学家当场对她说:"这位小姐,你被强暴是你自愿的。"听完这句话,这位小姐吓了一跳,说:"你说什么,我怎么可能自愿强暴?"

心理学家对她说:"你被他强暴一次,但在你的心里天天心甘情愿地被他强暴一次,那你一年下来,就被他强暴365次。""这是怎么回事呢?"女孩不解地问。"在你身边发生了一件不好的事情,你好像看了一场不好的电影一样,天天在回想,这不是很笨的事情吗?这与重蹈覆辙有什么区别呢?"

事实上,人的注意力是有限的。当你注意一件事情的时候,你就注意不到其他的事情。所以,从抑郁中摆脱出来的方法并不复杂。只要你脑海中的电影改变了,你不要再在脑海里放你不喜欢的电影了,去放一部新的、喜欢的电影,就很容易改变这种情况。

快乐心像,就是在心中或脑海中呈现快乐的图像,试着去回忆过去快乐工作的影像,让自己迫不及待地跑回到喜悦中。比如说,被主管赞扬时、策划一个优秀提案时、成功地开发业务时的图像,它们每次都可让你笑、让你开心,这种想象每次都可让你笑、让你开心。心里多出现这样的工作情景,就必然会对工作充满了信心与热情。具体来说,可以采取如下步骤。

(1)当你开始一直想不愉快的事情时,如"怎么办啊,股市又跌了,我所有的钱都赔了。"当你心情很低落时,先坐下来,学会让生活暂停。在大脑里面大声喊:"停。"

(2)将注意力的焦点集中在心脏部位。可以先试试将注意力焦点集中在左脚的大拇指上,动动看,先感觉一下。把注意力集中在心脏部位,深呼吸,感觉保持10秒钟。感觉心脏与脑相连的感觉,感觉到注意力焦点就会将烦恼的事情暂时忘掉。

（3）开始在大脑里换影片，换生活中很愉快很兴奋很温暖的片段。比如你第一次抱到自己出生的小孩的时候。你考100分，得了很多奖品，老师说恭喜的时候。你工作上有很好的表现，老板表扬你的时候。请闭上眼睛试试看，同样的10秒钟，你是不是可以看到你希望看到了快乐心像中，一些很愉快、很温暖的生活片段。

（4）用心去思考。感受心脏附近的感觉，冷静下来，客观分析这事有这么严重吗，难道输了一点钱，我一辈子就毁了吗？这件事情就没有其他的出路了吗？这样就会找出其他的方法，走出困境，重获幸福。

## 二、挣脱悲观的陷阱，与不合理的信念辩论

一般来说，当人们悲观失望时，这些悲观的想法具有三种特性。当我们用这三种方式来诠释自己的困境时，就很容易走上悲观之路。心情就此会一蹶不振。常见的悲观想法的三种特性如下。

（1）永久化。当挫折出现时，当事人会相信发生在自己身上的坏事霉运是永久的，厄运永远不会放过自己，坏事也会一直影响着生活。例如股市投资失利，就觉得"我完了，投资根本就不可能获利"；万一失业则认为"我再也找不到好工作了，景气再也回不来了……"；如果失恋了，会认为，我以后再也不会谈恋爱了。

（2）全面化。当挫折出现时，当事人会把某一方面的失败，看作是生活全面的失败。习惯以偏概全地去解释事情。例如只不过是失恋了，却夸大自己的不幸：我的生活一塌糊涂，根本就是全盘皆输；被上司指责开会迟到，立刻就想着我的各种能力都太差，一无是处，根本不胜任这个工作。一旦被男友抛弃了，就认为天下男人没有一个好东西。

（3）个人化。在遇到挫折时，当事人会把结果都怪罪到自己身上，这样的人通常自尊很低，认为自己没有才干也没人爱，所有的不幸完全都是自己的问题。例如团队合作失利，当下心中第一个念头是都是我害了大家，我太愚蠢，没把事情做好。跟情侣分手，会认为都是我的错，是我太差劲了，根本不值得被爱。

当我们拥有不合理的悲观想法时,就该发挥自我对话的功力,让自己挑战原有的悲观想法,转化成乐观的念头,找出未来的希望。该用什么方式来自我对话,进行乐观取代悲观的自我辩论呢?

首先,找出负面想法的证据:"这个想法的证据在哪里?"当你发现自己对挫折反应过度时,不妨以一个侦探的角色出现,问问自己:这个想法有哪些证据?在这种自我质问下,你就会发现自己原先认定的结论"我完了,投资根本就不可能获利",根本就是胡说八道。你会发现自己还有很多可以获利的能力和机会。

其次,列出其他多种的可能性:"还有没有其他的原因?"一件事情的发生不会只有单一原因,多半都是好多个原因的互动结果。所以别忘了问问自己:还有没有其他的原因来解释这件事?例如跟男朋友分手了,分手的原因是什么,是不是我不值得被爱呢?也许我们未必适合,仅此而已,身边不是一直有很多异性很喜欢自己吗?

最后,这种想法究竟有何用处:这么想究竟有何好处?有时,最好的反驳理由就是:"这样想对我有何好处呢?"如果答案是否定的,就该抛弃这个念头,而改问自己:"现在该怎么做会更好?"只要能学会跟心中的悲观念头对话,反驳不合理的负面想法,就能让悲观的种子无从生根,而养成乐观积极的思考习惯,充满希望地面对未来,也唯有如此,才能牵引出黑暗中的光明契机。

# 第三篇 拥抱幸福

第八章　沟通的艺术

第九章　两性与爱情

第十章　婚姻幸福

第十一章　设定目标

第十二章　用好时间

第十三章　感悟幸福

# 第八章　沟通的艺术

一个人的幸福和快乐来自人际交往,一个人的痛苦和不幸往往也离不开人际交往的影响。从心理学的角度看,人们总是希望与他人沟通,从而摆脱孤独与寂寞。人们希望被群体接纳,快乐时有人共享,痛苦时有人分担,迷惘时有人指点,困难时有人援助,郁闷时有人倾诉,忧伤时有人安慰,气馁时有人鼓励。人际交往是身心健康的要素,是拥有幸福人生的基础。

## 第一节　人际沟通与幸福

### 一、人际沟通——幸福的载体

斯迪芬·达克说:"幸福取决于你与周围人的关系"。作为社会性动物,人类的一生都离不开与人的交往,不管是工作(同事、老板、客户)、学习(同学、师生),还是生活(朋友、家人等)中,人际关系构成了我们人生的一大主题。一个人的成长、成熟、成功、成才,都是在人际交往中完成的。一个人的喜、怨、哀、乐,也都是与人际交往有关。在人际交往中,个体对其整个生活质量,或者说对其生活的喜爱程度,构成了主观幸福感这一说法。是否能良好地处理好人际关系,与我们的幸福感有密切的联系。

决定人际交往质量的核心因素是人际沟通。现实生活中,有些人很有才华和能力,却总得不到提拔和发展,其重要原因是缺乏良好的人际沟通能力。资深的婚姻咨询专家只要观看一对夫妻一个下午的谈话就能预测两人今后的幸福程度。而事实上,夫妻两人争吵的头 3 分钟的录像带,就可以使得研究人员预测出 6 年以后他们是否会离婚,准确率达到 83%(Carrere & Gottman, 1999)。这就是沟通的影响力。另有研究也表明,幸福的夫妻与不幸福的夫妻在吵架的次数上并没有多大差别,差别在于幸福的夫妻在吵架后得到的是积极的信息,而不幸福的夫妻在吵架后得到的是消极的信息。这也是沟通的影响力。

宋代大学者朱熹说:"世事洞明皆学问,人情练达即文章。"有效的人际沟通能平衡心态,寄托情感,体验愉悦,品味人生。如何有效沟通?

　　小故事:一把坚实的大锁挂在门上,一个铁棒费了九牛二虎之力,还是无法将它撬开。钥匙来了,它瘦小的身子钻进锁孔,只轻轻一转,大锁就"啪"的一声打开了,铁棒奇怪地问:"为什么我费了这么大力气也打不开,而你却轻而易举就把它打开了呢?"钥匙说:"因为我最了解它的心。"

每个人的心,都像上了锁的大门,任你再粗的铁棒也撬不开,只有把自己变成一把细腻的钥匙,才能进入别人的心中,了解别人。无疑,如何有效沟通是一个心理学问题。

## 二、人际沟通的概念和过程

　　沟通是人际交往最主要的形式,人际沟通是指人与人之间的信息交流过程,它是人类社会交往的基本形式。

　　沟通发生前,信息一般指存在于信息发生者头脑里的一些观念、思想、知识等,要将其信息传递给信息接受者,首先必须把信息转换为信号形式(编码),如语言、文字、图形等,然后通过媒介物(通道)传送至信息接受者。由于接受者将接收到的信号转译回返(解码),这样,信息的意义就从一个人传给了另一个人。另外,信息接受者通过反馈把信息返回给信息发出者,对信息是否理解正确进行核实,使沟通继续进行下去。

沟通过程,这一模型包括了7个要素:①信息传送者;②信息,连接各个环节;③编码;④通道;⑤解码;⑥信息接收者;⑦反馈。沟通过程见下图所示。

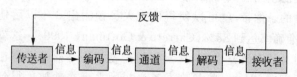

我们通常会假设自己的信息将产生我们所想要的影响,但很少考虑到整个沟通过程易受各种干扰因素的影响,如自然因素、社会因素和心理因素等,使沟通受到障碍,产生人际沟壑(interpersonal gap)。这些障碍主要反映在以下几个方面。

1. 信息传送者对信息表达的障碍

(1)表达能力不佳,词不达意,口齿不清,或者字体模糊,就难以把信息完整、正确地表达出来、传送出去,使人难以了解信息传送者的意图。

(2)语义的差异。语言和文字与事物之间只存在间接的关系,使用语言和文字的信息传送者与复杂多变的客观事物常会产生一定距离。有时,所用的语言和文字又是多义的,往往发生同字不同义的情况,从而引起误解错译。

(3)传达形式不协调。如果非语言信息与语言信息同时并用又矛盾之处(如笑容满面地训斥等),将使信息不能完整无误地传递过去。

(4)知识经验的局限。当信息传送者把自己的观念翻译成信息时,他只是在自己的知识和经验范围内进行编译;同样,信息接收者也只能在他们自己的知识和经验范围内进行译解,理解对方传来的信息的含义。甲乙双方的知识经验范围有交叉区就是双方的共通区。这时,信息就可以容易地被传送和接收。反之,如果双方没有共通区,就会影响信息沟通。

2. 信息传递的障碍

(1)不适时机。信息传递的时机会降低信息沟通的价值。时间上的拖延和耽搁,会使信息过时而无用。

(2) 心理干扰。在多层次的传递过程中,由于信息传送人处于不同的社会地位和阶层,他们会产生各种情绪和心理,对信息进行筛选或过滤,影响和损害信息的完整传递。

(3) 物理障碍。信息沟通通道传递信息时,经常会受到自然界各种物理噪音的影响、干扰。当不同的物理噪音的强度超过信息通讯时的物理强度时,噪音就会对人际沟通产生掩蔽效应。

3. 信息接收方面的障碍

(1) 选择性知觉的偏向。接收信息是知觉的一种形式。选择性知觉指人们在接收信息时受到环境与群体的压力、价值观和报酬系统等因素的影响,对信息带有主观倾向处理的行为。基于人们的选择性知觉的倾向,大家对于同一信息的理解将有所差异;即使是同一个人,也可能对同一信息有不同解释。因此,所采取的反应行动也各不相同。譬如,信息接收者选择那些令人满意的消息,不理会那些可能令人烦扰的信息;有意强调信息的某一方面,忽略信息的另一方面。由于人们在信息上加入某些看来所谓适宜的投入,片面的可怕的信息就会"发生",从而导致步入信息的误区。

(2) 信息过量。在现代社会中,人们经常被淹没在大量的信息传递中,因此对过量的信息采取不予理睬而搁置起来的办法。

(3) 心理上的紧张。当信息接收者对信息传送者怀有不信任感、敌意或恐惧等心理,就会歪曲信息的内容,甚至会拒绝和扣压传递的信息,使信息堵塞。

## 三、人际沟通的特点

人际沟通贯穿于人的一生,一般认为具有以下四个特点。

1. 沟通的发生不以人的主观意愿为转移

有人认为,只要我不与别人说话,不将自己的心思告诉别人,就没有沟通的发生,别人就不会了解我。其实这是不正确的观念,在人感觉能力可及的范围内,人与人之间自然地产生相互作用,谁也无法阻止沟通的发生,除非让他人感觉不到某人的存在,或者信息过程中断。

2. 沟通信息必须内容与关系相匹配

任何一种沟通信息,无论是语词的或非语词的,在传递特定内容的同时,还揭示沟通者之间的关系。沟通过程中,沟通者必须保持内容与关系的匹配,才能实现有效沟通。如按照我国长幼有序的文化美德,晚辈在与长辈做语言沟通时,应体现对长辈的尊重,忌用"你懂吗"一类词语,而宜用"我说的您听清楚了吗"或者婉转的说法"我不知道说清楚没有"等。

3. 沟通是循环往复的动态过程

人际沟通以信息发出者发出信息为开始,但并不以信息接受者接受信息为结束,信息接受者通过反馈维持信息的循环往复。整个沟通过程中,沟通两方均可为主体,当甲方为信息发出者,即为主体;乙方为信息接受者,即为客体。反之,当乙方由信息接受者变为信息发出者,即变为主体;甲方由信息发出者变为信息接受者,即为客体。一般沟通状态下,主客体关系总处在动态变化中,沟通双方都对沟通的有效完成起重要作用。

4. 沟通是显现信息和隐含信息共同起作用

表面看,沟通只是简单的信息交流,或仅为理解他人的语词和非语词信号,这些显现的信息易感知,事实上,任何沟通行为都是在整个个性背景下发生的。它传递的是一个人的整体信息,包括显现的信息和隐含的信息。人们说一句话、做一个动作,或者是去理解别人的一句话、一个动作,投入的是整个身心,是整个个性的反映。

四、人际沟通的方式

根据沟通过程中所使用的符号系统不同,沟通方式可分为言语沟通和非言语沟通。

1. 言语沟通是借助于语言符号实现的

在人类社会交往中,言语沟通是人们使用最广泛的沟通方式。它使人们的沟通不受时间和空间的限制,是任何沟通方式都不可替代的。言语沟通分为口头言语沟通和书面语言沟通。

(1) 口头言语沟通。这是最常见的沟通形式。交谈、讨论、开会、讲座等都属于口头沟通。口头言语沟通可直接、迅速地交流、完整的信息,并可及时获得对方的反馈并据此调整沟通过程。口头言语沟通大多数情况下是面对面的,此时除语言信息的传递,其他如表情、姿势、辅助语言的传递,也有助于理解沟通的内容。

(2) 书面语言沟通。书面语言沟通,是人们利用无声的文字语言符号系统,通过书写和视觉来实现的。书面语言沟通形式是多种多样的,如通过书籍、报纸、杂志、告示、网络等媒体来获取信息,可通过书信、BBS、QQ 聊天室、E-mail 等方式进行沟通交流。

2. 非言语沟通借助于非语言符号,如姿势、表情、动作、空间、距离等实现

尽管言语沟通是最广泛、最便捷、最常用的沟通形式,但非言语符号在人际沟通中同样具有非常重要的意义。一位专门研究非言语沟通的学者曾提出以下公式。

相互理解 = 表情(55%) + 语调(38%) + 语言(7%)(见下图所示)

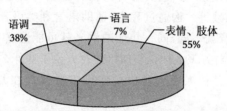

上述公式提示,非言语信息在人与人之间情感、态度的传递过程中扮演最重要的角色。

此外,目前大多数学者所接受的非言语符号分为无声的动姿、无声的静姿以及有声的辅助语言或类语言三类。

(1) 无声的动姿。非语言行为的动姿,主要包括面部表情、点头、姿势转换、手势以及无意识无意义的习惯动作,人类的面部表情十分丰富,可准确地传递成千上万种不同的情绪状态。人际沟通中,来自面部表情的信息,更容易为他人所觉察和理解,它是理解对方情绪状态的最有效途径。尽管面部表情有时可随意为人们所控制,但无法

随意控制自己的目光,目光最能反映一个人内心真实体验的非言语行为。人们常说"眼睛是心灵的窗户",其寓意亦在其中。

(2)无声的静姿。无声的静姿主要指人们坐立时的姿势和彼此的空间距离。人际沟通中,沟通双方的站姿、坐姿常能体现双方的关系,也展示个人的情感状态。例如,与自己很在乎的重要人士谈话,坐姿会显得拘谨,身体稍稍前倾,而职位居高者会争取舒适而随性的坐姿。这一差别也反映了职业地位高者流露出的优越感。

人际沟通中,双方空间距离往往反映彼此的亲密程度。美国人类学家爱德华·霍尔将日常生活中人与人之间的空间距离分为四类:①亲密距离(1~45cm),通常情况下,人们只允许情侣、孩子和家人进入这个沟通范围;②个人距离(45~120cm),此距离是朋友间进行沟通的适当距离;③社交距离(120~360cm),交往就更加社会化,通常的正式社交活动、外交会议,人们都保持这个距离;④公共距离(360cm以上),即公共场所人与人之间的距离,主要用于整体性的交往,如师生之间。

(3)有声的辅助语言和类语言。辅助语言包括声音的音调、音量、节奏、停顿、沉默等,而类语言则指有声且无固定意义的声音,如呻吟、叹息、叫喊等。沟通过程中,辅助语言和类语言的作用不可低估,说话者的音调不同,同一句话的语义就可能迥然不同。因此,在人际沟通中,"对方怎么样说"有时比"对方说了些什么"更重要。

非言语信息在人际沟通中的作用主要体现在几个方面(见下表)。

| 分类 | 描述 | 例证 |
|---|---|---|
| 提供信息 | 行为者的行为模式使观察者能够了解自己的状态、性格、对人或环境的反应。 | 丈夫面部表情的微妙变化可以让妻子判断他不高兴了,但对陌生人而言,同样的线索却没有用处。 |
| 管理交往 | 非语言行为的变化提供线索来管理交往中给予一索取的有效性 | 由于了解一个人习惯性的视线改变和姿态调整,亲近的朋友和家庭成员比一般的熟人更了解这个人何时开始或停止讲话。 |
| 表达亲密 | 伴侣间不断增加的亲密是由更高层次的非语言行为表明的。 | 相比一般熟识的人,爱人之间站得更近、更多地接触、凝视对方 |

续表

| 分 类 | 描 述 | 例 证 |
|---|---|---|
| 社交控制 | 社交控制指的是以目标为导向的行为来影响另外一个人。 | 当一个人需要亲近的朋友帮他做点事情的时候,他会靠上前去、触摸一下对方的胳膊、专注地看着他。 |
| 表现功能 | 由个人或两个人来控制的行为模式,以创造或促进一种形象。 | 当一对吵架的伴侣到达晚会的时候,他们会拉着手、互相微笑来掩饰他们的冲突。 |
| 感情管理 | 体验到一种感情,特别是强烈的感情时,能够改变非语言性的行为模式。 | 预料之外的好运(如赢了六合彩)之后,会将好消息与家长朋友分享。在与别人一起庆祝好运的时候,拥抱、亲吻或其他的接触都有可能发生。 |
| 服务-任务功能 | 主要由交往中服务和任务的目标决定非语言行为的模式。 | 医生对病人亲近的接触,如抚摸、凝视等并不反应人与人之间的感情。 |

资料来源:Patterson,1988年。

## 第二节 人际沟通的理论

### 一、PAC 理论

每个人的自我里都隐藏着三种状态。第一种是家长(parent),第二种是成人(adult),第三种是儿童(child),取用字首,为"PAC"理论。这三种状态影响着我们每个人的性格、反应能力和行为风格。

P包括所有约束着我们日常生活的规条,当我们处于P这种状态时,我们的思想及言行都充满着"应该"、"必须"、"不准"等意识,交往沟通时以"权威"和"优越感"为标志,通常表现为好教训人、指责人,当然也好关心人,给人以安抚。

A是一种很理性、成熟的状态,既不会感情用事,又不会以长者的身份评判别人,他会根据现实决定自己立场,客观地收集信息,运用理智来解决问题。

C包括一切感受、冲动及即兴式的行为。一种是勇于表达自己的感受,肯开放自己,很容易引起别人对其好感;另一种是通过刻意的表现来赢取别人的赞许。

不同人的PAC在自我中所占的比重不同。一个成功的沟通者应该对自己性格中的 PAC 分布形态有清楚的了解,这将促进个体更好地与人交往。在交往中,较配合的交流形态是对等的平行型交往(如 A 对 A 的交流)和匹配的互补型交往(如 P 与 C 之间的交流),而另一些则是不协调的交叉型交流(如 P 与 A 的交流)。当出现不协调的交叉型交流时,容易发生误解和矛盾,这时正确而高明的做法是运用人际沟通的技巧,调整自己或对方的 PAC 状态,使双方之间能够相对等或匹配,使交流得以顺畅进行。

1. 平行型交往

平行型交往是一种在符合正常人际关系的自然状态下的反应,这时,双方的作用是平行的,如父母-父母(PP 对 PP)、儿童-儿童(CC 对 CC)、成人-成人(AA 对 AA),如下图所示。在这种情况下,对话一般地可以继续下去。

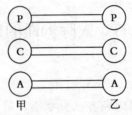

在 PP 对 PP 的交流沟通中,甲乙双方的行为都比较主观,比如甲方说:"xx 老是说谎。"乙方说:"我真不知道他怎么还能在班里混下去!"

在 CC 对 CC 的交流沟通中,甲乙双方都易诉之于感情。如甲对乙说:"我可以保证这次活动能到场 50 人。"乙回答说:"哪有什么了不起,我保证能到场 100 人。"

在 AA 对 AA 的交流沟通中,甲乙双方都以理智的态度对待对方,思维会立即产生"同频共振"。甲对乙说:"我看小敏最近情绪不好,莫非有了什么心事和挫折。"乙回答道:"我们一起找她聊一聊好不好,摸摸情况,开导开导。"

2. 互补型交往

这类交往形式也是相对较和谐的,包括 PC 对 CP、CA 对 AC、AP 对 PA,如下页上面的图所示。

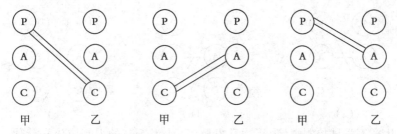

在 PC 对 CP 的交流沟通中,一方以家长式、权威式的姿态对待另一方,另一方唯唯诺诺,表示服从。如甲对乙说:"这件事已经定了,非这样不可。"乙回答:"是,一定照办!"

在 CA 对 AC 的交流沟通中,一方以孩子气对另一方,但另一方则很理智。如一位 C 型的学生,遇到一位知事明理的辅导员,当学生做事不顺心而闹情绪时,辅导员既体谅,又帮助他分析原因找到解决的方法,从而使学生心情舒畅。

在 AP 对 PA 的交流沟通中,一方虽然很理智,但因事情太复杂,担心自己的经验、能力不够,难负重任,为此,他经常要求另一方来对自己给予指导。

3. 交叉型交往

交叉型的交流中,双方往往会有"话不投机半句多"的感受。当出现这些情况时,信息沟通就会中断,人与人之间就会发生不协调、矛盾、冲突等不良后果。如 AA 对 PC 时,学生说:"我这学期非常努力,也取得了一定的成绩,我希望能被推荐为优秀学生干部。"老师说:"还想要得奖,你自己想象平时工作怎么样?"又如,AA 对 CP 时,部长说:"一会开完会你留下来处理一件紧急的事。"干事说:"你为什么老是找我做事?"再如,PC 对 PC 时,学生甲说:"这工作你没做好,得设法重做!"学生乙说:"你少来多管闲事,你自己顾好自己就是了。"如下页上面的图所示。

对于个体来说,尽管每个人的 PAC 分布不同,但比较均衡较好。它说明一个人的性格比较融洽,能适宜与不同特点的人打交道。有些人的 PAC 太偏于一端,则容易在交往时出现麻烦。如果你的 P 发展较强,你肯定会很讨人嫌,不受欢迎。如果你发现自己感情用事,

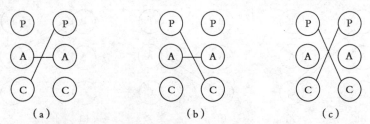

从来不尝试控制情绪,喜欢乱发脾气,认为所有的人都应该迁就你,那就说明了你还是个不成熟的 C 心态的人。你也不要以为完全的 A 没有问题,任何处事都有理性得没有一点情感,不懂享受人生,不适当放松自己,时间一久,别人会认为你是一个"闷蛋"。所以,必须记住:均衡丰富才好!不要稀里糊涂地做个"固定的家长"、"永久的成人"或"终生的孩童"!

## 二、乔韩窗口理论

在与他人交往沟通时,要谈论那些对相互关系重要的事情。我们会说到自己所想、所感、所喜、所忧。乔韩窗口是检验自我了解与自我表达的有效方式。乔韩窗口包括了四个方面的内容。

(1) 透明窗口。这个窗口包含了你自己了解,别人也了解的关于你的信息,无法隐藏,如你的容貌、身材,或你愿意公开的方面,譬如自己的爱好、性格特点、家庭背景等。

(2) 不透明窗口。这个窗口包括的是别人感受到而你都不了解的有关自己的信息,譬如,你认为自己很健谈、很会渲染气氛,别人却认为你刻意作秀,只是为了隐藏你内心的孤独感,如果你的不透明窗口中自己未知的信息比较多,你就要通过与人的沟通更了解自我。

(3) 隐蔽窗口。这个窗口包含你不愿向他人透露的情感、动机和行为。你有权保守这些秘密,甚至有些事情你可以永远作为个人的隐私而不向别人透露。在隐蔽的窗口里的信息,只有你自己了解,而别人不会了解。

(4) 未知窗口。未知窗口包含你和别人都不了解的信息,这是你未能感知的潜在部分,也是有待激发和拓展的潜在能力。

描绘出你自己的乔韩窗口,看看各部分的比例如何。然后再让一个你了解的朋友再为你划分一次,然后比较两者之间相差是否很多。朋友的划分结果显示了他(她)怎样看待你,如果两个表格之间相差得很多,你要仔细想想原因。

与他人的关系其实可以用乔韩窗口来描绘。有的人开放窗口很大,有的人隐藏窗口或盲区窗口很大。在真诚的人际交往中,开放窗口总是很大,而另外三者所占的比例越小越好。

### 三、五种常见的沟通模式

1. 讨好型

使用讨好型沟通模式的人试图远离对自己产生压力的人或减轻自己因某些人所带来的压力。他们的言语经常表现出同意甚至讨好:"这都是我的错"、"没有你,我就一文不值"、"我想要使你高兴"等,情感上是一种祈求的姿态,用恳求的表情与声音、软弱的身体姿势传达出"我很渺小"、"我很无助"的信号。在行为举动上过分的和善,总是在道歉、让步,请求宽恕、谅解。

2. 指责型

使用指责型沟通模式的人试图表明不是自己的过错,让自己远离压力的威胁。他们的言语经常表现出不同意:"你永远做不好任何事情"、"你到底怎么搞的?"、"都是你的错"等。情感上是一种指责的姿态:"在这里我是最权威的。"在行为上是具有攻击性的,比较独裁,爱批评和吹毛求疵。

3. 超理智型

使用超理智型沟通模式的人逃避现实的任何感受,也回避因压力产生的困扰和痛苦。他们在语言上保持极端客观,只关心事情合不合乎规定或正不正确。"人一定要有理智"是他们的理念。在情感上他们往往比较顽固,让人有疏离感:"不论代价,人一定要保持冷静、沉着、绝不慌乱"。在行为上表现出威权十足,举止合理化,不愿变更,固执刻板。

4. 打岔型

使用打岔型沟通模式的人总是想要使别人在与自己交往时分散

注意,也减轻自己对压力的关注。他们的言语漫无主题,抓不住重点,随心所欲,东拉西扯,连他们自己也搞不清楚。在情绪上比较波动混乱、心不在焉,让人感觉满不在乎。他们总是做出些不恰当的举动,如多动、忙碌、插嘴、打扰等来转移别人的注意力。

5. 一致型

使用一致型沟通模式的人认可压力的存在,承担起自己在压力中的责任,为有效地应对压力作出努力。言语上他们能尊重事实、尊重自己、尊重别人,在情绪上保持稳定、乐观、开朗、自信。他们能接纳压力和困难,应对投入、顾全大局,也乐意助人。

一般来说,每个人不可能属于单纯的一种类型,往往是几种类型的混合,在不同的沟通场合中,由其中某种沟通模式占优势。相对来说,第五种一致型是最成熟的沟通模式。你可以对照一下,看看你使用比较频繁的是哪几种沟通模式。

## 四、四种常见的沟通风格

有心理学家通过控制性和敏感性两个维度来划分了沟通风格的种类。

控制性较强的人精力旺盛,走路较快,手势较有力,较多地应用眼神,身体前倾,说话较快,声音较响,滔滔不绝,处理问题迅速,决策时坚定果断,喜欢冒风险,喜好与人正面交锋,表达时直截了当,急于行动,爱发脾气;而控制性较弱的人则相反,他们的精力不太旺盛,走路较慢,手势不大有力,较少应用眼神,身体后倾,说话缓慢,声音较轻,沉默寡言,处理问题优柔寡断,决策时举棋不定,回避风险,宁愿退避三舍,表达时语气委婉,行动缓慢,不易发火。

敏感性较强的人经常真情流露,显得友善,表情丰富,手势随便,说话时抑扬顿挫,喜好聊天,善谈奇闻逸事,注重人的因素,喜好与人共事,衣着随意,利用时间缺乏规律;而敏感性较弱的人则相反,他们的情感深藏不露,拘谨缄默,表情较少,较少手势,说话时平铺直叙,对琐事不感兴趣,注重事实,关心具体工作,喜好独立做事,衣着讲究,时间安排循序渐进。

通过控制性和敏感性这两个维度,可以将沟通风格大致分为四种类型(见下图所示)。

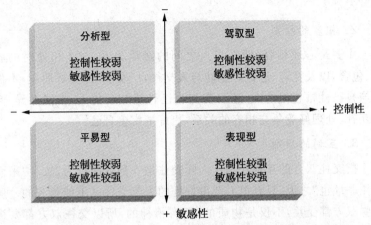

以上四种沟通风格的特点分别为:①驾驭型:注重实效,具有非常明确的目标与个人愿望,并且不达目标誓不罢休;②表现型:显得外倾,热情,生气勃勃,魅力四射,喜好在各种场合中扮演主角;③平易型:具有协作精神,支持他人,喜欢与人合作并常常助人为乐;④分析型:擅长推理,一丝不苟,具有完美主义倾向,严于律己,对人挑剔,做事按部就班,严谨且循序渐进,对数据与情报的要求特别高。

你可以通过以上描述推知自己的沟通风格,也可以评估沟通对象的沟通风格,并针对性地调整自己的沟通方式,以使沟通更好地进行。

## 第三节 人际沟通技巧

### 一、人际沟通的原则

在人际交往过程中有如下的原则。

1. 平等的原则

社会主义社会人际交往,首先要坚持平等的原则,无论是公务还是私交,都没有高低贵贱之分,要以朋友的身份进行交往,才能深交。

切忌因工作时间短,经验不足,经济条件差而自卑,也不要因为自己是大学毕业生、年轻、美貌而趾高气扬。这些心态都影响人际关系的顺利发展。

2. 相容的原则

主要是心理相容,即人与人之间的融洽关系,与人相处时的容纳、包含,以及宽容、忍让。主动与人交往,广交朋友,交好朋友,不但交与自己性格相似的人,还要交与自己性格相反的人,求同存异、互学互补、处理好竞争与相容的关系,更好地完善自己。

3. 互利的原则

指交往双方的互惠互利。人际交往是一种双向行为,故有"来而不往非理也"之说,只有单方获得好处的人际交往是不能长久的。所以要双方都受益,不仅是物质的,还有精神的,所以交往双方都要讲付出和奉献。

4. 信用的原则

交往离不开信用。信用指一个人诚实、不欺、信守诺言。古人有"一言既出,驷马难追"的格言。要树立以诚实为本的原则,不要轻易许诺。一旦许诺,要设法实现,以免失信于人。朋友之间,言必信、行必果,不卑不亢,端庄而不过于矜持,谦虚而不矫饰诈伪,不俯仰讨好位尊者,不藐视位卑者显示自己的自信心,取得别人的信赖。

5. 宽容的原则

表现在对非原则性问题不斤斤计较,能够以德报怨,宽容大度。人际交往中往往会产生误解和矛盾。大学生个性较强,接触又密切,不可避免产生矛盾。这就要求大学生在交往中不要斤斤计较,而要谦让大度、克制忍让,不计较对方的态度、不计较对方的言辞,并勇于承担自己的行为责任,做到"宰相肚里能撑船"。他吵,你不吵;他凶,你不凶;他骂,你不骂。只要我们胸怀宽广,容纳他人,发火的一方也会自觉无趣。宽容克制并不是软弱、怯懦的表现。相反,它是有度量的表现,是建立良好人际关系的润滑剂,能"化干戈为玉帛",赢得更多的朋友。

6. 心理距离适度的原则

人际关系本是人与人之间的心理上的关系,也可称作心理上的距离,不分亲疏地靠近对方最终难免引起不快,彼此之间还是应当保持适度距离为好。一方面如果交往双方过分地关心自己,而忽视对方,则使彼此的心理距离拉远,那么交往将很难继续。所以要拉近彼此的心理距离,要在真诚地关心别人的同时,还应该注意尊重交往对象的隐私。每个人的心理都有一些不愿意告诉他人的秘密,隐私是一项很重要的人生权利。我们要想维护良好的交往关系,就必须尊重他人的隐私权,不乱打听别人的情况,不背后议论别人的是非等等。总之,人际交往必须调整好双方的心理距离。

## 二、人际沟通的技巧

1. 倾听

人们喜欢倾听他们的人,这是简单的原则,但它是很重要的。我们都有相同的感觉,试想一下,如果我们最关心的是自己,而我们的个人形象又不太好,若有人愿意花时间来倾听我们,这种感觉不是很好吗?

在生活中,我们常听到有人叫道:"你没有听我说话!"虽然对方甚至可以重复说话人的全部话语,但说话人还是不满意。原因就在于说话人感到对方的心灵没有真正与他同在。在人际交往中,人们最希望从对方得到的是"获得理解"。如果对方认真地倾听了你的表述,然后将他对你的准确理解传达给你,而不加上任何评判,你会不知不觉地感受到极大的尊重和一种安全感,从而对对方产生好感。倾听是使自己受人欢迎的最基本的技巧。一个好的倾听者在任何时候都比一个好的谈话者更受人欢迎。

(1)全身心的倾听。首先是观察和察觉对方的非言语行为——身姿、表情、移动、语言等。

理解对方的言语信息。

联系对方所生活的社会环境。

留意对方的表达中透露出的可供利用的资源和需要挑战的地方。

(2) 倾听的言语技巧。要求对方补充说明,建议对方讲得更详细,或补充说明一些情况。

提问,对不清楚的地方,提出问题,让对方讲得更清楚,明白和详细。

指出共同的经历或意见。

变换答语,不要老是一贯的"对对对"、"是是是"。

回答明确,直截了当。

多描述少评论,多用"是的"、"我理解你的解释"、"我同意"等,少用"不"、"我不认为这样"、"我认为不该这样"等否定或评论式语言。

给予肯定回答,称赞对方或明确地表示同意,表明双方有共同的语言。

避免沉默不语。

保持耐心,让对方把话说完。

复述对方的内容。

阐述自己的理解。

解释对方的意图。

(3) 倾听的非言语技巧。身体前倾,表示对对方感兴趣,给人留下洗耳恭听的感觉。

面对对方,一种表达投入的姿态,你采取的身体朝向能够告诉对方,你正与他同在。

姿势开放,交叉的双手和双脚可能意味着心理上的封闭,会削弱你给予他人的关心感。开放的姿势可以显示你接纳对方的态度。

保持目光接触。说话人会从我们的眼睛中读出我们是否对他感兴趣,因此要尽可能地瞧着对方。这是以目光在对对方说:我与你同在,我很想听听你想说的话。

尽量地做到相对地放松。放松意味着表情大方自然,也意味着你在利用躯体作为交流手段时能做到轻松自如。

利用积极的面部表情和头部运动,微笑、扬眉、高兴或赞成时的点头动作,说明你注意对方讲话。

利用声音的反应,抑扬顿挫,铿锵有力,表示你对对方的话感兴趣。

如果你真正关心人们,倾听不是难事。聆听的关键是关心。随着你关心更多的人,你就会发现自己更多时候是在倾听,而不是说话。

2. 赞扬

当有人真诚地称赞你的时候,你感觉如何呢?感觉很好,对吧?这是很有威力的事情。这种美好的感觉会使你的精神振奋达几个小时,甚至几天。每次你想到它,你都会再一次振作起来。

人们需要称赞,就像人们需要食物一样。没有称赞,人们就会变得脆弱,就容易受到各种不良思维的侵扰;没有称赞,人的精神免疫系统就会停止运作。真诚的称赞是使人内心保持坚强的燃料,它使人快乐。而快乐的人比较容易相处,也比不快乐的人有更高的生产力。所以,学会真诚地称赞人们是非常重要的技巧,因为它把人们内心最好的东西发掘出来了。

如何学会称赞呢?以下是一些帮助你培养这个技巧的几点提示。

(1) 一定是真诚的。奉承不是称赞,千万不要说不是发自内心的话。如果你这样做了,当你真的要严肃的时候,人们就不会相信你了。有很多事情可以让你真诚地称赞别人,你没有必要说不真心的话。

(2) 称赞事实,而不是人。如果你把称赞的焦点放在人们所做的事情上,而不是放在他们身上,人们就会更容易接受你的称赞,而不会引起尴尬。比如,说"小敏,你的讲解非常好",就比说"小敏,你好棒"更好。又如,"于康,你编辑的那个演讲稿实在太好了",就比"我实在找不到一个更好的编辑"更好。

(3) 称赞要具体。当称赞是针对某一件事情的时候,它就会更有力量。称赞越广泛,它的力量越弱。所以,当称赞别人的时候,要针对某一件具体的事情。例如,"于康,你今天戴的这条领带配这套黑色西装,非常耀眼",就比"于康,你今晚穿得很好看"更有力量。再举例说,"小敏,你每次和人们说话,都能使他们觉得自己很重要",就比"小敏,你真会与人相处"更好。

(4) 掌握称赞的"快乐习惯"。你每一次称赞别人,都有巨大的附带利益,它会使你同时得到满足。所以,有人认为:如果你不能为自己增加快乐,那么你就不能为任何人增加快乐!所以,每天起码要称赞3个人,你将感受到自己的快乐指数不断上升。

3.握手

沟通场合中的握手也有很多学问。首先握手能反映出一个人的心理状态。如软弱无力的握手,或者故意握得太紧,则反映握手者缺乏自信心;而自信者的握手则是略带一点力量的坚定的握手,而不是故意用力挤压,它表明:我充满了活力。

一般来说,握手可以传达三种基本态度:支配性、顺从性、平等性。

握手时,如果你的掌心向下,那么你会传递给对方一种支配性的态度,使对方感到:"这个人想支配我,最好谨慎一点。"

如果你掌心朝上同对方握手,就会传达给对方一种顺从的态度,使对方感到:"我可以支配这个人,他会听我的话。"

如果两个人都想处于支配地位,那么,一场象征性的竞争就会开始。其结果,两人的手掌都会处于垂直状态。

在某些情况下,采用手心向上的握手方式,往往会给人好感,使人愿意与你接近。但无论哪种握手方式,其效果都不是绝对的。只是在握手时一些基本的礼节必须注意以下一些方面。

(1)握手必须用右手,如戴右手套应先脱下,万一不能做到这一点,应向对方解释,取得对方谅解。

(2)握手要讲究伸手次序,握手时谁先伸出手去是有讲究的。一般来说,应该是地位较高的人先伸手。

(3)握手要热情。握手时要面带微笑,注视对方的眼睛,不能东张西望,也不可同时与两人握手。

(4)握手不要毫无气力,也不可用力过度。

当然,这些是一般的规矩,有时也可以根据具体情况和对象灵活掌握。比如,如果对方与你很热诚,并且你深受对方欢迎,即使他是你的上级,你也可以先伸手与他相握。

4.微笑

微笑,永远比语言更真实。有一个关于微笑的谜语非常形象地描绘出了微笑在人与人沟通中的意义：

它不费什么，但产出颇多。

它使得者获益，给者不损。

它发生于转瞬间，而对它的记忆力有时永存。

没有人富得不需要它，没有人虽穷而不因它的利益而致富。

它在家中产生快乐，在生意中产生好感，是朋友间的口号。

它是疲倦者的休息，失望者的日光，悲哀者的阳光，又是大自然的解除患难的良剂。

它不能买，不能求，不能借，不能偷，因为在用之以前，它是对谁都无用的东西。

5．语言的艺术

（1）注意委婉转折。不要经常使用"……但是……"句型。"你这套衣服很漂亮，但是这双鞋不好看"远不如"你这套衣服很漂亮，如果换一双鞋配就更完美了"委婉。

（2）多用"我"字句。表达自己的感受好于指责对方的行为，多用我字句。当你不得不觉得是对方的责任时，你可以说"当你……我觉得……"

如：不恰当的说法——你从来都不称赞我的穿着，使我觉得我越来越没有吸引力。

恰当的说法——我觉得自己好像没有什么吸引力，你很少称赞我，我不知道你是否觉得我不好看。

又如：不恰当的说法——你实在太不体贴了。我已经等你两个小时了。你从来不考虑我的感受。

恰当的说法——当你这么晚还不回来时，我会担心你发生意外。当我等了半天而你一个电话都没打时，我心里就不高兴。

（3）对事不对人。他可能偶尔会犯错，但这并不表示他这个人不好，只代表他是一个正常人。他的行为并不能代表他整个人，所以我们没有必要什么事都一下子升到人格高度。因为即使不断学习倾听并改进，我们也不可能完美。我们所能做的就是不断地成长。所以彼此宽容一些。

如:不恰当的说法——你怎么可以对邻居发这样大的脾气?你简直太无理了。

恰当的说法——当你对邻居大发脾气时,我觉得很尴尬,而且对邻居觉得很过意不去。

6. 识别肢体语言

肢体语言是非常丰富的一种语言,识别起来也要综合整体地看待。在这里仅举几个小例子以供大家参考。

如果是会议的场合,你会发现以下几种姿势:①手放在脸上,食指向上,这表明此人在作出评价;②如果改用手掌根部来支持头,感到厌倦乏味;③食指垂直指向面额,拇指支撑着下巴时,表明此人对讲话者的说话内容不满意或批评态度;④食指不断揉眼睛或拽眼皮时,也表明此人持否定态度。

另外,如果说话人作出手掩住嘴的动作,则表明他在说谎;如果是听者,说明他怀疑说话者的话。如果交叉双臂,则表示此人感到不安、消极,这是防御的态度,感觉受到了威胁。而如果头倒向一边的时候,那就表明此人感到有兴趣。如果妇女采取这个姿势,那便表明她对某个男子感兴趣。当别人跟你讲话时,你只要采取倒头的姿势和点头的姿势,就足以使对方对你感到亲切温暖。

## 三、人际沟通的相关要素——情商

近些年来,情商的重要性越来越被人们所重视,从情商(EQ)所包含的五个层面,我们会发现,它与人际沟通能力有着莫大的关系。美国哈佛大学戈尔曼教授首次提出情商一词。他指出,情商是一种重要的生存能力,是一种发掘情感潜能、运用情感能力影响生活各个层面和人生未来的关键性品质要素。情商对人际沟通的影响,下面这个小例子可以看出来。

假设小A和小B在聊天,小C走进来有事要找小B,但小A没有看出小C的着急,还是自顾自拉着小B聊天,这就是小A感受别人情绪的能力不足的表现。我们接下来看,小C在边上越等越急,终于按捺不住冲小A发起火来,小A莫名其妙被骂,也不服气,两人便吵了起来,这是小C自控能力不足的表现,也是小A处理别人情绪能力不足的表现。试想,如果一开始小A就可以感受到小C着急的状态,或者小C可以较早地意识到自己的情绪并给予合理的控制,对小A说:"对不起,我找小B有急事,可不可以打断一下你们吗?"再或者在小C发火后,小A能较好地自控并合理处理:"不好意思,我不知道你找小B有急事,那你们先谈。"那最后的争吵场面就不会发生。

## 四、人际沟通的核心理念——换位思考

右图是心理学中一幅经典的两可图形。这个图形既可以看作是少妇,又可以看作是老妇。绝大多数大学生第一眼认出的都是少妇,而年纪大一些的容易看出是老妇,因为人总是容易识别与自己相似的东西。现在盯住你后来才看出的图形(如果第一眼看出的是少妇,那么现在就盯住老妇看)看15秒,然后闭上眼睛,然后再睁开眼睛,这时你会发现你第一眼看到的是你之前

盯住的那个图形(老妇)。这个实验正是说明,每个人看事物都带着脑子里的原有的印记,即便是同一个事物,每个人看到的却不一样。

换种方式说,即每个人具有不同的社会角色,在同具体对象交往时又总是以特定角色出现的。由于我们习惯于从自己的角色出发来看待自己和别人的行为,就可能带上片面性。例如,一个人在做儿子时觉得父亲不理解他的心理,当他成了父亲以后,又从父亲的角度来看待它的儿子了。在社会交往中,每个人多少都带有些自我中心倾向,学会换位思考,也就是设身处地地从对方的角度,把主体的自我当作客体的自我来审视和评价,这样就能较为公正地理解别人的想法,也较客观地看待自己的行为得失了。

换位思考是人际沟通的核心理念,说说容易做到却不易。人们

往往容易犯这样的误区。他们往往说:"如果我是你,我就会……",他们以为这样就是在换位思考了。其实恰恰相反,这正说明他们并没有真正的换位思考。"我"有"我"的角色和定位,"你"有"你"的角色和定位,如果"我"是"你",那么行为的条件本来就改变了,行为的结果改变也不奇怪。你只有摆脱自身的角色,从对方的角度,考虑到对方的各方处境因素来综合地做理解。另外,这样的句式往往使人觉得你要显示你的高明之处或者有一种事后诸葛亮的倾向。

### 五、人际沟通中常见的不良表现

在日常人际沟通中,我们常常可以看到一些不良表现引起沟通出现问题,因此要注意避免。

1. 直接使用转折来否定他人的观点

经常直接说"但是",不仅是一种习惯,也是一种心态的折射,这些人喜欢用"但是"以示观点与别人不同,或突出自己的强势,这样做,使沟通趋于对立或静止。

2. 过多的直接插话

过多的直接插话常会打断对方的思路和表达,有位哲人说:"上帝之所以让我们生有一张嘴,两只耳朵,因为上帝想让我们多听少说。"在别人讲话时做个好听众,不仅表现教养和风度,而且不会错过有用的信念,是一种美德。

3. 听取对方发言时,面无表情缺乏反馈

在沟通时,要积极地对对方的话作出反应,如,嗯,是啊,对呀,真的吗? 你说的是……这表示的是你在仔细听他讲,并对其谈话很感兴趣。如果既没有语言的反馈又没有表情的反馈,对方会怀疑你是否在听他讲。

4. 在交谈中目光斜视或环顾四周

交谈中目光环顾四周,不保持视线的接触,没有眼神的交流,是不尊重对方的表现。眼神、表情、肢体动作在信息传递中占据很大的比例,没有眼神的交流会导致信息的不完整。

# 第九章 两性与爱情

"仓廪实而知礼节,衣食足而知荣辱"。物质生活得到极大满足的现在,人们开始意识到两性关系的和谐对个人幸福感的影响,但是对婚姻品质的要求上升了,相爱的能力却未能相对提高。这是为什么呢?

约翰·格雷在《男人来自金星,女人来自火星》一书中说:"从前有一天,火星人遇见了金星人,于是他们相爱了。开始,他们接受并尊重对方的不同,因而关系融洽,生活幸福。后来,他们来到了地球上。一天早晨醒来,他们都得了健忘症,忘了他们本是来自不同的星球。于是,他们开始了相互之间的冲突……"

## 第一节 心理特征的差异

人的行为是内部心理动机的外部表现。在引起男性女性冲突的原因方面,外在行为表现是重要的导火索,我们来分析一下男女两性行为差异背后的心理差异,心理差异主要体现在心理需求的层面。

### 一、沉默的男性和倾诉的女性

现代社会带给男性和女性的压力都在与日俱增。随着时代的发展,女性的地位得到了很大的提高,但是这些提高却给女性带来了新的压力:女性开始涉足男性的工作领域,但是家庭养育和照顾的角色依然没有改变,女性面临着职业者和家庭主妇的双重角色带来的双重压力。女性地位的提高,也随之给男人带来了更大的压力:家庭的经济来源由起初的男性一人到现在的男性和女性两人,男人在家庭经济来源的份额的减少,给男性的自尊带来了巨大打击。然而整个社会的关注焦点依然是女性,男性的尴尬处境却很少有人考虑。面临巨大心理压力的男性和女性,他们的行为反应也有着巨大的差异。

1. 压力面前的男性:沉默

压力下的男性会越来越集中注意力,变得孤立,并希望借着问题的解决让自己感觉舒服。男性往往一个人一言不发地呆着,或许把头埋进报纸、电脑,或许阴沉着脸装聋作哑地控制着电视遥控器,或许一个人独自到酒吧喝酒却不想回家让自己的爱人看到自己落魄的样子。

看到情绪低落的男性,伴侣可能会关切地问:"怎么了你?"

男性:"没什么。"

女性:"怎么了,我看你好像有什么事情。"

男性:"没什么事情。"

女性:"你一定有什么事情,告诉我。"

男性:"没什么事情。"男人有些厌烦了。

女性:"怎么了你,就这么不想跟我说话。"女人有些生气了。

男性:"就是没事,你问什么问。"男人也发火了,冲突就这么产生了。

对于男性的沉默,女性普遍的情感体验是冷淡、拒绝。对于女性来说,和自己的伴侣倾诉内心的情绪体验是两性关系亲密的表现,是互相支持互相安慰的重要途径,男性的沉默在女性的心里形成这样一种认识:他如此冷淡,对于伴侣也不愿意敞开心扉让其进入,他是在拒绝我们的亲密关系,我可能将要失去这份亲密关系了。在这种情况下的女性都会找到男性去询问发生了什么事情,但是这种关切的询问对于男性来说却是一种负面的情绪体验,于是男性在简单应付之后就变得更加沉默,而最终导致两性之间的冲突。

## 2. 压力面前的女性:倾诉

压力下的女性往往不知所措和情绪化,她们会找人倾诉,希望通过谈论改变不良的情绪体验,在谈论中女性最需要获得情感的支持。女性最希望倾诉的对象往往是她的异性伴侣,女性把给自己带来压力的详细情况讲给男性听,或者找自己要好的同性朋友倾诉,女性期待通过倾诉的过程,使自己烦躁郁闷的心情有所好转。

女性回到家感觉很累,她想和丈夫分享她这天的感受。

女性说:"这段时间好忙,我根本没有一点点私人时间。"

男性说:"你辞职吧,也没必要那么累。"

女性说:"不过我喜欢我的工作,就是这段时间太忙,老板的要求实在有些过分,这么短的时间,这个项目的规划怎么可能完成?而且老板还说这关乎我们的年终奖金,真是太过分了。"

男性说:"不要那么在乎你的老板,自己努力做了就好了。"

女性说:"我正是这么做的。我妈妈这几天身体不好,爸爸也出差去了外地,我都忘记给他们打电话问候一下了。"

男性说:"你的父母知道你很忙。"

女性说:"但是我也太不关心他们了,他们都那么一大把年纪了。"

男性说:"你就是考虑太多,所以你才整天忧心忡忡像得了抑郁症似的。"

女性说:"我才没有抑郁症,你就知道指责我。"女性生气了。

男性说:"我哪有指责你,我不是在帮你解决问题吗!"

女性说:"算了不说了,吃饭吧。"女性感觉比刚开始更烦了,因为在女性心里,男性怎么这么不关心体贴自己呢?

对于女性的倾诉,男性普遍的情感体验是唠叨、厌烦、逃离。对于男性来说,唠叨是一种间接的、无休止的、否定性的批判,特别是男人在面临难题无法解决想清净一下的时候,这时候的唠叨往往给男性带来更为痛苦的心理体验。女性越唠叨,男性就越逃避,越冷落女性。就像电视剧《中国式离婚》中宋建平和林晓枫之间锋利的矛和坚硬的盾一样,矛越锋利,盾越坚固,盾越坚固,矛就越锋利,最终两败俱伤。

3. 男性和女性的需求

男性的心理需求不过是希望能够通过自己解决自己的问题或协助他人解决他人的问题,从而使女性对其才华欣赏,对其努力感激,从而体验到自己的作为一个强者的重要性,以获得作为一个男性的价值体验。因此,我们看到女性的倾诉时,男性会针对每一个女性抱怨的问题提出他的意见和解决方案,因为如果男性不帮助女性解决她的问题,男性会认为自己无能,自己的价值感就会受到挫败。因此男人们说:(自己的)女人不聪明,男人就没有成就感;(自己的)女人太聪明,男人也没有安全感;成功男人背后的女人很有面子,成功女人背后的男人却很没面子。调侃中看出了男性的压力和做女性的难处。

当女性一直在抱怨,却不接受男性提出的解决方案时,男性就会发怒。这时候男性的发怒看似是针对女性的怒气,实则是针对自己的无能的怒气的向外投射,从而去怨恨女性提出这么多无聊的男性也无法解决的问题。

女性的心理需求不过是希望能够通过分享男性的内心世界,从而体验和男性的亲密关系,对于女性来说这不关乎分享的事情是好是坏,而是关乎你是否愿意与我分享。女性的心理需求也不过是希望男性认真的倾听,理解女性内心的感受,从而感受到男性对女性的关心和照顾,以获得爱的需要的满足,从而得到作为一个女性的价值体验,毕竟对于女性来说,她知道自己的问题该怎么解决,她只是希望抱怨一下,得到对方的情感回应而已。

当女性的倾诉没有得到男性的理解和接纳,女性就会感觉越来越抑郁,抑郁的背后是体验到被拒绝后的自我价值丧失,抑郁往往意味着丧失,在众多的女性抑郁现象中,最主要的丧失就是体验到亲密关系的丧失。在男性一味的建议和解决方案之后,女性会变得越来越抑郁,对男性的不满也越来越多。

## 二、掌控的男性和被动的女性

在两性关系中,被动的一方往往较少有失败的经历,因为你从不表现出你的欲求,因此就没有所谓的"得到"或"得不到"。因为,如果你是主动追求者,你遭受拒绝的可能性就有50%,而被动接受追求者,主动权在自己手中,是接受是拒绝由自己说了算,女性需要在进入两性关系初期有这个掌控权。按照经济学的观点,进入婚姻的女性和男性相比较而言,女性的投入会更大,如果投入失败,女性的损失比男性的损失会更大,这一点单从男性和女性在养育后代这一点上就能够说明。

如果是后一种,那么就一定需要有意愿的一方采取主动。一个主动出击的女人所冒的风险要大大高出一个等待表态的女人。女人主动争取来的姻缘,但是你不能保证对方有着与你同样的诚意,而被动表态的女人可能心口不一,但她基本可以肯定对方对自己是死心塌地的。后一种情形下达成的婚姻可能同样不值得和痛苦,但是女性至少给自己留了条后路,在婚姻不和谐的情况下,她可以毅然决然地放弃这段感情,也可以为了亲情而不太情愿地维系这段名存实亡的婚姻。因此,基本可以形成这样一个结论:女人主动出击不划算。千百年来无数次婚姻失败的经验更强化了女性对这一"规律"的认同感,这更压抑了女性主动出击的积极性。

此外,男性需要通过克制某些不良体验的外显来展示和确立自身的男子汉强者形象;也可能一边通过大声讲话、呵斥他人或者诉诸近乎暴力的方式来缓和、驱散某种不良体验;女性通过诉说来获取对方的注意,以证明对方对自己的爱,情感需求的满足。

## 三、追求漂亮伴侣的男性和希望有责任心的女性

征婚广告告诉我们,男性一再表示自己有经济实力养家,并希望未来的妻子年轻、漂亮、健康;而女性都希望未来的老公年龄比自己大一些,经济条件好一些、踏实,最重要的是忠诚。

男性所要求的伴侣漂亮和美丽是不同的,魔鬼的身材、天使的面孔,浓妆艳抹、衣着时尚的肤浅女性是漂亮的女性,但绝不是美丽的。

而那些身材五官都不出色，衣着也不讲究的女性，因为有着善解人意的心灵，温柔善良的内心和丰富的学识，这样的女性就是美丽的女性。

男性在寻求自己的另一半是，漂亮往往是最重要的，美丽则是第二位的。因此流传说"中专女生是小龙女，本科女生是黄蓉，硕士女生是李莫愁，博士女生是灭绝师太"的说法，这与"才女必貌丑"的论断有关，年轻的学历较低的女生是最受男性青睐的择偶对象。

男性的择偶标准和男性在生理、心理上所占的优势相关。男子与女子不同的性别差异的优势，造成了男性自强自立的心理，使他们在考虑婚姻时，在潜意识里把女子放于附属地位。男性们往往觉得自己有把握创造物质财富，自己可以掌控以后的生活，即便是遇到困难的时候，男性只要找外表吸引自己的女性就行，并不注重女性的社会条件，女性形体方面的吸引力在男性择偶中尤为重要，男性更多使用性吸引标准，常把女性的身材和外貌放在第一位，因此，对男性择偶的标准付与"肤浅"之说。

女性的择偶标准往往跟责任心有关，一般不会太看重男性的外貌。北京大学心理学教授、博士生导师钱铭怡等人对《中国妇女》杂志1985年至2000年近15年间所刊登的女性征婚启事的抽样调查表明，女性对男性身高的要求在15年间是逐渐降低，对男性容貌关注的排序更是在10位以后。

在个性方面，女性对对方修养、人品的要求呈上升趋势，性格、品德越来越成为当代女性最为重视的择偶条件，体现了女性对婚姻稳定的追求。

在社会经济条件方面，15年间女性对对方职业、学历要求的提及率呈下降趋势，但对对方事业的要求排序呈增强趋势，到20世纪90年代末已经上升到第2位。这是因为目前社会，学历和职业已经不再直接体现着个人收入的高低，而事业才是与社会经济地位更为相关。

调查中看出，女性对责任心的要求往往和物质保障有一定的联系，毕竟有责任心的男性在进入婚姻以后，全心为家庭创造更多的物质财富的可能性比缺乏责任心的男性会更大，也会获得更稳定的婚姻生活。

其实大多数女性一般都不会严厉地拒绝宝马车和999朵玫瑰的求婚,毕竟这是责任心和经济实力的重要证据,因此,与其说女性是在要物质上的享受,还不如说是女性为了自己的爱情,为了自己和后代的将来要个保证。或许这正是随着经济的发展,离婚率激增的社会现实下的另一种进化行为。

如果了解了两性差异的鸿沟是如何形成的,就有可能让我们在两性互动中保持良好的心态,更加客观的面对两性关系中给对方无意中造成的伤害,也能够更快地疗伤,促进两性关系的发展,拥有和谐幸福的亲密关系。

## 第二节 两性差异的生理基础

婴儿一出生,医生就会通过看其外生殖器向婴儿的父母传达生子生女的信息。婴儿的亲戚朋友就会通过婴儿的性别为婴儿购买不同颜色、形状、适合不同性别玩耍的玩具,男孩就买足球、汽车,女孩就买洋娃娃。从此以后,对待婴儿的方式也不同,比如父母态度、养育方法、性别角色分工等等。男性和女性的差异在生理差异的基础上,通过社会文化等环境因素被强化和培养,以至于使差异越来越大。

### 一、基因和激素

生理的差异首先体现在性征的差异上,而性征的差异则是源于基因和激素的影响。

男女两性在第一性征和第二性征上均有巨大的差异。第一性征是指两性生殖器官的特征,男性的生殖器官是睾丸和阴茎,女性的生殖器官是卵巢、子宫、阴道和乳房。

人类胚胎在发育的最初几周里并没有性别上的差异,生殖系统处于可朝两种性别发育的原初形态,无论他们携带的基因是 XY 还是 XX。大约在发育第六周左右,正常情况下 XY 基因的胚胎中,Y 基因将在此时通知性腺发育出睾丸,产生大量雄性激素(其浓度甚至是婴儿期和青春期的4倍),刺激胚胎发育男性性器官,并通知胚胎不用继续去发育女性性器官,最终胚胎发育成为男孩。同时,正常情况下,基因为XX的胎儿在此时则会依照女性的方向去发育女性性器官,也不会有大量雄性激素分泌,最终发育成为女孩。

由此,基因和激素共同决定着胚胎的生理性别,决定了人类的第一性征。

虽然男婴、女婴从一出生就具有不同生理解剖的物质基础,但是除去生殖器的差异,仅仅从外在来看是无法分辨其性别的。随着青春期的到来,在睾丸和卵巢分泌的激素的刺激下,男孩女孩才会发展出不同的第二性征。

男孩的第二性征表现在身高增加、阴毛和毛出现、喉结突出、长出胡须、声音变得低沉,出现遗精现象。这个由淘气的小男孩到魁梧的男子汉的一系列变化,是在男性生殖器官睾丸分泌的雄性激素的作用下形成的。

在卵巢分泌的雌激素和孕激素的作用下,女孩的第二性征开始出现,这表现在乳房变得越来越丰满,臀部开始突出、骨盆慢慢变宽大、皮肤也变得细腻光滑柔软,体态日渐丰满。女孩的阴毛发育一般迟于乳房的发育,腋毛的发育则晚于阴毛发育。每月规律性的排卵则成为成熟的标志,也是具有生育能力的标志。

由于基因和激素的不同,使男孩女孩在成长之路上不仅外在表现差异迥然,在内部构造、心理特质等方面,也有着天壤之别。

## 二、大脑

男性、女性大脑功能的差异研究最早始于1865年,是由法国神经生理学家布罗卡首先发现了大脑功能侧化的理论。布罗卡以大量的病理解剖证据指出:人类依靠左脑(的皮质)说话,因为大多数人主管说话的控制中枢位于左脑皮质额叶。此后,对大脑功能划分的研究越来越多。美国斯佩里教授通过割裂脑实验,证实了大脑不对称性的"左右脑分工理论",并因此荣获1981年度的诺贝尔医学生理学奖,由此,左右半球的分工也越来越被人接受:左脑理性、右脑情感,左脑科学、右脑艺术。大脑左半球分区功能见下图所示。

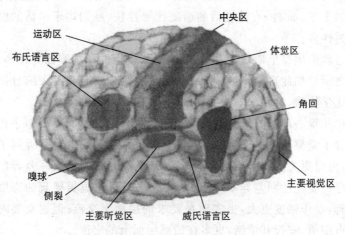

大脑左半球分区功能

1. 大脑皮质功能划分的差异

20世纪末,一些研究提出了大脑性别,其基础就是大脑功能的侧化,并由此产生了对男女差异的新解释。心理学家赫伯特·兰德塞尔通过实验研究得出结论:女性的大脑皮质的功能组织不像男性那么侧化,女性的语言能力和空间能力由两个半球控制,而男性的右半脑掌管着空间能力,左半脑掌管着语言能力。女性有比较好的口语能力,而且较依赖口语交谈;男性则较依赖非口语的交谈。男性则在右脑的某些区域发展的比较好,这也提供了他们较好的空间能力。这也导致了在临床上女性中风病人出现失语症的比例较低,而男性由于其大脑侧化较为明显,所以一旦中风发生在左脑,男性的失语症也较高。

美国一项最新研究证明,女性确实比男性更健谈,说话量几乎是男性的3倍,一名女性平均每天要说2万个词语,比男性多出1.3万个。女性说话时平均使用5种不同的语调。男性说话只用3种语调。女性每天说6 000—8 000个字,用2 000—3 000个音以及8 000—10 000个姿势、面部表情、头部运动等身体语言,每天使用20 000个沟通信号;男性每天说2 000—4 000个词,发1 000—2 000

个音以及 2 000—3 000 个身体语言,每天使用 7 000 个沟通信号,是女性的 1/3。此外,女性说话的速度比男性快,她们用于说话的脑力也比男性多。

　　心理医生布里斯赞丁表示,女性用于说话的脑细胞比男性多,而女性之所以如此喜欢说话,是因为在说话的时候会刺激大脑分泌出一种化学物质,这种化学物质能够给人带来愉悦感。

　　在儿童心理学的研究中发现,在听得懂语言之前,女婴似乎比男婴更善于觉察说话声音中的情绪成分。女婴更关注的是听到了什么,而男婴更关注的是看到了什么。但是研究者们把这一差异归因于父母在婴儿性别差异基础上的养育方式:母亲逗男婴玩的态度更加粗野、动作幅度更大,更多地在要求的层面上交流;但逗女婴时大多轻声细语、安抚其情绪,更多在情感层面上的交流。

　　但是脑科学研究也显示,女性的大脑中的灰质竟然要比男性多出 15%,而灰质主管着人类的语言思维。但虽然男性大脑少了灰色物质,但他们的脑袋里含有更多的白质。白质主要负责脑细胞之间的联络以及神经冲动在大脑和四肢和躯干之间的传递。这恐怕是男性对空间的认知力往往更胜一筹的根源,也是男性弥补其智力的手段。

**2. 左右大脑联系紧密程度的差异**

　　胼胝体是连接大脑左右半球的一大束神经纤维,胼胝体由 2 亿—2.5 亿个轴突组成,它不是两侧大脑半球之间的唯一联系,但却是最重要的联系,起着沟通和协调两侧大脑半球的作用。女性胼胝体尾部呈球状,与体部相比显著增宽,而男性胼胝体尾部大致呈圆柱形,其宽度和体部相差无几,这就导致了女性胼胝体较男性的胼胝体大 20% 左右,而男性左右大脑半球的连接点要比女人的少 30%。因此,女性有较好的左右脑半球的交叉对话,在负责直觉与情感的右半球和负责理性与感觉的左半球之间进行更为紧密的连接。

　　由于女子两侧大脑半球连接较紧密,因而功能较少专门化,男性的两侧大脑半球联系相对较松,这也使得男性大脑的区域分工更明确,也就是说,女性大脑两侧半球功能的专门化程度不如男性,因此,女性在从事抽象思维、空间思维以及立体视觉活动时不如男性。这一点,也从生物学基础上做了一定的解释。

另外解剖也发现,在前额叶及枕叶的部分,女性发展得比男性好且快,前额叶是情绪的调节及执行决定的地点,枕叶是感觉处理常常发生的地方。

女性也比男性获得更多的感觉信息,平均而言,她们听觉、嗅觉都比较好,会透过指间及皮肤获得更多的信息,女性比男性更会控制冲动的行为,她们比男性更有能力做出高度风险及不道德行为的自我监控。

## 第三节 社会发展与两性差异

### 一、生物进化的观点

1859年达尔文出版了《物种起源》一书,成为进化论诞生的重要标志,随着历史的发展,进化论也成为对其他学科具有深远影响的理论,在对人类的研究中,也不可避免地受到了进化论的影响。举例来说,为什么人类的孕期很长,婴儿在出生后也不像绝大多数动物那样,没几天就可以觅食了,而是有相当长的时间不能自理,仍旧像一个没有发育好的胚胎一样需要养育者无微不至的照顾呢?

从进化的观点来说,是由于人类的智慧随着人类社会的发展不断增加,而大脑是智慧的重要载体,因此脑容量越来越大。如果为了适应大脑的发展而使骨盆不断变大,那么长着宽大骨盆的女性必定会行动缓慢,在自然界的生活中将是困难重重。为了适应自然界的发展,女性就发展出一套将没有完全成熟的婴儿生产出来的"策略",即保证了婴儿的脑容量,又维系了自己的生存和发展。

心理学的一个重要分支——进化心理学,也是通过生物进化的观点来解释人类现在的心理要求和生理需要,是进化论生物学和认知心理学的结合体。进化心理学有三个基本的假设:第一,自然选择决定了我们今天的物种,而人类的普遍的心理机制之所以存在是因为它一直在解决人类的生存或生殖问题(Buss,1999);第二,进化心理学认为,男性和女性的差异只是因为他们在历史上面临的不同的生殖困难所造成的(Buss,1995;Geary,1998);第三,文化影响决定了某种具体性的演化模式是否有适应性,文化的变化要比进化快得多(Crawford,1998)。

按照这三个观点,我们来分析一下男性和女性差异的产生原因:在进化的过程中,女性的大脑逐渐形成了养育、喂养、照顾和爱回家的"大脑硬件";而男性则是从猎人、驱逐者、保护者、供应者和问题解决者进化而来。

### 1. 由狩猎进化来的男性和由养育进化来的女性

加利福尼亚大学洛杉矶分校研究小组负责人谢利·泰勒说:"女性更有可能打电话给朋友或亲属来寻求情感安慰。物种的要求需要女性维持一个支援网来保护自身和后代。"

男人是从猎人进化来的,他们只要击中目标带回猎物,驱逐敌人、保护家人。这体现了男人的价值感。于是在进化的过程中,男人的存在价值就体现在击中目标和解决问题上。男人也逐渐进化成了以结果为中心的人。所以一个男人向另外一个男人征求意见时,被征求意见的男人会觉得是一种荣耀。

"一个女人等于500只鸭子"、"三个女人一台戏"等俗语,都嘲讽地说明女性聒噪的一大特点。生活中我们也看到女人在公众场合会谈论对方新买的衣服,在商场里会询问对方对自己试穿的衣服的评价,在公园里两个带着孩子的陌生妈妈不一会就亲密地谈论起来。当几个女人在一起的时候,就再也不会有清净的时候了。

两个男人相约去钓鱼,一个下午就静静地坐在河边,各自盯着平静的湖面发呆,四周只有风声。男人A拿出两听啤酒,扔给男人B一听,两人喝了以后各发出一个蕴含着无限满足感的象声词。回家以后,男人A的太太问:"今天钓鱼怎么样?"

男人A说:"很好。"

男人A的太太说:"B送儿子出国的事情怎么样了?"

男人A说:"不知道啊,他没说。"

男人A的太太说:"你怎么不问问呢?"

男人A说:"那是私人的事情我怎么随便过问。"

男人A的太太说:"他的太太身体好些了么?前段时间经常发烧。"

男人A说:"他也没有说。"

男人A的太太说:"你怎么也不问问,关心朋友的家人呢?"

男人A说:"别人太太的事情我怎么好问?"

……

从进化的观点来看,男性是从狩猎和战斗的历史中慢慢发展过来的,在狩猎的时候,交流发出的声音会打草惊蛇,狩猎的结果只会空手而归;而在战斗中,男人只要攻击敌人,用怒吼声吓退敌人即可,所以男人在适应自然环境的进化过程中走到了惜语如金的境地。

女人在养育后代的过程中渐渐形成了通过沟通建立合作关系的特点。随着人类文明的发展,人类脑的容量越来越大,但是渐渐变大的脑容量对于女性的分娩来说是一件非常痛苦和危险的事情,因此人类的胎儿在没有完全发育成熟之前就出生了。但是这时候出生的胎儿仅仅是一个胚胎,它没有任何自我觅食照顾成长的能力,还要他人精心的照顾几年才能够达到繁衍后代的目的。在远古恶劣的自然环境中,还没有发明人工取火之前,女人们在男人外出打猎时,为了取暖和吃到烧熟的食物,为了抵御自然界的危险存活下来,女人们往往一起聚集在火堆边照看火种,慢慢形成了为抵御野兽的袭击而互相帮助的合作关系,越亲密合作关系越顺利,而互相交流了解对方的信息是促进关系更加亲密的重要途径,因此女人们在适应自然环境的进化过程中形成了善于表达和倾听的特点。

你可能经常看到去洗手间也要相约同去的女性,但是却从来没有看到两个男人一起去洗手间的事情。两个女人一边解决内急,一边谈话的情景,你可能经常从电影电视和日常生活中看到,但是你看到的男人往往是像陌生人一样,默默地各自在洗手间里解决自己的问题。从进化的角度来说,女人在小解时是一个非常容易被成功攻击的对象,女性同伴可以使被攻击的可能性降低,而男人在小解时依然可以保持随时出动攻击的状态,因此安全感更高一些。

男性非常喜欢体育运动,对于一个球队能产生宗教般的狂热,而女性对体育没有兴趣,但对于各种毛绒玩具却情有独钟。按照进化的观点,女性这是在练习如何照顾后代,而男性的足球是在练习狩猎。成年之后,女性把洋娃娃换成了自己的孩子,男性只能狩猎,也就只能关注运动。并且男性在体育比赛的时候能够找到征服的快感,体验到自我价值的存在,这也是男性如此热衷体育运动的最深层的心理原因。

2."自私"的基因之于男性、女性

英国牛津大学行为生态学家道金斯(R. Dawkins)1976年在他的《自私的基因》一书中提到:从基因角度来讲,从最早的单细胞繁殖,到现在进化得如此复杂的繁殖,在本质上都是基因的自我复制,基因总是在表达自己,希望能够生存下去,让自己的基因表达下去几乎就成了所有生命的意义。基因的天然特征是自私。如果它不自私,而是利他主义者,把生存机会让与其他基因,自己就被消灭了,所以生存下来的必定是自私的基因,而非利他的基因。因此,基因是自私行为的基本单位,也是发生在生命运动各层次上的自私行为的原因。

按照自私的基因理论,可以解释男性为什么热衷性而女性热衷购物,也可以解释为什么男性喜欢漂亮的女性而女性喜欢有责任感的男性。

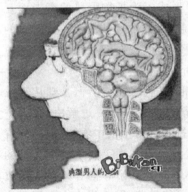

有一张略带夸张的男女大脑大不同的差异图表示,男人的大脑全是由性构成的(见左图),而女性的大脑则绝大多数是购物,只有很小一部分和性相关。

从生物进化的角度来说,每一个物种都有一种繁衍的本能,一种尽可能地让自己的基因得到遗传的本能。对于生殖这件事情,女性必能够确保自己所生的后代必定带有自己的基因,但是对于男性却难说。毕竟在远古那个群婚的年代里,只知其母不知其父的情况比比皆是。在基因遗传的繁衍本能基础上，男性在无法确保自己的基因一定得到遗传的情况，就会尽可能地与众多的女性发生关系，以确保自身的基因得到遗传，由此来解释为什男性比女性更注重性。

此外，男性和女性在繁衍后代这件事上投入的时间和精力有非常显著的差异。对于男性来说就是一次射精，而射精对于男性来说是一件非常容易的事情，射精行为的发生也几乎会延续男性的一生，如果男性有数以百计的有着健康的身体的女性伴侣，很有可能他就有数以百计的孩子。所以，男性在选择伴侣的时候，是以身材是否优美的普遍性准则为依据的，因为身材优美的女性可以生出健康的孩子，这就决定了身材在性方面的吸引力是非常巨大的，此外，容貌也为性的吸引力提供了很有效的外在表现。

研究显示那些有着"娃娃脸"特征的女性更为迷人（Jones，1995）。她们有着大眼睛、小鼻子、小下巴以及饱满的嘴唇。这样的女性看上去青春可人更加女性化（Cunninghum，Druen，& Barbee，1997）。年轻漂亮的女性往往具有这些特征。

美学进化论这一领域做研究的领头人戴维德·拉辛（Devendra Singh）认为，各大洲的男性对女性的美都有极诱人的标准。研究显示，性吸引力首先取决于 WHR（waist-to-hip ratio），即腰围和臀围之比的值。这一体型对不同文化背景下的男性都有吸引力（Singh & Luis，1995）。而那些满足腰臀比率在 0.7 左右的女性大部分是 16 岁到 25 岁之间的女性，那些拥有明显第二性征比如胸部发达、臀部丰满、曲线优美的女性，被认为是有生殖能力保证的女性。

但是对于女性来说，她一生大约只能产生 400 个左右的卵子，怀孕到生子的过程大约需要 10 个月的时间，在孩子的抚养方面也会投入更多的精力，因此男性和女性在生育投入上是非常不均衡的。因此，男性只要尽可能多地和女性发生性行为，就可能为自己繁衍后代，自己的基因就可能继续延续；女性却需要认真挑选男性伴侣，有必要的物质基础和负责任的能力，才会有更多的使自己和后代生存的机会。所以，在生殖本能的驱使下，男性会更多地关注具有繁衍后代目的的性，而女性会更多地关注在怀孕生子时生存所需的物质基础。

我们从进化的角度分析男性和女性的差异,目的是为了让人们看清楚男性和女性在进化之路上不同,但生理的角度所造成的分歧,这完全是站在纯生物的角度上来考虑的。但是因为人类拥有更高级的情感,人类能够超越动物性的本能,发展出道德、理想等高级情感,所以在接受这些分歧的基础上,也需要向着高级情感的方向发展,更好地促进和谐的两性关系。

## 二、社会文化的载体

### 1. 社会环境因素拉大了两性差异

很多社会学家、心理学家认为,对于男女在性格和行为上的差异不能完全由进化和生理差异的角度去解释,更应该从社会环境因素来解释,因为男女在成长过程中受到的教育程度不同,这影响了他们的性格构成。

研究也显示,文化对人的塑造要远远快于进化对人的影响,人类遗传上的性别差异很小,而主要是社会环境因素拉大了两性的差异。《第二性》的作者德·西蒙娜波伏娃的一句名言:"女人不是生为女人,而是被养为女人。"这告诉我们,男性和女性的差异不是来源于生理的差异,而是来源于社会文化所导致的在养育男性和养育女性时的不同。

我们看到,在不同的文化领域,男性和女性的差异有所不同,甚至是大相径庭。美国人类学家玛格丽特·米德的著作《三个原始部落的性别与气质》告诉我们,生理差别不能说明两性人格的差异,应当从文化入手,文化对个人气质或人格的影响首先是从婴儿开始的。按照她的观点,两性人格差异是由社会文化所致,所谓的"男子气"和"女人气"都是可以改变的。米德进行了历时30多年的跨文化的研究,分别在阿拉佩什族、曼杜古摩族、赞布里族三个原始部落中生活和观察,她发现,男性、女性的性别角色内涵是被社会文化构建的。

阿拉佩什族是一个以原始农业为主的少数民族部落,在这个部落中,男女性别角色同美国人差不多,讲礼貌、很文雅、不轻易向人挑衅,男性希望女性行为温和、对家庭负责任。

曼杜古摩族中是一个原始游牧民族部落,在这部落中,女性也像男性一样粗暴彪悍,该部落的文化鼓励男性凶狠鲁莽、富于攻击性、尽量多地占有女性,而且这个部落的男性从小就被灌输男性之间的竞争,因为如果你不打败其他的男性,你就娶不到妻子,因此这个部落男性之间的互动一般是经过肢体的搏斗实现;而女性也表现出粗鲁、嫉妒、自私、攻击性、缺乏母性的特点。

赞布里族是一个在湖上以打鱼为生的少数民族部落。这个部落的男性和女性的性别角色刚好与绝大多数社会文化中的男性和女性的性别角色相反:女性外出打鱼,在打鱼的过程中形成了互相合作的个性特征,她们性格开朗,做事精明,管理生产,操持家务;这个部落的男性多在渔船上从事雕刻、手工等艺术工作,他们多愁善感,喜欢打扮,而且形成了相互闲言碎语和自私小气的性格特征。

从这三个部落的性别角色来看,男性和女性的差异性格和气质的差异不是天生的,也不是由性别决定的,而是文化影响的结果。生物学研究表明:人类遗传上的性别差异很小主要是社会环境因素拉大了两性的差异。

2. 生理性别和社会性别

不管是男人和女人,都有两个性别,一个是生理性别,一个是社会性别。

生理性别可用"Sex"来表示,体现的是人类最显著的生理差异,是男性女性的自然性别,是用生物标准来确定的男性和女性,体现在女性的月经、怀孕和哺乳,男性的产生精子。生理性别是与生俱来的,后天无法从根本上改变的。产房中助产士对产妇说"恭喜你生了一个男宝宝",接着向产妇显示宝宝的男性生殖器。这里的性别是生理性别。

Gender 表示社会性别,它体现的是社会对男性女性及两性关系的期待、要求和评价,指人们认识到的基于男女生理差别之上的社会性差别和社会关系,是一个特定社会中,由社会形成的男性或女性的群体特征、角色活动及责任。社会性别常常在社会制度如文化、资源分配、经济体制等以及个人社会化的过程中得到传递、巩固。当人们见到一个怕老鼠的男生时会嘲讽地说:"你到底是不是个男人啊?"这里的"男人"指的是社会性别,这里在指责这个人缺乏勇敢的男性气质。

社会性别并不是一个一开始就被人类意识到和提出来的概念,而是随着社会的发展慢慢被意识到并逐渐成熟的体现两性差异的概念。社会性别的提出让我们看到以下一些方面。

(1) 制度因素和文化因素是造成男性和女性的角色和行为差异的原因;

(2) 社会对妇女角色和行为的预期往往是对生理性别规定的角色的延伸。如照顾人;

(3) 人们现有的性别观念是社会化的产物;

(4) 社会性别是可以改变的,是后天的,是社会文化养成的;

(5) 社会性别概念本身就是对传统性别不平等关系的不认可和挑战;

(6) 社会性别的概念提供了一种思维方法,开始挑战社会微观层面中男女差异的"常识"知识,挑战传统的社会分工和价值理念,启发探讨社会发展与平等之间的关系。

鲍里(H. Barry)对 110 种社会文化形态考察发现:在鼓励和强化男女两性的分化上有共同之处,很少有哪个社会对男性和女性一视同仁,而在许多方面总要有不同的社会化要求:有82%的社会要求女孩子操持家务,而没有一个社会对男孩子有这种要求;87%的社会要求男孩追求成就,只有3%的社会对女孩有同样的需求;85%的社会鼓励男孩独立自主,但是没有一个社会鼓励女孩如此。另外一些研究发现,大多数文化赋予男性角色以较高的价值,而对女性有所歧视。

3. 性别角色

性别角色是指一个文化对不同性别应有态度和活动的设定(Macionis,1993),被认为是有关男性或女性适当行为、态度、活动的期待(Schaefer and Lamm,1995)。一个社会认定的男性需有男性特质,女性需有女性特质,两性有不同的任务及活动范围(Calhoun, light and Keller,1994)。在社会性别的基础上,社会为男性和女性都度身定做了各自的性别角色。下表作了一些比较。

**社会对男性和女性的性别角色期待**

| 女性 | 男性 |
| --- | --- |
| 以家庭为中心 | 以事业为中心 |
| 弱小、被保护 | 强大、保护者 |
| 完全没有攻击性 | 非常有攻击性 |
| 依赖 | 独立 |
| 被控制 | 控制欲 |
| 自卑 | 自信 |
| 善解人意、温柔 | 粗心大意、鲁莽 |
| 话语多 | 少言语 |
| 没有逻辑 | 很有逻辑 |

4. 社会文化的影响

一般来说,社会文化对男性的要求是要做一个强者,而女性,"你的名字是弱者"。在这种社会文化的要求下,直接影响了整个领域对男性女性的区别对待。

(1)生活中社会文化对男性女性的影响。在家庭中,顽皮的男孩是受到认可和赞扬的,而文静的男孩往往被负面地评价为"像个女孩";文静的女孩是受到认可和赞扬的,而顽皮的女孩往往被负面地评价为"假小子"。

拉特克(1946)研究了父母教养态度、家庭气氛和孩子人格形成的关系,结果显示:家庭限制很少的孩子与家庭束缚很多的孩子相比,竞争虽多,但很重视朋友之间的友谊;家庭气氛宽松的孩子与家庭管教严厉的孩子相比,更加能体贴别人,并对其他人的批评很敏感。

在对男孩和女孩的养育过程中,对男孩的束缚相对较少,但是对男孩的管教更加严厉,对女孩的束缚较多,但是慈爱有余严厉不足,在此养育基础上,男性相对更重视朋友之间的友谊但是却不太会体贴他人,女性相对较少重视朋友之间的友谊,但却会很好的体贴他人。

另外对男孩的要求是要坚强,哭鼻子的男孩会受到家长、老师以及同伴们的嘲笑,所以男孩在成长的过程中渐渐不会流泪了,他们需要表现出强者的风范;对女孩的要求是要乖巧顺从,女孩哭泣往往引发他人的怜悯和关爱,所以女孩在成长的过程中渐渐"擅长"流泪,她们需要表现出顺从乖巧的好孩子的特征。

男孩长大后,他依然要坚强,要控制,要主动,要各种能力,而不能去寻求帮助,他必须要有足够的物质财富来不断地证明自己的强大和个人价值;女孩长大后,她依然要顺从,要被动、要乖巧,要接受,她必需继续关心体贴他人,关心照顾家人,她必须通过有一个成功的丈夫、听话的孩子、整洁的家居环境来证明自己的价值。

男性在压力面前的沉默,实际上是一种掩盖自己不够强的"逞强"表现,而寻求伴侣时要求的年轻漂亮,与男性证明自己的强有着必然的联系:当他不无骄傲地把追到的漂亮女人带到众人面前时,他的"强者"的虚荣心会得到满足,实际上这也是他生存竞争能力的一种展示,正如他向别人炫耀他的奔驰车或花园洋房一样。

女性在压力面前的倾诉,实际上是一种通过"示弱"来展现自己柔顺,在寻求伴侣时要求对方有责任心,有经济基础是女性在缺乏主动权的地位下,为了更好地生存所做的选择。由于女性和男性相比较而言的"弱势"地位,她们更看重的是生存需要的满足。

(2)学术研究中的社会文化影响。医生爱德华·克拉克的"封闭的能量体系"论认为,人体内的能量是固定的,妇女体内大量能量消耗在怀孕和抚养孩子上,所以没有足够的能量进行脑力活动,这是女性智力不如男性的根本原因;如果妇女想和男子一样进行脑力活动,她们的生殖功能就会受到破坏。

精神分析的鼻祖弗洛伊德在解释女性心理时坚持一种"解剖即命运"的生物决定论,弗洛伊德认为,随着社会的发展,到了男权制社会以后的男性崇拜让女性体验到自己缺少男性外生殖器,所以女性有种与生俱来的自卑感,而女性的被动羞怯就是源自于对自身缺陷——没有阴茎——的遮掩。在男孩的成长过程中,特别是在童年期,男孩经常害怕有人把他的阴茎割掉,弗洛伊德称之为"阉割焦虑"和"阉割恐惧",因为女性不能像男性那样解决俄狄浦斯情结,她们没有"阉割恐惧"和"阉割焦虑",所以无法发展起强大的"超我",她们的心理发展明显落后于男性,易于表现出情绪化的倾向,缺乏正义感,不愿意接受生活的要求。

20世纪对于女性心理学的研究出现过一次颇具历史意义的转向——女性主义转向,扭转这一乾坤的第一人是美国心理学家卡伦·霍尼。卡伦·霍尼(Kare Horney)是新精神分析理论的一员女战将,她很强调文化和社会对人格的影响,她对精神分析方法的重要贡献之一就是女性心理学。

霍尼认为弗洛伊德的理论有蔑视妇女的成分,由此她开始怀疑弗氏的理论。弗洛伊德的一个观点是女性发展的本质可以在阴茎嫉妒中找到,每一个女孩都希望成为男孩。霍尼用"子宫嫉妒"一词来反驳男性的立场,男性会嫉妒妇女怀孕并哺育儿童的能力。

霍尼进一步指出,在弗洛伊德的时代,女性之所以想作男人,是因为文化给她们带来的负担和压力,而不是天生的劣势。她认为,男性和女性的人格差异是社会环境造成的,并提出了在意识形态所造就的男性和女性的关系:在任何一个特定年代里,有权威的一方总要创造一种合适的意识形态来维持自己的地位,并使较弱的一方接受这种意识形态。所以针对弗洛伊德提出的"阴茎崇拜"和"阉割焦虑",霍尼认为,即便是女性有对阴茎的崇拜,也是文化强加给女性的,而不是本来就有的。

所以,科学从来不是起源于真空的产物,而是总带有一定的文化倾向性。

西方有句谚语说:改变和接受是一对双胞胎,但接受是哥哥。编者在读研究生时,曾到某少年管教所做过未成年犯人的心理矫治工作。初进少管所,不免忐忑不安,看着一个个穿着制服、剃着光头的少年犯人,特别是他们从手工作坊的铁窗里看到我时,我不禁产生了一种因犯人曾伤害他人而对一些犯人产生的怒气。更有想回避这些潜在危险者的恐惧。但是随着和他们交往的深入,了解了他们的犯罪背景和家庭生活环境以后,这股怒气和恐惧慢慢消失了,变成了接纳和同情:其实,他们和任何一个未成年的孩子一样,都需要得到认可、关心和鼓励,只是在自己没有合理渠道获得的情况下,用一种更加无效的方式进行索取,甚至是抗拒。有时候我真的很想说,他们是家庭、社会和个人共同制造的悲剧,而更多的则是家庭和社会使然。在接纳、理解他们的基础上,少年犯们对我的态度从刚开始的抵触,转变为后来的接纳,这一接纳的态度使心理矫治能够顺利进行。

所以,女人们只看到男人这样的令女人生气的表现:爱掌控电视遥控器、聚会时会一言不发、对女人的提醒视如洪水猛兽、一心情不好就一个人闷声不响好像全世界都欠他的;男人们则看不懂女人怎么就对漫无目地逛街购物、吃大量的零食、喋喋不休的讲话、一心情不好就想找人倾诉如此热衷。我们之前讨论了男人和女人在关注点、沟通模式、行为方式、压力应对等等方面的种种不同,在了解这些差异的基础上,能够更了解和理解异性,更接纳异性之间的不同。理解异性不同的生理基础、不同的动机和需求,这会帮助我们对异性的心理期待更加合理客观,也容易被异性接受,这一切,都是为能够拥有和谐的亲密关系做准备。

## 第四节　亲密关系和爱情

### 一、爱情是亲密关系的重要组成部分

#### 1. 亲密关系和幸福体验

亲密关系与其他一般的关系不同,是一种有着多种成分的复杂的关系,但至少应该包含6个方面的因素:了解、关心、信赖、互动、信任和承诺。亲密关系中有一种人类最基本的需要的满足:归属和爱的需要。亲密关系中的另一半能够提供稳定的正性情感和包容,就能够给对方归属和爱的需要的满足。

亲密关系中的伴侣之间有众多除了他们两个人以外其他人所不知道的秘密信息,这些信息促进了伴侣之间的亲密性,使得他们更加关心照顾对方、信任对方,也相信对方会更尊重和善待自己。亲密关系中的伴侣也会把两个独立的人看成是一对而不是两个人,是"我

们"而不是"我"和"他"或"她",彼此之间有相互依恋的情感体验,在遇到生活的风浪时不会感觉孤单,即便是相隔万里,在心理体验上也不会感觉孤独。

亲密关系和幸福体验有什么关系呢?

由于幸福感具有主观性,从任何其他角度,都不能定义幸福,唯独从人际关系角度,才是被广泛接受的,也就是幸福感需要从亲密关系来定义。简单地说就是,当你和你所在乎的人都能保持良好关系的时候,你就感到你是幸福的。亲密关系,是幸福的源泉。而一种强烈而普遍的建立亲密关系的欲望,是人类的本性之一。罗伊·鲍迈斯特和马克·利里(Roy Baumeister & Mark Leary,1995)的研究说明:如果我们想正常地生活的话,我们就需要经常愉快地与亲密伙伴在长期的充满爱心的关系中进行互动。如果这种需要不能满足的话,就会带来很多问题,而个别监禁之所以可以作为对罪犯的惩罚,也是旨在剥夺他们与他人的互动关系,毕竟对大多数人来说,长时间的独处是一种令人难以忍受的痛苦经历。

亲密关系有多种内涵,而爱是亲密关系的重要本质。哲学心理学家弗洛姆在其名著《爱的艺术》(The Art of Loving)中说到,人类的爱分为5种,包括兄弟之爱(brother love)、父母之爱(parental love)、异性之爱(erotic love)、自我之爱(self-love,也指自尊自重)、神明之爱(love of God)。现在社会的亲密关系除了保留了以上5种以外,朋友关系、同事关系等等也有可能形成亲密关系。但对大多数人来说,异性之间的伴侣关系是一种最典型的亲密关系,也是将伴随人一生的、最重要的亲密关系。提到异性间的亲密关系,就不能不提到爱情。

2. 什么是爱情

早在1174年5月香槟伯爵夫人领导一群妇女组织了爱情会议,制定了一套爱情法规,洋洋洒洒31条,其第一条是"婚姻并不是足以反对爱情的好借口",至今爱情依然是亘古不变的话题,吸引着芸芸众生认识、体验、经历爱情。

但是爱情到底是什么呢?相信回答各有不同。一般认为爱情是一种建立在性欲基础上的,男女双方在交往过程中产生的高尚情感。它由两部分组成:一是建立在性欲之上,对异性具有倾慕、珍惜之情的情爱;另一部分是由异性间的依恋感及理想、情操、个性追求等复杂因素混合升华而成的情爱。爱情是性爱与情爱的结合,缺乏性爱的爱情是畸形的;只有性欲的满足,没有感情的升华,也无法产生真正的爱情。

从心理学的角度定义,爱情是一种心理需求,是人类社会发展到一定阶段的心理现象,是建立在性欲之上,对异性具有倾慕、珍惜之情的情爱,也是建立在心理和伦理道德基础之上的,一种相对稳定持久,深厚愉悦,热烈亲密,和谐纯洁的情感及其体验,也是人格成熟以后独立自由的选择自己所爱的人的过程,这种选择是促进自我成长的方式,是建立在民主平等关系之上的成长方式。

这就决定了在爱情中的两个人是互相宽容、尊重、关心并为对方的心灵成长谋福利的内涵。但是纵观爱情的发展历史,却给我们与此完全不同的发现。

3. 爱情的历史

在古希腊,被推崇的是柏拉图式的爱情,是指两个男人之间的没有性的成分的爱。异性之间的爱出现在12世纪,被称作"优雅的爱"(courtly love),是骑士完全拜倒在贵妇的石榴裙下,将自己奉献于一位贵妇的爱情,但是这种未婚的骑士和已婚的贵妇之间的私通,依然和性无关。

在接下来的好几个世纪里,人们开始相信充满激情的爱是值得被歌颂的,但是充满激情的爱的结果却总以失败告终,伟大的爱情往往意味着一方的死亡,而千古绝唱式的爱情则总是双双殉情,比如《梁山伯与祝英台》、《罗密欧与朱丽叶》。因此人们不会相信爱情是婚姻的基础,而仅仅和政治、财产相关。现在,众多年轻人都以爱情是婚姻的基础来决定是否跟一个人进入婚姻状态,强调爱情在幸福婚姻中的至关重要的地位,虽然日常家庭生活的描述让我们看到爱情和婚姻没有必然的联系,那些婚姻幸福的夫妻身上让我们看到的更多是亲情的温馨。

纵观爱情的发展历史,人类对爱情有着不同观点:

爱与婚姻几乎没有关系;

最好的爱发生在同性之间;

爱不需要有性的接触;

爱情是高贵的征服;

爱情注定要失败;

爱情与婚姻同在;

爱情会让人感觉幸福和满足。

现代社会的男性和女性,需要在爱情的发展历史上重新认识爱情。我们需要相信爱情,但不能迷信爱情。相信真正的爱情是存在的,爱情也是需要精心维护和经营的,不是仅凭着一腔盲目的说爱的激情就以为爱情会天长地久,希望它超越一切,这是不合理的;我们也需要认识到爱情是可能随时间的变化而变化的,它的消亡不一定意味着背叛,而极有可能是自然的衰退,更有可能爱情最终变为亲情,你的爱情对象和你成了你的左手和右手,握在一起没有了激情,但却处处体现出温情。现代社会的男性和女性对爱情作如此的认识和期待,会让我们更好地体验和拥有爱情,但又不会因为超过合理期望而感受到伤害和绝望。

## 二、爱情的理论

### 1. 爱情分类理论

作为人际吸引的最高形式,爱情是西方社会心理学家的经典研究课题。加拿大社会学家 John Alan Lee(1973)经由文献收集及调查访谈两阶段的研究,将男女之间的爱情分成 6 种形态:情欲之爱(Eros)、游戏之爱(Ludus)、伴侣之爱(Storge)、占有之爱(Mania)、现实之爱(Pragama)及利他之爱(Agape)。现在心理学采用科学分析的方法,按爱表现在行为上的不同方式分类,称为爱的形式。

(1) 情欲之爱(Eros;Romantic Love)。这是一种浪漫的爱情特征,将爱情理想化,注重外表形体,追求肉体和心灵的融合。

(2) 游戏之爱(Ludus;Game Playing Love)。视恋爱为游戏,是一个挑战性的游戏,在这个游戏的过程中,只满足自己的需要,不对对方有责任感和道德感,对象更换频繁,在游戏中只要过程,不要结果。

(3) 伴侣之爱(Storge;Companionate Love)。这是一种由友谊逐渐演变而成的爱情,因而也成为"友谊之爱"(Friendship Love),看重的是共同成长,关爱多于激情,信任多于嫉妒,是一种平淡而深厚的爱情。

(4) 占有之爱(Mania;Possessive Love)。强烈排他,对所爱对象具有强烈的情感,希望对方以同样的方式回应,并且是强制性的要求和占有,如果对方稍有忽略,即心存猜疑嫉妒。

(5) 现实之爱(Pragama;Pragmative Love)。现实之爱是一种条件式的爱,但求彼此现实需求的满足,不求理想的追求,"娶妻嫁汉穿衣吃饭"的说法,就是现实之爱的典型。

(6) 利他之爱(Agape;Altruistic Love)。奉献式的爱是一种不求回报的爱,甘为其牺牲一切而不求回报。

2. 斯腾伯格的爱情主成分理论

爱情态度理论(Rubin,1970)将爱情定义成对某一特定的他人所持有的一种态度,这使得爱情得以并入人际吸引的社会心理学主流,并开始使用一般测量方法研究爱情。Rubin 假设爱情是可以被测量的独立概念,可视为一个人对特定他人的多面性态度,他从文艺著作、普通常识及人际吸引之文献资料中,寻找拟定叙述感情的题目,经过项目分析、信度、效度检验而建立爱情量表(love scale)和喜欢量表(liking scale),他发现爱情与喜欢有质的差别,而其爱情量表中包含三种成分:亲和和依赖需求、欲帮助对方的倾向、排他性与独占性。

在爱情因素理论中,最为突出的回答当属当代著名心理学家、美国耶鲁大学的教授罗伯特·斯腾伯格(Robert Sternberg,1986,1987)提出的爱情三因素理论,在对爱情研究过程中受到普遍认同和引用。

斯腾伯格教授认为,人类的爱情虽然复杂多变,但是基本上不外由三种成分构成,即动机成分、情绪成分和认知成分。他把爱情的三

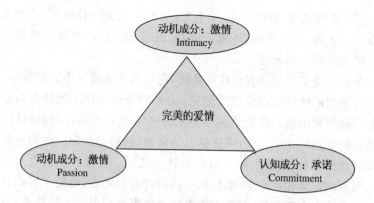

**斯腾伯格的爱情三因素图示**

种成分形象地比作三角形的三条边,而这三种成分对应的要素分别是:激情、亲密和承诺(见上图)。斯腾伯格进一步将动机、情绪、认知三者单独在两性之间发生的爱情关系称之为激情之爱、亲密之爱和承诺之爱。

(1)动机成分:激情之爱。爱情行为的发生,对人类而言虽然未必全是生理上的需求,但是绝不能否认性驱力是重要的原因之一,异性之间身体容貌等特征的彼此吸引,也是爱情行为发生的重要原因。在性驱力的基础上表现出来的异性之间强烈的互相吸引,异性之间强烈的着迷的想法,就是激情因素的重要表现。异性之间的激情吸引会使许多人感到有与对方形影不离、朝夕相处、谈话和做爱的持续欲望,在激情关系中的人们常常感到全身心地投入,有时导致不计后果的行为。古往今来那些动人的爱情故事无不表现出生生死死的激情,那些一见钟情的故事,在很大程度上是性驱动下的异性身体特征的互相吸引。

(2)情绪成分:亲密之爱。亲密的情绪体验包括一种真正喜欢对方、渴望和对方一起建立更有凝聚力的和谐关系的期待,在亲密的情绪体验中,双方会把自己的生活以坦诚、不设防的方式与对方共享,熟悉彼此不完美的、特别的性格,他们互相关心,善待对方,满足彼此的需要和欲望。

亲密之爱没有激情之爱的强烈,但能促进人们相互亲近,让人们产生人际的温暖,使爱情得以天长地久。

(3)认知成分:承诺之爱。"上邪,上邪!我欲与君相知,长命无绝衰。山无陵,江水为竭,冬雷震震,夏雨雪,天地合,乃敢与君绝。"这是男女之间爱的承诺。

承诺之爱是与时间有直接关系的,它包括作出爱一个人的决定,并伴有强烈的维持长期爱情的愿望,动人的爱情往往不能缺少内心的表白和海誓山盟。在爱情关系中双方生活在相互稳定的、持续的和确定的情感气氛中,努力巩固他们的联盟,他们是伴侣。他们互相尊重彼此的隐私,让伴侣融入自己的社会关系。在这种承诺关系中信任和奉献常常挂在心中,他们从不利用对方的弱点,他们了解在日常生活中冲突在所难免,但并不觉得这会伤害他们对对方的尊重,遇到分歧他们互相信任,通过协商解决他们的分歧。

在亲密、激情、承诺组成成分的基础上,爱情又分为以下 8 种类型(见下表所示)。

激情、亲密、承诺三成分基础上的爱情分类表

| 爱情类型 | 爱情成分 | | |
| --- | --- | --- | --- |
|  | 亲密 | 激情 | 承诺 |
| 无爱(Nonlove) | − | − | − |
| 喜爱(Liking) | + | − | + |
| 痴迷的爱(Infatuated Love) | − | + | − |
| 空洞的爱(Empty Love) | − | − | + |
| 浪漫的爱(Romantic Love) | + | + | − |
| 伴侣的爱(Companionate Love) | + | − | + |
| 愚昧的爱(Fatuous Love) | − | + | + |
| 完美的爱(Consummate Love) | + | + | + |

三种成分都不含有的是"无爱";仅仅有亲密的成分,是一种"喜爱";仅有激情的成分,是一种"痴迷之爱";仅有承诺是一种盲目愚蠢的"空洞之爱";"浪漫的爱"是一种缺少承诺成分的爱情,它很可能像夜空中的烟花绚丽却短暂;"伴侣之爱"是一种没有激情的爱情,是一种不温不火地爱情,或许现在社会中这样的爱情存在更多;"愚昧的爱"类似于动物之间利用关系的爱情,有身体上的吸引和满足,也有

对这一关系的承诺,却没有作为人的亲密的情绪体验,就像是水牛和它背上的鸟儿,水牛利用鸟儿清除了身上的寄生虫,鸟儿为了获得食物也会对水牛不离不弃,很明显这是一种低等动物之间、纯本能意义上的利用关系。因此,最完美的爱情是亲密、激情、承诺三者共存的爱情。但是,完美的事情世间不多,因此,能够拥有完美的爱情的,是一种可遇不可求的幸运。

斯腾伯格的爱情三角形非常形象地揭示了复杂的爱情关系,但现实中的爱情往往牵涉到不止一个的三角形,于是斯腾伯格提出了多重三角形原理,也就是说,一个爱情关系中存在着许多三角形,它们在爱情关系中扮演着重要的角色。其中有以下几种是非常重要的,引起研究者的极大兴趣。

(1)现实中的三角形和理想中的三角形。在两人关系中不仅有两个人,还有各自心目中的理想对象,如果理想对象正好是对方,那么两人关心则是纯粹的两人关系,但是大多数情况下,我们心目中的理想对象不一定是对方,这就导致了爱情中不仅仅存在着一个人对现实的另一个人的爱情三角形,而且对每一个人来说,还存在一个自己心目中理想的对象,以及自己对理想对象的爱情三角形。如果这两个三角形相差太大,则很容易对爱情关系产生负面影响。

(2)自己的三角形和对方的三角形。因为人际感情必然至少涉及两个有血有肉的人,所以感情不可能是单向的,既有"我对人"的爱情三角形,又有自己体验到的"人对我"的爱情三角形。这两个三角形差别太大时,也会对爱情产生负面影响。

(3)自己知觉到的三角形和对方知觉到的三角形。由于爱情具有很强的主观体验性,因此,我所知晓的"我对人"的爱情有一个三角形,相对于对方来说,他(她)觉察到的"人对我"的三角形也不一定是相同的。现实中,一个人自己感觉对对方很好,对方也感觉其确实对自己很好,那肯定是一个完美的爱情三角形,但是对别人而言却未必如此,因此生活中会出现这样一些现象:腰缠万贯的丈夫忽然接到了一直柔顺贤良的妻子的离婚协议书以至于颇感意外,心想我辛辛苦苦赚钱给你富足的生活,说明我多么爱你,但是你却和我离婚?这就是自我知觉到的三角形和对方知觉到的三角形的差异。

因此，任何两个三角形如果出现了不匹配或不相符合的情况，都会造成对爱情关系的某种影响。也就是说，现实中的三角形与理想中的三角形之间的重合情况如何，自己的三角形和对方的三角形之间的匹配情况如何，自己知觉到的三角形与对方知觉到的三角形之间相符合的情况如何，都会影响到对关系的满意与不满意。

此外，斯腾伯格还提出了"行动三角形"的概念。如果不将"爱情三角形"转化成"行动三角形"（即用相应的行动来表达三种成分），那么，不管当事人是不想转化还是缺乏转化的能力，都会造成两人知觉上的出入，最终势必影响到两个人的爱情关系。行动的成败既会反作用于自己三种爱情成分的水平，以及导致其他行动的产生，又会引起另外一人的爱情三角形和行动的改变。所以，斯腾伯格意味深长地指出(Sternberg,1986)："若没有了表达，则最伟大的爱情也会随风而去。"（Without expression, even the greatest of loves can die.）

### 3. 爱情关系的依恋风格理论

依恋(attachment)理论从20世纪60年代鲍比(Bowlby)创立以来，已成为西方儿童社会性和个性发展领域的一个重要理论。在爱情的研究中，心理学家将儿童的依恋理论引入了进来。心理学家认为，相爱的人心理年龄都会降到3岁以下，退化成为父女或者母子关系，因此，从研究儿童和母亲互动方式而来的依恋理论，对于研究成年人的爱情有着重要的借鉴意义。

心理学家们(Hazan,& Shever,1987；Bartholomew,& Horowitz,1991)认为个体婴儿时期与人建立的依附关系会使个体形成一个持久且稳定的人格特质，这种特质对个体在与异性建立亲密关系时会自然流露出来。研究者认为小时候的人际亲密关系的形态对成年后的爱情互动形态可能有重要预测作用。

(1) 儿童的依恋理论。鲍比对在观察婴儿和母亲短暂分离以后重新相聚时的婴儿的行为和皮肤电反应，提出了婴儿不同的依恋风格。

安全型依恋(secure attachment)：婴儿与母亲再聚后，婴儿立刻跑向母亲,当母亲抱起后很快安静,一会儿要求放下,去玩玩具。这类婴儿发展了对他人的基本信任感。

逃避型依恋(avoidant attachment):这些婴儿在陌生环境下对和母亲再聚的特征反应是淡漠。他们不愿被抱,时常把对母亲的注意转移到玩具上去,但是通过皮肤电的反应来看,当和母亲再聚时,婴儿的生理指标显示,这些儿童的内心体验会有大幅度的变化,但是在外部行为上却没有一致的表现。

焦虑/紊乱型依恋(anxious/ambivalent attachment):这部分婴儿会因分离而表现强烈的不安,母亲回来后他们的表现会非常矛盾,既想接近母亲,但又怨恨母亲的离开,情绪很难平静。

在 Hazan 和 Shaver(1987)的研究中发现,三种不同依恋风格在成人中所占比例为安全型依附关系的成人占56%,逃避型依附关系的成人约占25%,而焦虑/紊乱型依附关系的成人约占19%。这与婴儿依附类型的调查比例相当接近,因此成人的爱情依恋风格,可以从他们对其与父母关系的主观知觉来加以预测,他们认为成人的爱情依附风格,可能是从婴幼儿时期就开始发展的一种人际关系取向。

(2)爱情的4种依恋风格。Bartholomew 和 Horowitz(1991)以上述依恋理论概念为基础,发展出4种爱情的依恋,他们以"正向或负向的自我意象"和"正向或负向的他人意象"两个不同的向度来分析,得到4种类型的爱情依附风格。

安全型依恋:由正向自我意象和正向的他人意象形成。安全型依恋的爱情风格具有包容、谅解、易相处,尊重爱人的外在表现,不论你需要个人空间还是亲近时,这种爱情风格的人都可以给你,有充分的能力真心原谅对方,与伴侣的关系良好、稳定,能彼此信任、互相支持。

焦虑型依恋:由负向自我意象和正向的他人意象。焦虑型依恋的爱情风格的人显示出情绪紧张、起伏大的特点,他们强烈的要求亲密感,又极端强烈地恐惧被抛弃。

逃避性型依恋:由正向自我意象和负向的他人意象所造成。这类人有着虚假的自尊,表面上没有什么需要,其实内心的需要很多,只是绝对不表现出来,这类人也没有能力通过合理方式满足自己内心的诸多需要，与人相比，这类人更喜欢和物体打交道，因为他们会害怕且逃避与伴侣的亲密关系。

紊乱型依恋：由负向自我意象和负向的他人意象形成。这类人没有自己存活的真正策略，容易拒绝爱情，但一旦抓住就无论如何也不能放手，这种类型的人一般受伤很多，在分手时极容易出现极端的行为。

从男性和女性的差异来看，就非安全的爱情依恋风格来看，男性的爱情风格中逃避型依恋模式居多，女性的爱情风格中紊乱和焦虑型的依恋模式居多。

# 第十章 婚姻幸福

爱是人类幸福和安定的心理基础,关系到千家万户,关系到全社会的和谐。婚姻是人类文明的产物。作为影响人类身心健康与生活质量的一个重要因素,婚姻质量已日益受到心理卫生工作者的重视。美好和谐的婚姻可以促进人的身心健康,提高生活质量。

## 第一节 婚姻的发展历史

### 一、婚姻是什么

婚姻是什么?孩子说婚姻就是爸爸妈妈组成的一个家;热恋中的情侣说婚姻是通往幸福的天堂之路;已婚的人们说婚姻是爱情的坟墓;极端的女权主义者说婚姻是对女人合法的奴役;泰戈尔说:认识了3天,相爱了3周,结婚了3月,吵架了3年,彼此忍耐了30年,这就是婚姻;萧伯纳说:一个人要不要结婚,不需要去勉强,因为结婚或不结婚,到后来,他们都会后悔;钱锺书说:婚姻就像一座围城,城外的人想进去,城内的人想出来。这是过来人对婚姻的体会和感悟。

**婚姻到底是什么?**

柏拉图曾经就什么是爱情和什么是婚姻去询问他的老师苏格拉底。

苏格拉底这个善于用比喻作答的智者先要求柏拉图到麦田里去,摘一棵全麦田里最大最金黄的麦穗回来,但是有一个条件:在麦田中行走时只能往前走,并且只能摘一次。柏拉图去了麦田,但是他却两手空空地回来了。

苏格拉底问他为什么没有摘到,他说:"因为只能摘一次,又不能走回头路,其间即使见到一棵又大又金黄的,因为不知前面是否有更好的,所以没有摘;走到前面时,又发觉总不及之前见到的好,原来麦田里最大最金黄的麦穗,早就错过了;于是,我便什么也摘不到。"

苏格拉底说:"这就是爱情。"

又有一天,柏拉图问苏格拉底什么是婚姻,苏格拉底就叫他先到树林里,砍下一棵全树林里最大最茂盛、最适合放在家里作圣诞树的树。同样只能砍一次,以及同样只可以向前走,不能回头。柏拉图去了树林。这次,他带了一棵普普通通,不是很茂盛,也不算太差的树回来。

苏格拉底问他怎么带这棵普普通通的树回来,他说:"有了上一次的经验,当我走了大半路程还两手空空时,看到这棵树也不太差,便砍下来,免得错过了,最后又什么也带不出来。"

苏格拉底说:"这就是婚姻。"

从法律的角度来说,关于婚姻的概念,我国1980年《婚姻法》、1994年《婚姻登记管理条例》以及其他涉及婚姻、家庭的法律、法规,均无明确的规定。但都认为:婚姻是男女两性的合法结合,强调婚姻须合法,换言之,即只有合法才能成其为婚姻。

南京大学出版社1988年版《婚姻法学教程》认为:"婚姻,是人与人之间一种特殊的社会关系,是以感情为基础的两性关系,婚姻是男女两性在爱情基础上合法的自然结合。"

法律出版社1995年版《婚姻家庭法教程》给婚姻下的定义是:"婚姻是男女双方以永久共同生活为目的,依法自愿缔结的具有权利义务内容的两性结合。"

法律出版社1987年版《婚姻法教程》、北京大学出版社1991年版《婚姻法学》、人民法院出版社1992年版《中国婚姻法》在给婚姻下定义时均认为婚姻是为"当时的社会制度所确认的"男女两性的结合,在定义中没有直接限定"合法"为其内涵,但是当时社会制度在一定程度上制约了婚姻是否被社会接受的问题。比如在伊斯兰教国家里,根据古兰经的规定,一个丈夫可以娶四个妻子,一夫多妻制是合法的,但在大多数国家的社会制度里,一夫多妻是不合法的。1996年7月份,美国众议院通过的限制同性恋结婚的《捍卫婚姻法》法案,首次制定了法律上的婚姻概念:"一个男人和一个女人的结合"。但是这个概念用它来反对同性婚姻是可以的,但如果要以此作为一个科学的定义有些过于宽泛了。

婚姻的定义中是否具有合法的本质,其实是遭受到众多质疑的,但是我们不能否认,幸福的婚姻在很大程度上是被社会所认可的,被他人所祝福的。所以,本章中我们关注的婚姻关系,首先界定在按照正常程序被法律和他人认可和祝福的婚姻。

## 二、婚姻发展史

300万年前至200万年前的石器时代早期,远古时代的先民在物种繁衍的本能驱使下,部落内部盛行的是毫无节制的群婚制,女性可以和任何一个男性发生性关系,男性也可以和任何一个女性发生性关系,那是一个只知其母不知其父的年代。那时候没有责任道德约束,性是一件即兴而为的事情,当然也没有婚姻。

到了100多万年以前的旧石器时代中晚期,由于生产力的发展和或者生活资料的途径发生的改变,先民之间的性行为便出现了以辈分划分的界限,人类进入了长达近100万年的"血缘家族"时代——班辈婚或辈行婚。

1万年前的石器时代晚期,由于近亲间性交的混乱导致了婴儿成活率低、畸形儿和低能儿过多的恐怖现象。"禁止乱伦"终结了最后的蒙昧,对男女关系有了更严格的界定。种族外婚制,生育后代的质量突飞猛进,生产力飞速发展。

5 000至6 000年前,人类开始形成对偶婚制。抢婚的方式固定了男人和女人一夫一妻的模式,男女关系中第一次形成了排他性,群婚彻底消亡了。

随着生产力的发展,社会文明的进步,婚姻慢慢加入社会道德的限定和当时社会制度的制约,直至文明发展至今,法律对婚姻的界定和保护,在一定程度上促进了婚姻的稳定。

我们看到,一夫一妻制的婚姻制度,也是人类社会从愚昧走向文明的必经之路。

## 第二节 和谐婚姻和幸福感受

### 一、为什么要有婚姻

#### 1. 逃避孤独

有一句歌词叫做"爱情里没有丑的女人"。人们也常说恋爱中的女人是最美丽的,恋爱中的女人脚步轻盈、皮肤变得白皙、嘴唇红润,脸上总是洋溢着幸福的微笑;而涉足爱情中的男性也变得日常生活中精力十足,话也变得比平时多了,更多的对他人露出笑容。于是有人说"世上只有家最好,男女老少离不了。男人没家死得早,女人没家容颜老"。

恋爱中的男女这些积极的变化,在很大程度上是体验到了爱情这一亲密关系以后,从内心由内而外散发出来的幸福而满足的情绪。和谐的婚姻是亲密关系最主要的外在表现形式之一,众多的心理研究也不断地证明了婚姻中有意义的亲密关系对男性女性身心健康的影响。

孤独感是全体人类的一种普遍体验,只是个人体验到孤独感的程度有所不同。孤独与人与人之间的物理距离的长短没有关系,而是心理上的一种丧失和不满足的感觉。如果你在想念你刚刚离世的亲密爱人,即便是有一群平日里聊得最开心的朋友在你身边,你也会感觉孤独;如果你在思念已故的父母,即便是你被仰慕你的人众星捧月,你也依然感觉孤独;如果你想步入婚姻但至今却无人入你法眼,即便有众多追求者像蜜蜂、蝴蝶一样围在身边,你依然感觉孤独。

Shaver(1987)则提出,孤独是"一种当自我意识觉察到属于自己的人际关系网破裂的信号时,所造成的总体上的常常是突发的情绪体验"。孤独有三个方面的重要特征;第一,孤独源自于社交不足与人际关系的缺失,它只有在人际关系中才会产生;第二,孤独是一种主观体验或心理感受,而非客观的社交孤立状态,一个人可在漫长的独处中毫无孤独感,也可在众人环绕中仍深感孤独;第三,孤独体验是不愉快的、令人痛苦的。

在对已婚和未婚者的研究中发现,总体而言,已婚者比单身者的孤独感要少,但是已婚者中有孤独体验的人也为数不少。

一般研究认为,已婚的成人比未婚的成人较少感到孤独,生活也较幸福。良好的婚姻可为个人提供依恋和感情寄托及信任与关心,因而能减缓孤独或防止孤独的发生(Coleman,1976;de Jong-Gierveld,1978,1987;Lopata,1979)。然而,也有研究指出,有些已婚成人由于朋友太少或婚姻不满而更感到孤独(Gove and Huyhes,1980;Veenhoven,1983)。

婚姻关系中偏向于愤怒情绪和互相指责的夫妻,以及近期离婚的夫妻相对于亲密关系的配偶而言,容易患高血压以及免疫系统功能衰退的疾病。如果他们的需要持续不能得到满足的话,他们的寿命也将比亲密关系中的配偶的寿命短。日常生活中我们也看到,那些缺乏朋友的人生活往往缺乏生气,感受不到幸福的体验。

弗洛姆(1959)认为,人也许能忍受诸如饥饿或压迫等各种痛苦,然而却难忍受所有痛苦中的一种,那就是全然的孤独。Weiss(1973)也将孤独描述为一种令人无法补救与恢复的痛苦体验。他指出,孤独的大学生易感到愤怒、封闭、空虚和困窘。Perman 和 Gerson (1978)的研究发现,孤独的人常常报告他们是不幸福的、不满意的,感到悲观和压抑,他们容易紧张、焦虑、烦躁和对人怀有敌意。

孤独与抑郁存在着显著的相关,孤独常常伴随着抑郁,抑郁的人亦常报告自己感到孤独(Bragg,1979;Peplu and Cutroa,1980;Weeks,1980)。Andeson 等人认为孤独与抑郁具有交叉重叠性,孤独从属于抑郁。然而,孤独与抑郁毕竟不是同一体验,Russell(1980)曾采用结构方程模型研究了用于测量孤独的 UCLA 量表得分与同时测量抑郁的 Beck 问卷得分的相关情况,结果发现两者评定的显然不是同一内容。孤独与抑郁虽然相关密切,但两者又具有相互独立性。短暂的或偶然的孤独不会造成心理行为紊乱,但长期或严重的孤独可引发某些情绪障碍,降低人的心理健康水平。孤独感还会增加与他人和社会的隔膜与疏离,而隔膜与疏离又会强化人的孤独感,久之势必导致疏离的个人人格失常。孤独的感觉跟人与人的关系有关,亲密关系和孤独不会共存,亲密关系是使人避免孤独的重要途径。

2. 马斯洛需要层次理论

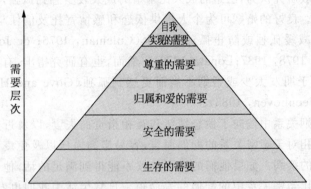

在马斯洛的需要层次理论(见上图)中,归属和爱的需要是在继生存和安全的需要之后的更高层次的需要。在目前这个物质相对富足的社会里,生存和安全的需要得到满足之后,归属和爱的需要即变成了人类社会最迫切的需要。

归属和爱这一需要特殊性,决定它的满足必定要通过人与人之间的亲密关系实现,而良好的婚姻关系是亲密关系的主要组成部分,因此,幸福婚姻是归属和爱的需要被满足的重要途径,因为在幸福的婚姻中有着有意义的爱的关系,我们知道,爱的力量在古今中外的文学作品中已经被渲染得淋漓尽致,活在爱中的人也将是一个身心得到极大满足的、健康的、富有创造力的个体。

David Myer 认为,"有意义的爱的关系"最能带给人幸福;Dean Ornish 认为均衡饮食、充分睡眠或运动等,还不如一个"有意义的爱的关系"更有益身心健康;美国一项研究显示,那些做过心脏手术的病人中没有亲密关系,缺乏爱和归属感的病人与有亲密的有异性的爱的关系的病人相比,在半年以后的死亡率要高出 69%;

John Gottman 认为,痛苦婚姻的人比之快乐婚姻的人平均寿命少 4 年,伤风感冒几率也高 30%。

或许缺乏亲密关系不一定导致幸福感的降低,但是却使得幸福感的体验无法提高。

3. 繁衍后代

在猿进化为人以及人类自身的进化过程中,脑容量不断增大,胎儿的脑袋也相应变大。在这种情况下,女性的骨盆也随之变大,这才有利于生出脑容量大的孩子,但骨盆变大却不利于奔跑,不利于女性在自然界中存活。因此,人类的后代在没有完全发育成熟之前就离开了母体。

我们看到一个刚刚出生的小羊羔生下来落地后没几分钟就可以行走了,一只小鸡孵化出来没多久就可以到处喝水啄食,但是一个刚刚出生的人,却至少需要 10 年左右才可以完成生活的自理。

因此,新生儿降世之后较之于其他哺乳动物而言,需要更多的照料才能发展他们的大脑,才能长成一个成熟的人,达到后代繁衍的目的。

对于女人来说,怀孕生育直至生产相当长一段时间内,是没有能力靠自己的力量来获得生活资料的,这对其自身的生存来说是一个重要的难题,更别说人类后代的繁衍了。因此,这时候需要女人的另一半、腹中婴儿的父亲来一起承担养育后代的责任。但是,在生产资料不发达、没有私有制之前的群婚的年代里,由于只知其母不知其父,或许可以通过整个部落按需分配的方式给怀孕生产中的女性提供生活资料,但是随着私有制的产生,按需分配成为历史以后,婚姻这种形式保证了后代成长过程中男性和女性的责任。因此,婚姻的形式在一定程度上是私有制产生后的产物,也是人类社会为繁衍后代所形成的一种确保后代得到抚养的制度。

## 二、婚姻中的主观幸福感

Dodge 的幸福理论提出已有 70 年的历史,关于个人主观幸福感(subjective well-being)的研究亦是心理学界重视个人生活质量研究的一个明显标志。

主观幸福感作为心理学的一个专门术语,它专指评估者根据自定的标准对其生活质量的整体性评估,它是衡量个人生活质量的综合性心理指标,反映主体的社会功能与适应状态。每个人在现实生活中,对自己的生活质量都有满意与否或满意程度高低的不同评价,这些不同的评价与个人对自己生活质量的期望值有关,因此,它是由需要(包括动机、欲望、兴趣)、认知、情感等心理因素与外部诱因交互作用而形成的一种复杂的、多层次的心理状态。

婚姻是不是美满幸福,这是一个非常主观的概念,是冷暖自知的个人主观体验。或许,有家财万贯、两个在国外工作的子女和一个有名望、有地位的丈夫,但是你可能觉得心里依然有一个情感的缺口;或许你和丈夫过着青菜小粥的清贫日子,你的心里却很满足;或许你有一个人人羡慕的娇妻,但是你却觉得婚姻是你的负累;也或许你有着一个丑妻但是你却依然每天洋溢着幸福的微笑。

## 第三节　现代婚姻的暗礁

### 一、夫妻关系中最缺什么

公元前5世纪,苏格拉底因他的哲学思想和泼妇老婆闻名于世,苏格拉底说,"娶到一个好妻子,你可以得到幸福;娶到一个坏妻子,你会成为哲学家"。

"爱有多销魂,就有多伤人。"亲密关系给我们带来最大的满足和快乐,也带来最大的伤害和痛苦,而这些痛苦和伤害,往往是在爱的名义下产生。有些时候让婚姻中的男女难以理解的是,为什么刚开始那么相爱的我们,到头来却像一对有着深仇大恨的仇人一般相互恶语中伤,最后两个人遍体鳞伤以离婚告终?

有人会说这是因为经济问题,"贫贱夫妻百事哀";也会说是因为子女养育问题,夫妻两个人的意见总是无法一致;你也可能会说是因为家务分配问题,我这么忙还要承担洗衣做饭的工作;你也可能会说我们的性生活充满了矛盾,他是一个性亢奋的家伙,或者她是一个性冷淡的家伙……

你的理由都很多,也很有道理,但是婚姻问题专家的研究表明,你所列出的争执问题在幸福的婚姻中也都会发生,但是结果却不一样,有些伴侣要像仇人一般的各奔东西,但是有的却幸福甜蜜地在同一屋檐下继续他们的生活。所以,这些问题不是让婚姻触礁的根本问题。

现代心理学者和婚姻治疗协谈者最常听见的对婚姻的怨言是夫妻之间缺乏沟通,或者因为一方不关注沟通,或者是因为双方都缺乏有效沟通的能力和技巧。美国《女士家庭杂志》关于家庭中所面临的重要问题的调查,在大约3万名妇女的调查中发现,家庭所面临的问题中只有一个问题能与金钱问题抗衡,那就是"缺乏沟通"。而现实生活中我们发现,只有那些能彼此分享感情并坦诚相待的夫妻,才能享受幸福美满的婚姻。李·马可博士(Dr. Mark Lee)引用一个11个国家的研究说:"最快乐的夫妇,是彼此谈话最多的夫妇。"作为一位婚姻治疗协谈者,马可博士注意到:"疏远感是婚姻中潜在的一个问题。我们知道一般的夫妻,在结婚1年之后,每周只有37分钟花在有意义和亲密的交谈上——这实在是太少了。"

在一个特别的访问中,采访者要求赫伯·葛利门律师(Herbert A. Glieberman)说出夫妇分手的主要原因。葛利门25年来一直是从事离婚及家庭纠纷事务的法律专家,他的回答是:"最主要的是没有坦诚地沟通,没有以最要好的朋友的方式相待……我发现太多的人只是闲话家常,而没有向对方说明有意义的话……"

里昂·柏士凯利亚在《美国今日报》发表其调查结论说:"至少有80%的人回答说,使婚姻继续下去,最重要是沟通,是彼此坦诚相对的谈话。"

李恩·华特(Lynn Atwater)是瑟顿大学(Seton Hall University)的社会学教授,她认为,女性在情感中追求更深的爱。她指出新的研究显示,女人把爱情看得比其他更重要,不像男人,以性为爱的主因。"男人总是问我,他们能做什么以预防妻子有外遇,"华特说:"我建议是多与她说话。"据华特的说法,女人在爱情中视感情的沟通为最大的回报。

人与人之间的沟通按照交流内容可以分为三种情况。

第一,是社交性沟通,通过语言接触,分享浅层的生理或者心理体验,这是建立社交关系的闲聊。比如"……怎么样……"的谈话。

第二,是知识性沟通,是用来传递资讯的方式,知识性沟通像一场乒乓球比赛,你来我往,双向沟通。

第三,是感性沟通,这是一种真正敞开心扉,卸下心中重担分享内心感受的沟通,是一种宣泄性、深层次的心理沟通,是人际关系的润滑剂。

在婚姻关系中,社交性沟通和知识性沟通都是比较常见和容易发生的,夫妻之间缺少的就是感性的沟通。

婚姻是两个人一起生活朝夕相对的过程,就像勺子碰锅沿一样必定会因误会而产生各种摩擦,这些摩擦就像落到整洁的婚姻上面的灰尘,当灰尘越来越多,两个人之间的亲密感就会越少,交流的动机也随之泯灭,于是冲突产生了。

上帝给了我们两只耳朵一张嘴,就是要求我们更多地听,更少地说。但是在婚姻的夫妻沟通中,每个人说的都比听对方的信息要多。因为大多数人在沟通时,更愿意作为说话者说出自己的立场、感觉、想法和主张,而不是做倾听者,说话者会让人感觉自己更被关注和重视,感觉更舒服和愉快。对大多数人来说,倾听是沟通中最困难的层面,倾听永远不会自然发生。

当每个人把自己的立场感觉想法和主张向别人灌输时,对方的感觉大都是不好的,在婚姻的障碍中,他们不是缺少传递信息的沟通,而是充斥了太多没有倾听只有诉说的失败沟通,这才是夫妻产生痛苦和伤害产生的根源。

婚姻中需要的成功沟通是什么样的呢?

(1)有倾听才有沟通。大多数的人以为谈话就是沟通,是使别人知道他们观点的方法,然而这仅仅是单向沟通,像领导下达任务一样,这是不利于婚姻中两性关系的和谐的。有意义的沟通,是双向式的沟通,是有说有听有反馈的沟通,最重要的有倾听才有沟通。

《兰登书屋辞典》将沟通定义为"以书写或说话等方式,给予或交换思想、感觉、意见等诸如此类的事。"婚姻治疗协谈者诺曼·莱特博士（Dr. H. Norman Wright）著有许多绝佳的家庭沟通书籍，他对沟通的定义是："沟通是一种与他人分享信息的言语的或非言语的过程，它使人了解你的看法。'谈话'、'倾听'、'了解'都是进行沟通的方式之一"。杜维特·斯摩尔（Dwight Small）认为沟通"是两个人完完全全地说出日常生活的种种需要，并且尽量以积极有意义的态度参与对方的生活"。而通俗一点说，沟通就是真实地将你自己向别人敞开，而这样的沟通是拯救现代不良婚姻的良药。

（2）沟通需要夫妻共同关注。沟通是让我们彼此可以更加了解对方的最简单方法。愈有真正沟通的能力，愈能促进彼此的感情。俗话说"一个巴掌拍不响"，沟通需要双方共同重视、实践才能达到良好的效果。

辛西亚·道奇（Cynthia Deutsch）在她的文章《沉默伴侣的危机》中说："如果其中有一位不愿意，彼此之间可以谈话，却无法沟通。谈话中最不容易的就是针对问题的沟通，因对方易感觉到受伤害。然而没有一种关系的存在是没有问题的，讨论问题乃是解决之道。若其中有一位不愿参与，就不能解决，而问题会得变很僵，并会牵扯到其他相关的事上。尤其是同一个人不断坚持拒绝讨论某些事件，就会让事情变得更糟了。"

道奇补充道："当伴侣中一位拒绝沟通，另一个人也会有强烈的倾向，拒绝在这关系中付出。短时间之内，这对伴侣便会因生气、感到不被接纳，而使彼此疏远。通常即使是主要事件被解决了，牵涉到的其他范围也一样需要重建。好的沟通，使人们能彼此坦诚相待。但好的沟通也是非常脆弱的，需要小心，一旦破裂，重建的工作通常是很痛苦的。"

## 二、婚姻触礁的失败沟通

夫妻之间最坦诚的沟通是争吵，争吵可以分为"良性争吵"和"恶性争吵"，良性争吵使两个人越吵越近，恶性争吵使两个人越吵越远。由于夫妻双方过于熟悉，对对方的期待都过高，争吵这种沟通方式又过于坦诚，夫妻之间缺乏彼此尊重的心态，而对于对方的言语信息常常作出各种错误认知和错误的反应去处理争吵，这就造成了婚姻中的触礁。

1. 以下几种在面对争吵时的做法都是幸福婚姻的杀手

(1) 否认冲突。夫妻之间的冲突发生了,但是不承认冲突或问题的存在,引起冲突的人或事被有意地忽略,也就不用解决冲突。

(2) 退缩。面对冲突以"沉默为应对",不谈论冲突而是避开引起冲突的人或事件。面对以退缩来应对夫妻之间冲突的人时,你说得越多,他越是沉默。如果用激烈的言辞去激惹他,往往使冲突变得更加激烈。

(3) 仇恨小账户:把冲突、愤怒和纷乱淤积在心里,最后无可避免地爆发出来。

2. 击破婚姻的4大态度

(1) 轻视、否定。轻视、否定对方是对对方价值感的冲击,这是挑起深层次矛盾冲突的原因。它包括三种做法:抱怨、批评攻击、轻蔑。

抱怨:妻子说:"你怎么这么晚才回来?饭菜都凉了,我也等得饿死了。"这时候如果丈夫也正好心情不好,很容易产生丈夫的防卫反击。

批评攻击:丈夫在等待妻子整理好以后一起出门,等得不耐烦了就说:"你这个人怎么搞的,总是不守时,要别人等你,迁就你。"这是对人格的批评和攻击。

轻蔑:妻子对丈夫说:"你死到哪里去了?知不知道现在几点了?你是什么样的爸爸?要全家饿死吗?知不知道你一直无法升迁,就是因为你这老是不守时的死毛病?"

(2) 防卫反击。人类在遭受别人攻击时会有两种反应,或逃跑或战斗。在夫妻争斗中如果一方感觉遭受攻击了,往往产生防卫反击的做法。

妻子:你到哪里去了,怎么到现在才回来?知不知道现在几点钟了?

丈夫:要不是你爱花钱,家里经济紧张,我才不想加班呢!

妻子:我没乱花钱,你不要冤枉人,这个月我只买了一件衣……

丈夫：你上个月买了两件……

妻子：虽然我钱赚得没你多，我也一样上班，回家又做大部分的家事，偶尔买点自己喜欢的东西，你就斤斤计较……你也不想想，到底是谁害我们家里经济紧张？要不是你一直寄钱给你那没人要的姐姐……

丈夫：你给我住嘴……不准你侮辱我的家人！

妻子：你要怎样？你敢动手打人？天下哪有这种事，只准你骂人，却不准我回嘴，我偏要说……

丈夫怒吼：你混账，再不住嘴，我就跟你离婚……

妻子：你竟敢威胁要离婚？当初那么多人追求我，只怪我被爱情弄瞎了眼，下嫁你这穷小子……没想到你现在竟丧尽天良，离婚就离婚，有种明天你就给我搬出去。

丈夫：何必等到明天，我现在就走……

在这种防卫反击中，双方都不肯承担责任，也不会道歉，看不到自己可能亏欠别人之处，只一味把过错推到别人身上，喜欢自己扮演那"无辜牺牲者"(Innocent Victim)的角色，而使对方在不知不觉中扮演"迫害者"或"恶人"的角色。

(3) 筑墙逃避。在夫妻双方发生争执以后，一方会发生离家出走或者一个人单独呆在一个地方，不肯再有和对方沟通的情况，一般来说，女性大多扮演"追逐者"的角色，男性大多扮演"逃避者"的角色。男性'筑墙逃避'时，并非要逃避妻子蓄意伤妻子的心，他们真正想逃避的是"冲突"，但是女性接受到的信息是："我讨厌你这个人，我要抛弃你，跟你断绝关系"。因此，筑墙逃避的做法会让主动的一方更容易发狂，导致婚姻产生更大的裂痕。

(4) 负面诠释。在冲突面前，夫妻一方或者双方有种强烈的感受，觉得婚姻问题已严重到不可能解决的地步，冲突的过程是"正在离婚"的过程。或者夫妻对对方都有强烈的敌意，不是战火连连，就是尽量避免接触。

在帕特里夏·诺勒(Patricia Nollar, 1980)的研究中发现，与幸福婚姻中的丈夫相比，不幸福婚姻中的丈夫会发出更多令人迷惑的信息，在解读信息的时候出错也往往更多，但是妻子却没有太大的差异。后续的研究也发现,不幸福婚姻中的丈夫总自信地认为他们做到了很好的沟通。不过不幸福的婚姻中的夫妻在了解陌生人的意图时都是比较准确的,导致夫妻间的无法沟通的原因,诺勒认为是由于两人之间的宿怨导致了他们在互相了解对方意图时和真实情况的差距越来越大。

夫妻之间在长期沟而不通之后,习惯性地避免冲突,或是想办法自欺,在心灵受伤时,不断告诉自己"我不痛",两方像两条平行线,生活没有交集,在同一屋檐下,却形同陌路,最终走上婚姻破裂之路。

### 三、成功沟通是夫妻幸福之道

卡特·罗杰斯说过:如果我能够知道他表达了什么,如果我能知道他表达的动机是什么,如果我能知道他表达了以后的感受如何,那么我就敢信心十足地果敢断言,我已经充分了解了他,并能够有足够的力量影响并改变他。

如果现在你的婚姻遇到了暗礁,你的另一半对你有了成见,对你们的婚姻开始怀有负面的期待,或许,你通过了解他(她)、感受他(她)、体谅他(她),在夫妻沟通技巧的指引下,有足够的力量影响并改变他(她),使你们的婚姻走上幸福成功之路。

## 第四节 有效沟通拥有幸福婚姻

### 一、拥有幸福婚姻

1. 对婚姻的合理期待

现在人们常说"没有爱情的婚姻是不道德的婚姻",当你和你的另一半分手的时候,你会说"我们的爱情结束了"。婚礼上新人们也都被问到你爱不爱对方的问题,只有两个人都说爱的时候,才被宣布为正式成为夫妻。但纵观人类的历史,择偶很少与浪漫的爱情有关,婚姻更多地是出于经济、政治、生儿育女繁衍后代的考虑。封建社会的包办婚姻,是在两个人从来没有见过面的情况下入洞房的;国王的女儿也经常成为维系边疆安定的筹码而嫁入另一个陌生的疆土。

由此可见,爱情是婚姻的基础这一论断,是在近期才越来越被关注的。从《罗马假日》到《泰坦尼克号》,我们看到这些浪漫的爱情也都没有走入婚姻的殿堂。

人类学家看待爱情时说:爱情不能构成婚姻和家庭的基础,不管这种观点是多么受人珍爱。没有一种文化会把爱情这样一种短暂易变的情感作为某种重大制度的基础。爱情会消失,但经济需要却永远伴随着我们。

婚姻中的爱情,可以持续一辈子,但是它需要有频繁地放弃我们对配偶"应当怎么样"和"如何做"的期望以及寻求更多的理解和接受的能力。这种能力,也是伴随着个人人格的成熟而逐渐产生的。

2. 幸福的婚姻需要经营

"王子和公主结婚了,从此过上了幸福的生活。"这样的爱情故事的结尾也仅仅是在童话故事中出现,但是现实中的每个人都知道,这是用来哄小孩睡觉的童话故事结尾。婚姻是需要经营的。婚姻的经营,有可能带你进入天堂般的境界,也有可能带你进入地狱一般的生活。

司马相如和卓文君的爱情故事不能说不浪漫,但是从琴棋书画诗酒花的恋爱,进入婚姻接触了柴米油盐酱醋茶以后,也照样出现婚姻的危机。

司马相如是西汉一位著名的才子,精通琴律。但司马相如家徒四壁,到临邛县投靠担任县令的好友王吉,寄人篱下。一次司马相如应邀到到临邛首富卓王孙家做客,在众人附庸风雅的提议下,司马相如开始弹琴赋诗。卓王孙的女儿卓文君是个著名的才女,秀美聪慧,爱好文学和音律。卓文君久慕司马相如才华,因此听到琴声,隔帘窥望,司马相如早知卓文君之美丽和才气,依稀知道一位风姿绰约的女郎在帘幕的后面聆听他的琴声,于是司马相如乘酒兴作了一首琴曲《凤求凰》:凤兮凤兮归故乡,遨游四海求其凰。时未遇兮无所将,何悟今兮升斯堂!有艳淑女在闺房,室迩人遐毒我肠。何缘交颈为鸳鸯,胡颉颃兮共翱翔!皇兮皇兮从我栖,得托孳尾永为妃。交情通意心和谐,中夜相从知者谁？双翼俱起翻高飞，无感我思使余悲。

卓文君听出司马相如在用《凤求凰》这首诗向她倾诉爱慕之情，但是碍于卓王孙对两人情意的阻碍，就在某天夜里毅然随司马相如私奔了，过上了清贫的生活。卓王孙对女儿私奔十分恼火，不肯周济他们。卓文君不愧是一个有胆识有智慧的女子，她就在娘家对面开起了一个夫妻酒店，卓文君当垆卖酒，司马相如故意当众洗涤碗筷杯盘，提壶送酒，像个酒保。

这种落魄地步使卓王孙感觉太丢面子，羞得连大门也不敢出。后来在亲戚朋友和县令的劝说下，送给了女儿、女婿童仆百人、钱百万，并厚备妆奁一笔财物，司马相如和卓文君开始过起了富裕的生活。

汉武帝即位后，偶然间读到了司马相如的《子虚赋》，读罢大加赞赏，遂把司马相如提拔至京师做中郎将。转眼几年过去了，远在成都的卓文君盼夫不归，只盼到一封书信，上面只有"一二三四五六七八九十百千万"这些字，卓文君一看就知道，没有"亿"便知是无"意"与她重续前缘。

这个时候的卓文君虽然心中万分难过，但是毕竟卓文君是一个有学识的知识女性，最重要的是卓文君的心中依然存在着对司马相如深厚的爱意，于是灵机一动，将这些数字连缀成诗，托人捎给司马相如：

一别之后，二地相思；只说是三四月，又谁知五六年。七弦琴无心弹，八行书无可传，九连环从中折断，十里长亭望眼欲穿，百思想，千关念，万般无奈把郎怨。万言千语说不完，百无聊赖十依阑，九月重阳看孤雁，八月中秋月圆人不圆，七月半烧香秉烛问苍天，六月伏天人人摇扇我心寒，五月榴花如火，偏遭冷雨浇花端，四月枇杷未黄，我欲对镜心已乱，急匆匆，三月桃花随水转，飘零零，二月风筝线儿断，咳，郎呀郎，恨不得下一世你为女来我作男。

司马相如见诗后深为感动，不久便借公事回来与文君相聚。又开始了他们幸福的婚姻生活。但是后来，司马相如又意欲纳茂陵女子为妾，宽容聪慧的卓文君又作了一首《白头吟》：

皑如山上雪,皓如云间月,闻君有两意,故来相决绝。
今日斗酒会,明旦沟水头,蹀躞御沟止,沟水东西流。
凄凄重凄凄,嫁娶不须啼,愿得一心人,白首不相离。
竹竿何袅袅,鱼儿何徙徙,男儿重义气,何用钱刀为?

最终,司马相如终未纳妾,两人白首偕老,安居林泉,又度过了10年恩爱岁月,后相继去世。

从司马相如和卓文君的婚姻经历来看,再浪漫的婚姻中也一定会有问题发生,但问题本身并不是问题,如何看待和解决这些问题,才是真正的问题。从卓文君的做法中,我们看到一个睿智女性对婚姻的经营,这种经营无疑是一种成功的经营,使他们的婚姻从障碍中一次次走向成功和成熟。

## 二、有效沟通的技巧

美国奥斯丁市的得克萨斯大学社会学家德布拉·翁贝森(Debra Umberson)和她的同事进行了另一项纵向研究,证实了范拉宁哈姆研究小组的结论:婚姻质量确实随着时间下降。而且,她们的研究还测量了年龄对婚姻幸福感的独立效果,与婚姻持续时间研究进行比较。她们发现,夫妻的年龄越大,他们拥有良好婚姻的可能性就越大,这也许是因为,在面对婚姻中的矛盾时,他们的情感反应不如年轻人激烈,或者,他们更欣赏彼此的优点。

浪漫爱情的延续需要技巧,否则就会过早夭折。研究发现,非言语性技巧可能决定关系的满意程度,技巧差可能导致关系差,技巧好导致关系好。而满意的关系也可以决定人们会尽多大努力来进行良好的交流,不良的关系产生了差的沟通,满意的关系导致了更好的沟通。

1. 婚姻成功沟通的5要诀

(1) 没感受到爱,并不等于别人没给你爱,问题可能出在"爱的语言",因此,夫妻要努力学习对方爱的语言。

(2) 配偶不是神,没有能力、义务要满足我们所有的需求。自己的幸福快乐,要自己负起责任,别向配偶"讨债"。

(3)别让外界压力侵入婚姻与家庭之中。

(4)每人都有优缺点,也都有潜能与善意,所以我们可用心去帮助对方成功,并帮他(她)把善的一面发挥出来。

(5)健康的婚姻,筑基于健全的个人。

2.如何争吵

(1)控制情绪。在争吵的内容方面,幸福的夫妻和不幸的夫妻之间没有显著性的差异,但是他们所接受到的言语背后的信息却是完全不一样的:不幸的夫妻所接受到的对方的信息更加具有批判性和不被尊重的体验。婚姻专家的研究发现,刚开始进入婚姻的夫妻在幸福感的体验上也没有太大差异,但是5年以后,后者所体验到的婚姻幸福感却大打折扣。之所以产生这样的原因,是因为有的夫妻被因争吵而产生的强烈的负面情绪所控制,做出了对对方动机极端负面的认知。如何不被负面情绪控制:①直接问而不猜测对方的动机,这样可以避免因误会产生不必要的负面情绪;②深呼吸两次,同时把注意力转移到别的事情上。最好在平常不生气时,就想好一些情绪中性的话题,在"战火"高升时用来转变焦点,减缓怒气,避免冲突;③"48小时"规则。当有一方怒火填膺,上述方法仍无法平静时,两人同意分开半小时以上,然后约定在48小时之内,找个心情较好的时刻深谈。

夫妻争吵时,当以下情况发生时要叫暂停:①两人之间的情绪变得激昂;②不断重复同一件事、同一句话,而且愈来愈坚持己见;③音量变大,声音便高,口气愈来愈强;④情绪像洪水,快要泛滥。

如何叫暂停:①使用两人事先约好的信号;②离开现场,到事先已经选定的房间或地方;③听听音乐或做些你喜欢的事来安抚自己的情绪;④把刚才发生的事记下来,清理思绪,标明自己的感受、双方的需要、自己该注意并改变的地方;⑤别一直想对方做错的地方,也不要以偏概全,只看见对方个性中的缺点。

回来化解矛盾的时机:①等两个人都觉得情绪已经稳定下来;②可以先做些日常琐事,然后再回来谈你们没有解决的问题;③有时两人都好好睡一觉,休息够才能有效地回来处理问题;④如果其中一人还没准备好,应再叫暂停。

谈完离开时的规则:①不可大声关门;②不可负面批评;③尽快解决问题比拖延好,最好48小时内回来沟通;④不要让注意力集中在对方说的某句话或某件事,别被这些小细节分心,而忘了想达成的大目标;⑤不可禁止配偶离开或是紧追不舍;⑥记住这只是暂时,而不是永远分开;⑦当情绪又变激昂时,赶快再叫暂停,努力保持冷静离开现场。

(2)设定吵架标准。为了使夫妻生活中最坦诚的沟通——争吵是良性的,夫妻应该在彼此心情都很愉快的时候,共同制定一个吵架标准,这个吵架标准会让我们认识到:家庭并不是一个讲"理"的地方,而是一个谈"情"的地方,谈的是感情,沟通的是情感和情绪体验,而不是对对方的指责。①无论吵到什么情况,谁也不能动手,谁也不能骂人,不能摔东西,因为东西是属于我们这个家的;②无论吵到什么情况,一定不能提"离婚"两个字,不能说"没法过了"。我们可以在很冷静的时候去毫无顾忌地谈离婚,但是一定不能在吵架的时候说离婚;③彼此告诉对方,自己最怕别人伤害自己的话是什么。比如,如果我是农村来的人,父母都在农村,吵架的时候,你无论如何不能说,"你们这些农村人,什么都不懂,就是没见识!"这个我就受不了;④吵架的时候学会暂停,可以约定哪次吵架是谁首先喊停。

在此,要认识到冲突不是坏事,压抑才是伤害婚姻关系的最大杀手,在争吵中不要争对错,因为每个人的看法不同。每个人的看法都有它的道理。冲突是使爱更上一层楼的机会,冲突是通往亲密关系的康庄大道。

3. 如何倾听

有人在解释什么是爱(LOVE)时说,爱就是4个字母:L,倾听(Listen);O,奉献(Offer yourself);V,尊重和荣耀(Value and Honor);E,拥抱(Embrace)。爱中有倾听。

杜维特·斯摩尔(Dwight Small)认为,夫妻之间的沟通"是两个人完完全全地说出日常生活的种种需要,并且尽量以积极有意义的态度参与对方的生活"。沟通是真实地将你自己向别人敞开。向别人敞开,就意味着分享你的情绪、内心的想法、深处的伤痛和极大的喜乐,这些都是健康之爱与亲密关系的重要部分。婚姻与家庭的心理学者艾伦·彼得生(Dr. J. Allen Peterson)说:"心灵上的沟通,除了家庭和孩子外,应包含每天的生活经验、思想与感受的分享。"

在听对方讲话时,会有三个层面的倾听。第一个层面是听事实(Fact),也就是对收到的信息仅仅在听觉这个器官上被感知到,没有真正去理解,就像左耳进右耳出一样。这一般属于社交谈话的倾听。第二个层面是认知(Perception)到,也就是通过耳朵听了以后,通过大脑的理性分析对信息有所认识和评价,这属于知性谈话的范围。第三个层面是听懂对方的情绪(Emotion),这是用心听对方言语信息背后的情绪体验,是一种深层次的倾听,属于感知谈话范围。研究表明,大部分人至多是中等程度的听者,往往更多关注事实和认知层面的内容,而忽视的最重要的情感层面的倾听,这就是我们觉得对方不理解我们,对方也觉得我们不理解对方的原因。

那么怎样做到对对方的理解呢?

要认真倾听,需要做到听懂对方的情绪。要做到听懂对方的情绪,在态度上首先要做到尊重对方,把对方放在和自己一样有能力、需要和值得被尊重的位置上。

在行为和外部表现上,倾听的过程中不仅包括耳朵的付出,更需要眼睛的关注:认真接受对方的信息,不仅包括声音的信息,更包括对肢体语言、面部表情等非言语性语言的观察和解读;用对待"王"的尊重姿态来面对倾诉者,全身心地投入,一心一意地听。但是认真的倾听并不是一直要保持沉默,需要有积极反馈信息给倾诉者,比如重复对方的感受,或者用"然后呢"、"后来呢"等言语表达自己的倾诉者话题的关注。此外,还要表达出对倾诉者感兴趣的非言语性语言,包括目光的接触、微笑、不时地点头以及和对方一致的表情,这会给对方带来被尊重和关注的感觉,这会促进交谈者之间的和谐关系。

比如,如果妻子说:"实在没想到他竟是这种无理的人……"如果丈夫说:"太太啊,对方说得有理,你是该……"妻子肯定会非常生气,然后妻子对这个无理的人的怒火就会转移到丈夫身上,妻子会感觉更大的怒火,导致夫妻恶劣争吵的发生。

有智慧的丈夫会在此关键时刻先肯定并支持妻子的情绪,甚至从妻子的角度替妻子批评一下外人所做不尽完美之处,然后等妻子冷静下来以后再进行合理的劝解。

其实丈夫这时候也可以连什么话都不用说,只要用关怀的眼神,点点头或给妻子一个拥抱,都能让妻子感到丈夫理解她,这对她来说是一个莫大的安慰,她也会更愿意向丈夫倾诉她的苦恼,倾诉完苦恼之后的妻子会在生活中更加关爱自己的丈夫。

在倾听的过程中,最重要的是不要粗鲁地打断对方的讲述,打断对方对对方来说意味着"他(她)对我的讲话不感兴趣"。大卫·奥格斯柏博士(Dr. David Augsburger)提出了不真诚的倾听对对方自我评价的影响。

① 若你听我说,那我所说的就是值得听的;
② 若你忽视我,我就是令人厌烦的;
③ 若你同意我的观点,那我就算是有价值的人;
④ 若你不接受我的意见,我就无话可说;
⑤ 若我们相处时,非得接受你的意见作为我自己的看法,那我们将无法保持彼此尊重的关系;
⑥ 若你用你的观点来限定我,那我们将有所隔阂。

但是这并不是意味着你永远不打断对方的讲述,其实感情好的夫妻在对话中比较会打断对方的谈话,只是打断对方的态度是非常诚恳的、尊重的,而打断的目的并不是要求对方不要继续讲了,而是用来澄清一些事情,比如确定你所听到的是正确的信息,问恰当的问题来澄清你不明白的事等等。

所以,倾听是一种全身心的听,倾听不是我们与生俱来的本能,而是需要我们不断练习的过程。

4. 换位思考

在倾听过程中的反馈尽量采用"换位思考"的方式,是促进倾听效果至关重要的催化剂。曾经听过这样一个讲述丈夫和妻子互换角色的故事。

记得以前看过这样一个故事:一个男人每天出门工作,他的老婆整天呆在家里,对此他感到非常不公平。他希望老婆能明白他每天是如何在外打拼的。于是,他祈祷:全能的主啊,我每天在外工作整整8小时,而我的老婆却仅仅是呆在家里,我想要让她知道,我是怎么过的,求你让我和她的躯体调换一天,阿门。

无限智慧的主,满足了他的愿望。

第二天一早,他醒来,就已经作为一个女人了。他起床,为他的另一半准备早点,叫醒孩子们,为他们穿上校服,喂早餐,装好他们的午餐,然后开车送他们去学校。回到家,他挑出需要干洗的衣服,送到干洗店,回来的路上还顺路去了银行,然后去超市采购。再次回到家,放下东西,还要缴清账单,结算支票本。

当他打扫了猫舍,给狗洗完澡,已经是下午1点了。他匆忙整理床铺,洗衣服,给地毯吸尘,除尘,清扫,擦洗厨房的地板。他冲往学校去接孩子们,回来的路上还和他们争论一番。他准备好点心和牛奶,督促孩子们做功课,然后架起烫衣板,一边忙着,一边看一会儿电视。

4点半的时候,他开始削土豆,清洗蔬菜做沙拉,给猪排粘上面包屑,剥开新鲜的豆子,准备晚餐。吃完晚饭,他开始收拾厨房,打开洗碗机,叠好洗干净的衣物,给孩子们洗澡,送他们上床。

晚上9点,他已经支持不住了,然而,他的每日例行工作还没有结束。他爬上床,在那里,还有人期待着他,他不能有任何抱怨。

第二天一早,他一醒来就跪在床边祈祷:主啊,我真的不知道自己是怎么想的,我怎么会傻到嫉妒我的老婆能成天呆在家里呢,求你,哦,求求你,让我们换回来吧。

无限智慧的主回答他:我的孩子,我想你已经吃到了苦头,我会很高兴让一切恢复原来的样子,但是,你不得不再等上9个月,昨晚,你已经怀孕了……

这是一个真正站到对方的立场上想事做事的寓言故事,丈夫总觉得自己很辛苦,女人生活则很舒适,而变成女人,体验了女人的辛苦,才觉得做妻子真是不容易。其实这种做法在现实中叫做换位思考。

换位思考是一种从说话者的立场去思考和理解对方所说的话的过程,这种过程可以帮助我们不仅准确地理解对方的信息内容,更重要的是理解了对方信息中的感情成分,理解了对方信息中没有直接表达的含义。作为丈夫需要多站在妻子的立场上想问题,去理解妻子言语背后的心理需求,作为妻子,也要多站在丈夫的立场上思考丈夫言语背后的心理需求。互相体验对方说话的感觉、需求、经验和想法等,不加入任何的主观的见解,从而获得共鸣性的了解并回应对方,以建立信任、关怀、理解的互动关系。

换位思考的两个层面:第一个是表层的换位思考,就是听者简单地解析、重述或总结沟通的内容,更多地是用自己的语言重复了对方讲述的言语内容。第二个层面是深层的换位思考,听者不仅有表层的参与,也能理解对方隐含的或没有说出来的内容,并用自己的语言表达出对对方的情绪情感的体验。

换位思考不一定要你变成对方才可能做到,也不需要变成异性,像异性那样思考和讲话。毕竟这仅仅是一种使你的两性关系更加和谐,生活更加幸福的途径,就像你用新款的汽车是你的生活更加便利一样,你不一定要成为一名汽车技师,你只要知道怎么使用即可。

## 三、幸福婚姻三种形态

莎士比亚说:幸福的家庭都是一样的,而不幸的家庭各有各的不幸。不过,婚姻研究专家的研究发现,幸福的婚姻并不只以一种形态呈现,而是有多种表现方式,其中肯定型、火热型和阴柔型是最典型的幸福婚姻的形态。

1. 肯定型

这是每个人心目中所憧憬的婚姻状态,夫妻相敬如宾,互相尊重关爱,善于发现对方爱的表达并向对方表示感谢,意见不同时虽也会争吵,能够想办法互相了解,以合理幽默的方式解决冲突。

2. 火热型

夫妻像坦克车对坦克车,两人都很有主见,也都相信有话直说。他们吵起架来情绪激昂,并且音量很大,他们虽会彼此大吼,也会为吃醋而争吵,但他们说话的内容并不伤人。他们习惯于大声争论,吵架不但没有给他们带来伤害,反而成为他们婚姻生活的调味料。他们之所以能如此愈吵愈相知,甚至以吵架为乐,是因为他们在平日生活中有许多甜蜜热情的时刻。

婚姻专家研究发现,夫妻之间有一个情感账户,这个账户会记录日常生活中对方和自己在情感方面的收入和支出,这些收入和支出的数额在夫妻每个人心里,都有一个自己的标准,当情感账户中的存款和取款的比例大于5∶1时,夫妻就会觉得他们的婚姻是幸福的。火热型的夫妻之所以能幸福,是因为他们之间彼此相爱的正向互动与彼此伤害的负向互动发生的比率大于5∶1。

3.阴柔型

夫妻像潜水艇对潜水艇,两人都不喜欢争执,遇到冲突时,他们并不忙着指控对方,而能各自安抚自己的情绪,他们也努力去接纳彼此的差异。这种类型的夫妻即使有冲突也不会造成大的伤害,这也是因为他们与"火热型"的夫妻一样,情感账户是丰裕富足的。

四、活在爱中的小秘诀

只要注意日常生活中极为简单的小事,并用心去做去发现,你就能够为你们的情感账户存入更多的爱,你就更多的生活在爱中。

(1)买食物时,看到对方最爱吃的东西,就记得顺手买一盒。

(2)白天虽忙着自己的事,偶尔也会想想配偶现在正做什么,打个电话询问一下。尤其当这些幸福夫妻知道对方有病看了医生,或与上司有个重要的约谈,更会在工作中抽空打个电话或发个电子邮件表示一下关怀。

(3)配偶在外受委屈时,另一方会表达支持。

(4)看电视时手搭在对方肩膀或靠着对方。

(5)吃水果或看报时脚勾着对方的脚。

(6)手拉着手一起听音乐或一起走路等等,小动作中流露出两人关系的亲密,进而增进两人的感情。

(7) 称赞对方,用言语或其他方式表达你欣赏并感激对方。

(8) 分享自己的喜乐。

(9) 在伤了对方之后,有勇气道歉。

(10) 按时安排两个人共同做一件事情的时间。

(11) 多拥抱,在上班之前,或者下班一回家。

要拥有幸福的婚姻,还需要建立在个体人格成熟的基础上,最重要的是每个人都要有自己独立健康的人格。纪伯伦在《论婚姻》中说:"在合一之中,要有间隙。"琴弦虽然在同一的音调中颤动,但每根弦却都是单独的,这样才能演奏出美妙的乐曲。婚姻是一对一的自由、一对一的民主。不要偏执地认为"你是我的",不要不给对方自由的、独处的空间,那样就会使自己的爱巢变成囚禁对方的监狱。一首古老的法国歌曲唱道:"爱是自由之子,从不是统治之后。"

但是,由于我们每个人的成长经历不同,这些经历会影响着你在亲密关系中的行为表现和心理体验。在这些经历的影响下,的确有些人是暂时不合适进入两性之间的亲密关系的。因为人格不够成熟、自我边界不够清晰,在亲密关系中对对方的要求往往远远超出合理的范围,这会给对方带来太大的压力,也会让自己感觉遍体鳞伤。如果你经历了几段感情之后依然有同样的痛苦,感觉两性之间的亲密关系给自己带来的痛苦,远远大于给自己带来的愉悦之情的话,建议您能够首先见见婚姻家庭咨询的专家,然后再使用本书中讲述的内容,从而拥有幸福美满的两性关系。

# 第十一章 设定目标

幸福,它与我们的生活状态有关。很多时候我们感到生活索然无味、不快乐,是因为我们不知道自己想干什么,不知道自己为了什么而活着,不知道自己该做哪些事情。幸福感很大程度上来源于我们对生活的满足感,而满足感则来自于我们参加各项社会活动的收获:学习、工作、社会交往……也就是说,如果我们有目的地去做某件事情,这件事情成功了,我们就会有满足感,就觉得幸福。因此,清晰的目标是我们获得快乐和幸福的重要基石。

## 第一节 目标概述

### 一、目标的心理学研究概述

#### 1. 什么是目标

有人认为目标就是成功,有人认为目标就是我们的理想,但是比理想具体一些,而且离我们更近一些;有人认为目标就是我们明天要做什么,还有人认为目标就是我们对生活的计划……究竟什么是目标呢?心理学家将目标界定为,一个人想要在某一特定的时间内达到某一特定的行为标准。

从这个定义中,我们可以看出,目标具有以下特点。

首先,目标是特定的。很多人小时候都做过放大镜点燃报纸的实验,在一个天气晴朗的日子里,拿一张报纸铺在户外,然后拿一个放大镜,放在一个离报纸有一小段距离的地方,放大镜正对着太阳,放大镜不动,并把焦点对准报纸。坚持几分钟,放大镜就会借助太阳的威力让报纸燃起来。在这个过程中,如果没有耐心,移动放大镜,实验就不可能成功。目标也是一样,它是锁定在某一个特定的方面,比如在学业或者是事业方面。

其次,作为行为标准,目标不仅是具体的,而且是可以衡量的。有人说我的目标就是要成为一个有用的人,这个目标太不具体了,我们无法控制也无法衡量。比如说你想学习太极拳,你可以给自己定一个目标,每天学习两式,要求自己在两个星期内熟练掌握24式太极拳。这个目标就比较具体,能够按部就班地去做,目标容易达到。

再次,目标是有时间限制的,在某一特定时间内达到的。目标可以分为长远目标、中期目标或者是短期目标。长期目标可以是10年或者20年的,中期目标可以是1至2年或者3至5年的。短期目标可以是两个星期、3个月或者半年的。如果没有明确的时限,任何人难免偷懒,松松垮垮,谈不上实现目标。

2. 目标的作用

有很多名人阐述过目标对于生活的重要作用,比如,高尔基曾经说过,不知道明天要干什么事的人是不幸的人。一个人追求的目标越高,他的才力就发展得越快,对社会就越有益。爱默生说,一心向着目标的人,整个世界都给他让路。

目标究竟是怎样来影响我们的生活的呢?心理学家对目标设置进行相关研究,发现目标具有以下几个作用。

第一,目标具有指引功能。目标引导个体注意并努力采取与目标有关的行动,避免与目标无关的行动。心理学家进行了相关的实验研究,给学生一些具体的目标,并且安排学生阅读一些文章,一部分文章是与目标直接相关的,另外一部分文章是与学习目标无关的。结果发现,学生对与目标相关的文章的注意和学习均好于对与目标无关的文章的注意和学习。

1970年,美国哈佛大学对当年毕业的天之骄子们进行了一次关于人生目标的调查:27%的人,没有目标;60%的人,目标模糊;10%的人,有清晰但比较短期的目标;3%的人,有清晰而长远的目标。

1995年,即25年后,哈佛大学再次对这一批1970年毕业的学生进行了跟踪调查,结果是这样的:3%的人,25年间他们朝着一个既定的方向不懈努力,现在几乎都成为社会各界的成功人士,其中不乏行业领袖、社会精英;10%的人,他们的短期目标不断实现,成为各个行业、各个领域中的专业人士,大都生活在社会的中上层;60%的人,他们安稳地生活与工作,但都没什么特别突出的成绩,他们几乎都生活在社会的中下层;剩下27%的人,他们的生活没有目标,过得很不如意,并且常常在抱怨他人、抱怨社会、抱怨这个"不肯给他们机会"的世界。

其实,他们之间的差别仅仅在于:25年前,他们中的一些人知道自己的人生目标,而另一些人不清楚或不是很清楚自己的人生目标。

第二,目标具有动力功能。你给自己定下目标之后,目标就会在两个方面起作用:它既是努力的依据,也是对你的鞭策。目标给了你一个看得着的射击靶。随着你努力实现这些目标,你就会有成就感。对许多人来说,制定和实现目标就像一场比赛。随着时间的推移,你实现了一个又一个目标,这时你的思想方式和工作方式也会渐渐改变。有一点很重要,你的目标必须是具体的,可以实现的。如果目标不具体——无法衡量是否实现了——那会降低你的积极性。为什么?因为向目标迈进是动力的源泉。如果你无法知道自己向目标前进了多少,就会感到泄气,最后撒手不干了。

有一位瘦子和一位大胖子在一段废弃的铁轨上比赛走枕木,看谁能走得更远。瘦子心想:我的耐力比胖子好得多,这场比赛我一定会赢。开始也确实如此,瘦子走得很快,渐渐将胖子拉下了一大截。但走着走着,瘦子渐渐走不动了,眼睁睁地看着胖子稳健地向前,逐渐从后面追了上来,并超过了他,瘦子想继续加力,但终因精疲力竭而跌倒了。最后,在极大好奇心的驱使下,瘦子想知道其中的秘诀。胖子说:"你走枕木时只看着自己的脚,所以走不多远就跌倒了。而我太胖了,以至于看不到自己的脚,只能选择铁轨上稍远处的一个目标,朝着目标走。当接近目标时,我又会选择另一个目标,然后就走向新目标。"随后胖子颇有点哲学意味地指出:"如果你向下看自己的脚,你所能见到的只是铁锈和发出异味的植物而已;而当你看到铁轨上某一段距离的目标时,你就能在心中看到目标的完成,就会有更大的动力。"

第三,目标影响坚持性。

**小故事:**

　　1952年7月4日清晨,美国加利福尼亚海岸笼罩在浓雾中。在海岸以西21英里的卡塔林纳岛上,一位34岁的妇女跃入太平洋海水中,开始向加州海岸游去。要是成功的话,她就是第一个游过这个海峡的妇女。这名妇女叫弗罗伦丝·查德威克。在此之前,她是游过英吉利海峡的第一个妇女。那天早晨,海水冻得她全身发麻。雾很大,她连护送她的船都几乎看不到。有几次,鲨鱼靠近了她,被人开枪吓跑了。她仍然在游着。

　　坚持了15个小时之后,她又累又冷,她知道自己不能再游了,就叫人拉她上船。她的母亲和教练在另一条船上。他们都告诉她离海岸很近了,叫她不要放弃。但她朝加州海岸望去,除了浓雾什么也看不到。几十分钟后,人们把她拉上船。又过了几个小时,她渐渐觉得暖和多了,这时却开始感到失败的打击。她不假思索地对记者说:"说实在的,我不是为自己找借口。如果当时我能看见陆地,也许我能坚持下来。"人们拉她上船的地点,离加州海岸只有半英里!由于看不到目标,查德威克一生中就只有这么一次没有坚持到底。

　　两个月之后,她成功地游过同一个海峡。

　　人生也是这样,在没有目标的情况下做一件事情,我们很难坚持下去,没有目的地,我们将无法到达。很多职场人士都感受到了英语学习的重要性,很多人高喊着口号开始学习英语,但是没过几天就把学习抛到脑后。还有人感到很困惑,为什么以前在学校读书的时候能够坚持学英语,还通过了各种英语考试,而现在却怎么都学不进去了。原因很简单,以前我们有具体的目标,要达到什么样的水平,比如说是通过英语四六级,或者是托福和 GRE 要考到多少分。但是工作之后,我们仅仅是觉得英语重要,应该学,没有为自己制定一个可操作的目标,所以很难坚持。

第四,目标通过导致与任务相关的知识和策略的唤起、发现或使用,从而间接影响行动。

人的潜能是无限的,当我们有一个明确的目标的时候,为了实现这个目标,我们会发挥我们的力量,想出各种办法来达到这个目标。

有个勘探小组在原始森林里迷了路,食物和饮水都已用尽,只好用野果草类充饥。大家疲惫而迷惑地寻找着出路,绝望一步步逼近他们。祸不单行,勘探小组组长、德高望重的老教授一病不起,无法救治。弥留之际,老教授用颤抖的手从地上摸起一块鸡蛋大的石头,

用尽力气断断续续地说:"这块矿石很有……价值,你们一定要……走出……""去"字没说完就闭上了眼睛。众人含泪掩埋了老教授,悲痛之余深受鼓舞。听了老教授的临终嘱咐,得知此地蕴含着丰富的矿藏,对于地质勘测队员来说,这是最令人激动的事情。大家小心翼翼地呵护着这块矿石,在途中历经千辛万苦,终于走出了原始森林。后来,经过化验,老教授所指的这块矿石,不过是一块普通的石头罢了。此时,大家恍然大悟,老教授用一个善意的谎言,给大家指明了一个目标,让大家鼓起勇气,想尽各种办法从困境中走出来。

第五,目标激发我们的潜能。有人曾做过这样一个实验:将一只跳蚤放进杯中。开始,跳蚤一下就能从杯中跳出来。随后,若将杯子盖上一个透明盖,跳蚤仍然会往上跳,但碰了几次盖后,碰疼了,慢慢就不跳那么高了。这时将盖拿走,会发现那只跳蚤已经不能跳出杯子了,因为它将目标定到了不及盖的高度。我们常听人说"一个人追求的目标越高,他的才能发展得越快",也就是这个道理。目标能够让我们分清事情的轻重缓急,让我们集中注意力。没有明确目标的人会把自己的精力放在小事情上,而小事情使他们忘记了自己本

应该做什么。

## 二、目标与幸福感的关系

大多数人会有这样的经验,当我们一步一步向着我们的重要目标迈进时,我们会体验到满足感或者是幸福感。我们身边不乏这样的例子。

  林先生3年前本科毕业,现在在一家大型国企工作,收入虽然不是很高,但是工作稳定,有保障。生活上也没有什么后顾之忧,与女朋友关系稳定,已经进入谈婚论嫁阶段,父母身体也很健康。可是林先生觉得很不快乐,在他看来生活很无聊,工作重复简单。林先生也曾想跳槽或改行,但是在周围人眼里,这样做不值得,他的工作轻松,待遇也不错,研究生毕业都很难找到他现在这样的工作。听朋友这样说,林先生也很犹豫,不舍得放弃现在这个稳定的饭碗,但是一想到自己可能一辈子都要呆在这个地方,心里还是有些不甘。生活能够做些什么改变呢?没有人知道答案,日子就一天一天这样过着。

  在一次同学聚会之后,林先生下定了决心,决定改变自己的人生。今年元旦的时候,林先生参加了大学同学聚会,与一个在美国留学的同学交流了彼此的生活的经历和感受,这次交流让林先生看到了希望。林先生读本科时也想出国留学,希望去了解外面的世界,开阔自己的眼界。但是因为当时没有申请到合适的学校就放弃了。与同学的这一番交流又点燃了他心中的希望,出国留学是自己的梦想,趁着现在年轻,应该为自己的梦想再努力一次。经过认真的考虑,林先生决定辞掉现在的工作,申请去国外留学,毕业后再回国工作。

  有了目标的林先生,感觉生活充满了希望,工作和学习中也充满了动力。

厄尔·南丁格尔曾经这样写道:"幸福就是在不断进步中把一个有价值的愿望——或者说一个目标——变成现实。"

### 1. 目标相关理论

目标对我们的生活有重要影响,心理学家也从不同的角度阐述了目标与幸福感的关系。弗洛伊德认为,人最大的满足来自于本能的满足,尤其是性本能的满足,但是随着文明的发展,人们放弃了本能的快乐而去追求文明的目标,因此导致了幸福感的下降。

存在主义分析治疗的创始人维克尔·弗兰克尔认为,人类最大的需要就是活得有目标、有意义。目标让我们的生活有了意义和目的,它给了我们方向感。当我们朝着目标努力的时候,我们会感到越来越幸福、越来越坚强、越来越有活力和效率,我们会对自己和自己的能力越来越有信心。

人本主义心理学家则认为需要的满足会影响我们的幸福感,马斯洛的需求层次理论将人的需要分成五个层次:生理需要、安全需要、归属和爱的需要、尊重需要、自我实现需要。该理论认为,个体在特定水平上的需要得到满足以后,这方面的幸福感就会提高,进而追求更高层次的幸福。不同的人对幸福的追求是不一样的,对于连温饱都没有办法解决的人,安全保障、爱情归属、自尊荣誉等都是次要的,他的快乐与幸福首先在于解决温饱问题。当有了温饱之后,幸福首先在于求得生存的安全。有了生理的需要和安全需要的保障,人们才将幸福寄托于爱情、归属与自尊等方面。

2. 目标对幸福感的影响

基于幸福感的相关理论,研究者对目标与幸福感的关系进行了更加细致的研究,他们发现,目标的内容、个体实现目标的方式以及在实现目标过程中的成功与失败将影响人们的幸福感。

Brunstein 等人(1998)提出,当一个人能以内在价值和自主选择的方式来追求目标并达到可行程度时,个体的主观幸福感才会增加。即目标必须与人的内在动机或需要相适宜才能提高主观幸福感。人具有某些意识或未被意识到的动机或需要,满足这些需要,主观幸福感水平升高;与个人需要不一致的目标,即使达成也不能增加主观幸福感。比如,成就动机强的学生,成绩优秀时,主观幸福感升高;具有较强社会价值观的学生,在满意的人际交往中才感到更幸福。这个研究结论提醒我们,首先弄清自己的价值观,知道自己最看重什么。根据自己价值观设定一个合理的目标,伴随着目标的实现,我们的幸福感能够得到提升。

其次,目标与个人生活背景相适应,才能提高幸福感水平。生活背景重要成分之一是个人生活的文化背景。心理学家 Cantor 和 Sanderson 认为,当个人实现被其文化或亚文化高度评价的目标时,幸福感会增加;文化影响人们选择目标,从而成为影响幸福感的因素。造成人们体验幸福感系统差异的特殊文化维度是:个人-集体主义或自我独立-依赖。在个人主义文化中(如美国和欧洲国家),个人倾向于区分自己与他人,个人所体验到的情感是自己独特的体验,与自我相关的情感如自尊,与幸福感尤其紧密相关;而集体主义取向的文化中(如中国和日本),个人的主要目的并非区分自己与他人,而是与他人保持和谐一致,个人理想往往是所属群体的理想,由于自控的个人重要性削弱,个人的感觉、情绪、思想不被看作行为的决定因素,结果有关自我的情感在集体主义取向的文化中对决定生活满意度显得不那么重要。比如,一个生活在中国的孩子按照西方的文化来设立自己的目标,只要自己开心就行,不用顾及父母的期望,但这个目标很难得到周围人的认可,也很难体验到他理想中的幸福感。

## 第二节 确定目标前的准备

### 一、明确自己的价值观

亚里士多德说过,人的最终目标或目的是要获得个人幸福。当你的外在的行为与内心的价值观合拍的时候,你会非常幸福。也就是说,当你的生活完全符合你对美好、正确和真理的看法的时候,你自然而然会觉得很开心,觉得周围的世界十分美好。如果一个人外在的行为背离了其内在的价值观,那么他就会感到压力、沮丧、悲观、愤怒,甚至是心灰意冷。因此,为了获得幸福,首要的责任就是弄清楚自己的价值观。

1. 什么是价值观

有这样一个故事:从前有一只猴子,拿着一把豆子,行走时不小心掉了一颗豆子在地上。它便将手中的其他豆子都放在地上,回头去找掉落的那一颗。结果,非但没有找到那颗掉落的豆子,回头时那些放在地上的豆子,也都被鸡鸭吃光了。

如果你是猴子,你会如何做?

猴子手中的那把豆子,就像每个人能拥有的一切,例如:健康、金钱、声望、地位、面子、尊严、权力、爱情、学位等等。为了一颗豆子(学位、权力、爱情……)而把其他放弃,这样做到底是因小失大、愚昧无知,还是亦有可取之处呢?一般人一定认为猴子的做法是愚笨的,但是有人却认为是值得的,譬如有人为了爱情,牺牲了财富、声望,甚至最后自杀,但是还是没有得到爱情,你说这是个感人的纯情者,还是个一无是处的大笨蛋呢?

很多人会认为猴子不值得,其实值不值得最主要的关键在于个人的价值观。什么是价值观?价值观是指个人一种有系统的内在标准,可以反映我们对人、对事、对物珍视或排斥的程度,潜在地影响我们对行动方向的取舍。一个人的价值观包括对某种具体活动或事物的有用性、重要性或价值的判断,它与一个人的兴趣和态度有关。

心理学家对价值观进行了分类,美国心理学家洛克奇1973年在《人类价值观的本质》(The Nature of Human Value)中,提出了13种价值观。

(1)成就感。提升社会地位,得到社会认同;希望工作能受到他人的认可,对工作的完成和挑战成功感到满足。

(2)美感的追求。能有机会多方面地欣赏周遭的人、事、物,或任何自己觉得重要且有意义的事物。

(3)挑战。能有机会运用聪明才智来解决困难;舍弃传统的方法,而选择创新的方法处理事物。

(4)健康。包括身体和心理健康,工作免于焦虑、紧张和恐惧;希望能够心平气和地处理事物。

(5)收入和财富。工作能够明显、有效地改变自己的财务状况,希望能够得到金钱所能买到的东西。

(6)独立性。在工作中能有弹性,可以充分掌握自己的时间和行动,自由度高。

(7)爱、家庭、人际关系。关心他人,与别人分享,协助被人解决问题,体贴、关爱,对周遭的人慷慨。

(8) 道德感。与组织的目标、价值观、宗教观和工作使命能够不相冲突,紧密结合。

(9) 欢乐。享受生命,结交新朋友,与别人共处,一同享受美好时光。

(10) 权力。能够影响或控制他人,使他人照着自己的意思去行动。

(11) 安全感。能够满足基本的需要,有安全感,远离突如其来的变动。

(12) 自我成长。能够追求知性上的刺激,寻求更圆满的人生,在智慧、知识和人生的体会上有所提升。

(13) 协助他人。体会到自己的付出对团体是有帮助的,别人因为你的行为而受惠颇多。

2. 价值观对个人生活的影响

博恩·崔西认为价值观是人的信念的核心,他把人的品性比喻成5个同心圆,中央的就是我们的价值观,外面的同心圆就是我们的信念。价值观决定了我们的信念,无论是对自己的还是对周围世界的。如果价值观是积极的,比如友善、慷慨,那么你就会相信,你周围的人们值得你这样对待他们,因此你也就会这样对待他们。

接下来,我们的信念又会决定我们的品性和理想。如果我们的价值观是积极的,我们就会相信自己与人为善,如果相信自己与人为善,那么我们就会希望好的事情发生在自己身上,自己也会成为一个积极进取、乐观面向未来的人。你总是会去关注人们身上好的一面,关注事情好的一面。

同心圆的第四个层面是我们的生活态度,生活态度是我们的价值观、信念和理想的外在体现或反映。比如,根据我们的价值观,我们认为世界是美好的,我们同时会相信自己的未来会有丰富的收获,那么你就会相信所有发生在自己身上的事都是对自己未来的某种帮助。结果呢,我们也就对别人抱着积极的态度,而别人也会对我们投桃报李。我们会成为一个积极乐观的人,别人愿意与我们共事,愿意与我们交往,使我们收获更多的快乐。

最外面的同心圆,就是我们的行为。外在行为最终会反映我们的价值观、信念和理想。这也就是说我们的快乐和幸福更多取决于我们的内心世界,而不是其他原因。

也有人作过这样一个比喻,如果把人比作一台电脑,那么,人的身体好比是电脑的硬件,人的思维是软件,而"价值观"则是操作系统。不同的价值观会产生不同的思维,不同的思维会产生不同的行动,不同的行动会产生不同的后果。从这个意义上讲,价值观是左右人们行动的根本点之所在。

从这个角度而言,价值观可以说是我们人生的指南针,掌握着我们人生的方向。每当我们进行选择的时候,它就会发挥作用,引领着我们采取合适的行动。这个指南针如果使用不当,就会给我们带来挫折、失望、沮丧,甚至人生从此就掉进阴暗的世界;如果使用得当,它就会给你带来无穷的力量,人生充满自信,不论处在什么状况都保持乐观的态度,这是许多成功与幸福人士所共有的一个特质。人生要过得快乐,就一定要按照自己最高的价值标准过日子,每当你能符合自己的价值观,内心就会充满快乐。

### 3. 如何明确自己的价值观

许多人付出了巨大的努力来实现他们自认为是正确的目标,到头来,他们却没有获得幸福和满足感。为此,他们充满疑惑。事实上,当一个人外在的收获与他的内在价值观不一致的时候,就会出现这样的情况。因此,我们有必要好好思考目前所持有的价值观,它们是怎么塑造出今天的我?今后我将会坚守怎样的价值观?我们的一切决定都受制于我们所持有的价值观,半点都由不得自己。

**方法一:根据我们的选择确定我们的价值观**

根据博恩·崔西的比喻,人的品性是一个同心圆,最中间的是我们的价值观,最外面的是我们的行为,外在的行为会反映我们的价值和信念。那反过来,通过我们的行为也可以了解我们的价值观,尤其是在压力之下的行为。当一个人为形势所迫,要在此行为和彼行为之间作出选择的时候,他总会根据当时对自己而言最重要、最有价值的考虑来选择。

小萱是某名牌大学的研究生,找工作的过程比较顺利,好几个单位向她抛出了绣球,有外企的职位,也有做公务员的机会,同学们都很羡慕她。最后,小萱选择了去一个高校当辅导员。同学们都很不解,放着那么好的工作不去,偏偏选了一个收入低、工作也辛苦的工作。小萱说,"我一直都希望自己的生活稳定,人际关系简单,能有一份不错的收入更好,相比之下,我更看重前者。我觉得辅导员的工作比较符合我的要求,虽然工资没有在外企高,但是养活我自己没有问题。"

因此,我们可以回顾一下过去,当我们处在压力下的时候,表现如何?当我们为形势所迫,不得不就时间、金钱作选择的时候,我们选择的是什么?我们的答案会提示我们,当时最紧要的价值观为何物。

我们看重的价值观可能有多个,但是这些价值观是有层次的,有些是非常重要和有力的,也有一些是不那么重要和有力的。究竟哪些对自己是重要的,我们可以给自己的价值观排排队,一旦弄清了它们的"轻重缓急"之后,我们就可以根据它来安排我们的生活。

### 方法二:了解自己的信念

对于健康,你相信饮食、健身和休息上进行自我约束和自我控制这些做法的重要性吗?你是否在健康方面对自己高标准、严要求,而且每天都在努力达到这些标准吗?关于自己的工作和职业,你有什么样的信念?你相信勤奋、踏实、主动、合作、冒险这些价值观吗?你关于家庭的价值观是什么?你相信无条件的关注、长久的支持、耐心、宽容、慷慨、温暖这些价值观吗?你对金钱和财富的价值观如何?你相信诚实、节俭、勤奋、努力奋斗这些价值观吗?通过对这些信念的分析,我们可以找到潜在的价值观。

想象一下,在一次体检中,你发现患了癌症,而且已经到了晚期,医生告诉你你的生命还剩下半年的时间。当你听到这个消息后,你会如何度过最后半年的时间?你会和谁在一起?去哪里?做什么?

当你问自己这些问题的时候,你脑海里最先蹦出来的答案就是你的内心最真实的想法,反映了你真实的价值观。

**方法三:价值清单**

练习:给自己列一个梦想清单。在没有任何障碍的情况下,你希望实现哪些梦想?你希望拥有什么?你希望成为什么样的人?你希望做成哪些事情?拿一张白纸在桌前坐下来,把这些梦想都写下来,不限数量。

然后再从你的清单中挑出5个你认为最重要的,分别写在5张纸条上。从刚刚选出的5个中选出一个自己最愿意放弃的,然后将这个纸条撕掉。然后再从剩下的四个中选出最愿意放弃的,并将这张纸条撕掉。如此类推,最后只剩下一张纸条。

做完这个小游戏之后,你就有了5个你认为最重要的梦想,这5个梦想代表你的价值观。撕毁纸条的顺序代表了你对这些梦想的重视程度,可以按照这个顺序为自己的梦想和价值观排序。

## 二、明确人生角色,规划和谐的目标系统

### 1. 明确人生角色

我们的幸福与快乐,一部分来自我们自身,更大部分来自我们所处的这个社会,以及在这个社会里,我们要面对的种种关系:同事、老板、朋友、家庭、爱人等等,处理好这些关系,我们会获得更多的快乐。

美国心理学家舒伯认为,人在一生中必须扮演9种主要的角色,依次是:儿童、学生、休闲者、公民、工作者、夫妻、家长、父母、退休者。这些角色活跃于家庭、社区、学校和工作场所。

不管我们愿不愿意,每个人踏入学校之后,其一生必然多数时候在不同的舞台上扮演着不同的角色。从结婚、谋得第一份工作开始,6种不同的角色先后或同时在人生的舞台上呈现迭出,直到退休。退休之后,仍有几种角色延续至终。由这些角色所衍生出来的社会关系是我们生活中重要的组成部分,也是我们快乐的重要基石之一。

角色之间是有交互作用的,某一个角色的成功,可能带动其他角色的成功,反之,某一个角色的失败,也可能导致其他角色的失败。同时,如果为了某一个角色的成功付出太大的代价,也有可能导致其他角色的失败。

很多人没有意识去维系和经营这些角色和关系,而是顺其自然,想怎么样就怎么样。其实,通过学习和努力,我们可以更好地扮演各种角色,把各种关系变得更和谐,带给我们更多的快乐。因此,我们在规划我们的目标时,不能只考虑自己作为学生或者是工作者的目标,而忽略了其他的社会角色,或者认为其他的角色都不重要,这样我们从生活中获得的幸福感是有限的。

心理学的研究也证明,良好的社会关系可以提升人们生活的幸福感,而不良的社会关系则会减少人们的快乐。因此,在设定人生的目标时,不要忘了我们是生活在关系之中,我们有不同的社会角色,各种角色都需要有所顾及。

2. 规划和谐的目标系统

很多时候,我们都希望在一段时间内集中精力完成一个任务,攻克一个难题。因此,我们在为自己设置目标的时候,在某个时间段内都是以某个目标为主。

在进入大学之前,考大学是很多人为自己设定的唯一目标,当这个目标实现以后,我们又很自然地把读研、出国或者是找一个好工作设置为下一个目标。但是,当缤纷的大学生活向我们展开以后,我们发现学习并不是生活的唯一,还有一些事情也是我们所关心和困扰的,比如,如何处理复杂的人际关系、如何积累社会经验、如何打扮自己、如何更熟练地掌握英语、如何寻找一份真挚的爱情……

这时,我们发现我们要在同一时间内考虑多个问题,这些问题让我们乱了方寸,究竟哪个目标更重要,我们应该优先处理谁?

如果你有这种困惑,不妨坐下来,好好理一下头绪,将这些目标分分类。下面这个表格将帮助你分析你的需要,请你把你目前关心和想做的事情填写在表格中。

**现在我所关心和想做的事**

| 目前关心或想做的事情 | 类别 | 重要性 |
|---|---|---|
|  |  |  |
|  |  |  |
|  |  |  |
|  |  |  |
|  |  |  |
|  |  |  |
|  |  |  |
|  |  |  |

在这些你所关心的任务中,哪些是比较紧迫、重要的呢?我们来为这些事情的重要程度打分数,从 0 到 10,越重要的分数越高。打完分数,孰轻孰重就有了初步的轮廓。

　　美国的心理学家伊根,根据多年从事心理咨询工作的经验总结出,大学生的"十大发展任务":变得更具备能力;达到自主;发展并实践自己的价值观;形成自我认定;将"性"纳为自己生命的一部分;结交朋友并发展亲密关系;爱与承诺;从事初步的工作与生涯选择;成为社区中的好居民和好公民;学习善用休闲时间。

　　我们可以将这些目标再归归类,分成四个方面:个人发展方面,包括身体的健康、心理的成熟;职业发展方面,包括能力的培养,为今后的职业做准备;人际关系方面,包括与恋人建立亲密关系,与同学友好相处,学会关心父母,发展自己的人脉等;休闲方面,学会善用休闲时间,为自己减缓压力,提升自己的生活品质。

　　大家目前所关心的事情,在性质上是不是类似?可不可以将这些事情加以归类呢?可以依其性质,为每件事情或活动写上不同的类别。

　　当我们理清楚了自己的发展任务,就可以为自己制定具体的目标,以促进自己和谐发展。

## 三、培养积极的自我信念

### 1. 皮格马利翁效应

心理学中有个效应叫做皮格马利翁效应,是指人的期望对人的行为效果和心理发展有重要影响。皮格马利翁是古希腊神话里的塞浦路斯国王。有一次他雕好了一座完美的少女雕像。由于在塑造这一雕像的过程中,他倾注了自己的全部心血和感情,因而禁不住对这尊美丽的少女雕像产生了爱慕之情。他疯狂地爱上了自己所创造的作品,为此吃不下饭,睡不着觉,终日以深情的目光望着雕像。此事感动了天神,遂将少女变成了活人,让这对幸福的人终成眷属。

1968年,心理学家罗森塔尔在美国的一所小学,从一到六年级各选三个班,对这18个班的学生作了一番"煞有介事"的预测未来发展的测验。然后以赞赏的口吻,将"最佳发展前途者"名单悄悄交给校长和有关教师,并一再叮嘱:千万保密,否则会影响实验的正确性。8个月后进行复试,奇迹出现了,名单上的学生,个个成绩进步快,情绪活泼开朗,求知欲旺盛,与老师感情特别深厚。罗森塔尔借用希腊神话中国王的名字,将这种效应命名为"皮格马利翁效应"。

这个实验给我们一个启示,积极的自我信念可以对我们的生活产生积极的影响。换个角度说,一个人强烈的信念会变成现实,正是这些信念决定了什么样的事情会发生在一个人身上。只要我们改变我们的想法,从而就可以改变我们的生活。只要我们相信我们能行,我们就能够制定一个远大的、具有挑战性的目标,并为了这个目标而努力。

### 2. 自我信念是怎么形成的

在现实生活中,我们常常被自己的一些消极信念所束缚:"我不够出色"、"我不够聪明"、"我不够讨人喜欢"、"我没有创造力"。因此,在为自己设定目标或者进行人生规划的时候,都不敢往前跨得太远。其实,根据专家的意见,我们的潜能是无限的,比我们一生所能发挥的要多得多。没有人会在所有方面都比你强。根据"多元智力"的看法,一个人拥有多种智力:空间智力、音乐智力、言语智力、逻辑数学智力、人际智力、内省智力和身体运动智力。我们在每一种智力上都可以有所发展,但是不幸的是,在我们受教育的过程中,我们主要考虑的是言语智力和逻辑数学智力。

当我们意识到这个问题以后,就要抛掉那些自我约束的想法,相信自己是一个出色的、有能力、有天分的人,有实现理想、获得幸福的无限潜能。好在观念是后天培养的,有时就是基于一次经历或者一次不那么重要的成绩,这些观念很大程度上都是主观的,不是以事实为根据的,而是个体在生活中不断获得的信息,以及对这些信息进行处理的结果。

不仅我们的自我观念会受到成长经历的影响,我们的处事的态度和信念也会受到童年经历、朋友、周围的人、看过的书、受过的教育等因素的影响。

美国一位心理学家为了研究母亲对人一生的影响,在全美选出50位成功人士和50名有犯罪记录的人,分别给他们去信,请他们谈谈母亲对他们的影响。其中有两封信谈的都是一件事:分苹果。一封信是一个来自监狱的犯人写的:小时候,有一天妈妈拿来几个苹果,大小不同,我非常想要那个又红又大的苹果。不料,弟弟抢先说出了我想说的话。妈妈听了,瞪了他一眼,责备他说:"好孩子要学会把好东西让给别人,不能总想着自己"。于是,我灵机一动,立即说:"妈妈我想要那个最小的,把最大的留给弟弟吧。"妈妈听了非常高兴,把那个又红又大的苹果奖励给了我。从此,我学会了说谎。另一封信是一位来自白宫的著名人士写的:小时候,有一天妈妈拿出几个苹果,大小不同。我和弟弟们都争着要大的。妈妈把那个最红最大的苹果举在手中,对我们说:"这个苹果最红最大最好吃,谁都想得到它。很好!那么,让我们来做个比赛,我把门前的草坪分成三块,你们一人一块,负责修剪好,谁干得最快最好,谁就有权利得到它。"我们三人比赛除草,结果,我赢得了那个最大的苹果。我非常感谢母亲,她让我明白了一个最简单也最重要的道理。

既然我们的观念是在我们成长的过程中,在各种因素的影响下形成的,因此,我们也有理由相信,观念是可以改变的,积极的观念是可以培养的。

3. 换个角度看自己

无论在什么情况下,那些获得幸福和成功的人,都是那些能看到事物积极面的人。无论获得了什么样的挫折和打击,他们相信事情总会有好的一面,他们总相信自己能有一些有益的收获。吃了亏的时候对自己说:吃亏是福。丢了东西的时候对自己说:破财免灾。考试失利后对自己说:现在错了,以后碰到这种情况就不会再错了。被人骗了东西后对自己说:现在被骗,防止以后被别人骗得更多。他们相信自己的能力,相信事情总会朝好的方向发展。有人为自己的单眼皮而苦恼,想方设法去做双眼皮手术,而有的人则认为自己的小眼睛也很迷人,眼睛小有神。有人天天与肥胖斗争,用各种方法减肥,而有人则认为自己虽然很胖,但是胖得健康、胖得可爱。

一样的人生,异样的心态,看待事情的角度截然不同。经常跳出来,以乐观、豁达、体谅的心态来看待自己、认识自己、不必苛求自己,更重要的是超越自己、突破自己。无论你相信什么,只要你坚持自己的信念,它就会变成现实。

我们还要明白一点,计划是自己给自己定的。对于自我发展和获得幸福,强烈的愿望和积极的态度是必不可少的。如果要自己的愿望足够强烈,那么这些目标就一定要是自己为自己定的,而不是别人替你选择的,更不能是为了取悦父母或者恋人而定的。在制定目标的时候,无论是长期目标还是短期目标,你都应该仔细考虑,我最喜欢做的事情是什么?我最想做的事情是什么?什么事情能够让你得到最大的满足和快乐?或者回忆,过去的什么事情是最让自己满足和快乐的?将来如何才能让自己体验更多的满足和快乐?

为了让自己的努力见效,一定要先考虑自己的需要和兴趣,这样才能从自己做起,并不断努力。

## 第三节　如何设置目标

### 一、目标设定的法则

当我们清楚了自己想要什么，就可以为自己设置目标了。制定目标有一个"黄金准则"——SMART 原则。SMART 是 5 个英文单词的第一个字母的汇总。好的目标应该能够符合 SMART 原则。

S(specific)表示明确性。所谓明确就是要用具体的语言清楚地说明要达成的行为标准。举个例子，有两个学生都想好好学习英语，他们一起制定英语学习的目标，一个人的目标是一年后通过英语四级考试，另一个人的目标是全面提高英语水平。第一个人的计划就是具体、明确的，第二个人的学习目标就显得有些虚无缥缈。什么样叫全面提高英语水平？听、说、读、写各达到什么样的水平？多背 1 000 个单词算不算提高英语水平？这个计划太过抽象，这种计划在实施过程中由于很难判断是否达到最终目标而被放弃。再比如说，"我要成为一个优秀的学生"就不是一个具体的目标，而"获得一等奖学金"就算得上是一个具体的目标，因为优秀没有一个客观的判断标准，而获得一等奖学金是有客观标准的。很多人想减肥，但减肥不是目标，因为这目标太抽象，不知如何达成，因此常常无功而溃。而每星期少吃两次肉、每天少吃一碗饭，就是一个具体的减肥目标，这是自己可以控制的，可以操作的。

M(measurable)表示可以衡量的、可以量化的。计划的量化可以使计划的执行有一个衡量的标准，比如说获得一等奖学金，就对应着一些可以衡量的指标，比如绩点、科研能力。每天少吃一碗饭，就比每天少吃一点好，因为它可以衡量、可以被检验，知道做到的程度如何。再比如今天的学习计划完成了没有、完成的好坏等问题都需要有一个明确的回答，学习计划说每天要背 100 个单词，今天只背了 10 个，显然是偷了懒，没有完成任务。

A(achievable)指可以达到的、可以实现的。在制定计划时，很多人容易犯好高骛远的毛病。这种热情是好的，但必须考虑到计划最终能不能完成。有这样一个例子,一棵树上结满果实,一个人想要摘果子,他必然是先摘离地面最近的,然后再跳起来摘更高的,树顶上的果子通常都是最后架起梯子摘。过高的目标就好像树顶上的果子一样,跳了半天够不着,又找不到梯子,最终的结果只能是放弃。有的人可能很坚定,一定要摘到树顶上的果子,那也不难,可以先摘了离地面最近的,吃饱了爬到高一点的树杈上再摘果子吃,直到爬到最高的树杈上。当然目标应该有一定的难度,如果目标太容易也会让人失去斗志。心理学实验证明,太难和太容易的事,不具有挑战性,也不会激发人的热情行动。

R(realistic)指目标必须符合实际情况,比如,去年完成销售额1 000万,那么今年要求完成销售额1亿,这就是不实际的,而完成1 200万的销售额就是比较实际的。

T(time-based)指目标必须具有明确的截止期限,在有限的时间内完成某个任务。比如我们计划在2008年12月31日之前完成某个任务,那么2008年12月31日就是一个截止期限。

## 二、制定目标的步骤

事实上,制定一个好的目标,就相当于目标已经完成了一部分。目标一旦设定,按照计划来实现目标就容易地多。制定目标并不是只有一次,目标定好以后还要时时检查、规划和执行,并以发展的眼光来评估,有些时候还需要你在一些方面灵活处理,或者是修订目标。在实现目标的过程中,我们自身的成长可能比达到既定的目标更加重要。

各类资料上有很多关于目标制定步骤的介绍,其中有一个7步设定目标的方法,有很多人使用。

第一步:拟出期望达到的目标。

根据目标设定的SMART法则,拟出自己期望达到的目标。就像去超市购物一样,把要买的东西写在清单上,比如说你要买15样东西,你只在清单上写了10样,还剩的5样,你很有可能忘了买,或者没有全部买。在我们的人生中,我们会有很多的目标和梦想,在想到的时候,把这些目标写下来,给自己列一个梦想的清单。经常拿出来看一看,提醒自己。其实,你列出来的目标,你未必能做到,但是你没有列出来的目标很有可能会忘记。对你而言,有很多梦想或者目标很重要,但并不是很紧急的,因此,你就会无限期地把这些事情往后拖。比如说你想健身,你想学开车,你想读几本小说,你想了解一些养生的知识……如果你不把这些目标写下来,很多可能会因为忙于处理一些眼前的琐事,或者是一时的懒惰,而把这些事情抛到脑后。

第二步:列出达到目标的好处。

在制定了目标之后,可以想想达到目标的好处。有人认为,目标已经设定了,只管实施就够了,想它的好处,似乎有些多余。恰恰相反,在实现目标的过程中会遇到很多障碍,如果看不到目标实现以后的好处,我们很容易被暂时的困难所吓倒。

比如说,很多人在读大学的时候都想出国留学,但是真正努力并达到目标的人不多。为什么呢?有的是能力的限制,绩点不高,或者外语水平有限,还没有申请就放弃了,还有的是因为觉得准备工作太繁琐,不愿意自寻烦恼,也有人估计自己毕业的时候能找到一份不错的工作,所以中途放弃了。因为这种种的原因,所以到最后能够坚持最初的目标,并为之努力的人就不多了。

如果能够找出达到目标的好处,首先可以让你更坚定实现这个目标的决心。其次,列出达到目标的好处,可以让你在实现目标的过程中更有毅力。有些目标的完成需要几年甚至十几年的时间,很多人在这个过程中会怠懈,甚至是放弃。遇到困难后会怀疑坚持目标的意义。当你把达到目标的好处都写下来,时常拿出来看看,可以激励自己,以免被一些暂时的困难吓跑或者是为了眼前的利益而放弃自己的目标。

第三步:列出可能的障碍点。

要达到此目标,可能会遇到哪些障碍?一一列举。比如,你想去西藏旅游,先考虑需要做哪些准备,钱、时间、体力、关于旅游的一些知识等等,可能钱不够,时间也不够,目前的体力不够充分,这些就是你实现梦想的障碍。把障碍都列出来以后,就可以开始准备,逐个击破。

第四,列出所需要的信息。

有的目标的达成需要特殊的知识或者训练,比如,你想成为2008年北京奥运会的志愿者,当志愿者可能需要一些特殊的知识背景和特殊技能,比如,需要了解奥林匹克知识、北京奥运会基本知识、北京奥运会总体情况、场馆运行知识等。此外,一定的外语水平、礼仪知识、中国传统文化知识也是需要的。某些特殊岗位的志愿者可能还需要一定的紧急救护知识等。

在实际生活中,很多人不知道如何去查找自己需要的信息。比如,有些大学生会面临这样的问题,自己现在所读的专业不是自己喜欢的,想转专业或者是跨专业考研。不管是转专业还是跨专业考研,都需要了解要转入的目标专业对专业知识和技能有哪些要求,需要达到什么样的水平。这些信息都可以在网络上查找到,或者咨询相关的人士、咨询有经验的人也是一个很好的选择。

第五步:列出寻求支持的对象。

在现代社会,一项工作任务很难由一个人完成,一个目标也很难靠自己的力量独立完成。我们需要求助于他人,比如同学、亲人、朋友或者相关的专业人士。有的人遇到困难后,苦思冥想也找不到可以帮助自己的人。这种情况是一个信号,提醒你要好好地经营你的人际关系网了。

第六步:制订行动计划。

有这样一个问题:"怎么吃下一头大象?"答案是:"一点一点地吃。"这仅仅是一个比方,在实现目标方面,道理是一样的。怎么才能完成一个宏伟的目标呢?一次采取一个步骤,完成一项任务。

制定行动计划是影响目标实现的重要因素。我们很多的目标都是"多步骤"的作业,必须以一定的方式将其付诸实施,才能够取得成功。即便是一项简单的事情,比如学会游泳或者是烧出一桌美味的菜,也是多步骤的任务。如果你具备制定计划以及完成"多步骤"作业的能力,那么你实现目标的可能性就会大大增加。很多人在完成任务的时候都会有这样一种倾向,先做简单的,再做复杂的,先做步骤少的,再做步骤多的。制定计划的目的是为了使你得以把主要的、确定的目标变成有计划的、有具体实施步骤的"多项作业",这样可以减少很多人对复杂的、困难目标的畏惧心理,使复杂的工作容易入手。

基本上讲,一份计划就是为了达成一定目标而要从头到尾采取的行动的清单。在开始制定计划时,拿出一张纸,把你能够想到的要做的事情列出来。如果你想到什么新内容,就把它加到单子上。随着你不断获得新的信息,要不断更新单子上的内容,这样一来,这份单子就成为你的理想或者目标的蓝本。

这份行动计划可以用来衡量自己每天,甚至是每小时的进展情况。你制定的计划越清晰、越具体,就能越能够按照计划要求按时完成任务,你的潜意识需要一套"自我动员系统",它由一系列"底线"构成,你要在到达这些底线之前完成任务,实现目标。如果缺少这套自我动员系统,你就很容易偷懒,把该做的事情往后推,从而导致自己的进度大大落后。

第七步:制定达到目标的期限。

有详细的行动步骤,没有具体的时间期限,这样的计划是不完整的。很多人害怕为自己制定时间期限,因为他们感觉自己做事情总是拖拖拉拉,或者是在做重要的事情的时候总是被一些无意义的事情所打乱,自己无法为自己设定时间期限。不要害怕,因为把握时间是一种技能,它就像其他技能一样,是可以通过学习掌握的。无论你过去在利用时间方面是多么混乱。为自己的目标设定期限以后,在不同的时间段里,你就可以明确,对你而言最重要的任务是什么,虽然事情很多,但是你可以毫不犹豫地优先处理最重要的事情。否则,重要的事情会因为你手中一些简单的、琐碎的、可以马上解决的小事而耽误。

一个人心智的力量是不可估量的,只是平时没能充分运用罢了。通过系统地制定目标和详细地制定具体计划,可以事半功倍地取得成功。制定计划会使我们比大部分人更多地运用心智的力量。

最后,要注意自我激励,如果这个目标实现了,给自己一个奖励,小成就小奖励,大成就大奖励。例如,完成了一天的学习任务,你可以让自己好好休息一下,吃点东西,听听音乐,出去散散步,或者是看场电影。

## 第四节　在行动中实现目标

### 一、评估自己的现状

如果你打算减肥，那么你要做的第一件事情就是称称自己的体重。接下来，你可以把测量的结果作为一个尺度，用来衡量自己减肥的效果。如果你打算通过运动来减肥，那么你接着应该做的事情就是看看自己目前的运动状况。你每天运动多长时间？运动量如何？你做的是什么运动？现在你每天的休闲时间有多少？可以花多长时间来运动？根据你的身体状况，你可以承受的运动量是多少？

在评估自己的现状的时候，有一个问题我们需要明白，完成一项任务，需要多种能力，在我们所具有的各种能力中，最弱的一个方面决定了我们发挥的程度和最后可达到的效果。这就如木桶理论，一只木桶盛水的多少，并不取决于桶壁上最高的那块木块，而恰恰取决于桶壁上最短的那块。哪方面你是非常出色的？哪方面的能力、或者几方面的能力对你目前的成功起到了很大的作用？在什么方面你做得要比别人好？哪些方面是你的限制，并且这个方面会限制其他能力的发挥。把这些问题都写在一张纸上，将自己的优势和限制一一列出。

### 二、衡量自己的进展

每个人都希望体会成为胜利者的感觉，为此，他必须成为一个胜利者，一个人只有在百分之百地完成任务之后，才能体会到这样的感觉。而当他反复体会这种感觉的时候，也就养成了把事情做到底的习惯。如果这种习惯能固定下来，那么一个人能够取得的成就就是他最初无法想象的。当我们不能把事情做完的时候，会感到压力和焦虑。事实上，人们经历的很多不愉快往往是因为他们没能管住自己，没能把重要的任务或职责进行到底。因此，我们需要定期激励自己，让自己能够体验到成就感，这样有利于目标的顺利完成。有这样一句话，"可以衡量，就可以完成"。

如果我们设定的是一个长期目标时,在开始阶段,我们很有兴趣把自己的计划坚持到底,但是长时间看不到成效,会变得心灰意冷,把事情往后拖,或者是敷衍了事,甚至是放弃。在这种情况下,定期衡量工作的进展就显得很重要。这也是我们为什么要制定工作计划并把它具体到可执行的步骤的原因。

当你完成一项任务后,你的大脑就会释放出少量的内啡肽,这会让你自我感觉良好,觉得开心,感到内心的平静。它会激发你的创造力,提升你的状态,它是"天然的兴奋剂"。

你完成的任务越重要,你的大脑释放的内啡肽就越多,这很像是对胜利完成任务的一种奖励。经年累月,你对这种"兴奋剂"带来的感觉很上瘾,不过这是积极的。无论你完成的是小事一桩还是大事一件,你都会觉得很开心。在你经过了必要的步骤,最终完成一项艰巨的任务时,你走过的每一步都会让你感到兴奋。

### 三、扫除前进途中的障碍

在制定目标的时候,我们就应该有这样一个心理准备:实现目标是必然的,失败和挫折是难免的。成功者经受的失败比没有成功的人要多得多。成功者在获得成功之前,一次又一次地努力、跌倒、爬起来、再努力,反反复复,最后才大获全胜。没有成功的人,尽管付出了一些努力,但是很快就退了回来,一直退回到他们最初的起点。

当你发现实现目标的过程困难重重,自己想放弃或者或排斥的时候,可以问问自己:是什么在阻碍我?不要害怕丢面子,实事求是地反省,或者是找人帮你分析,在个性、脾气、技能、能力、习惯、学历、人际支持系统、经验方面,哪些方面拖了你的后腿?

一般而言,一个人实现目标的主要障碍是心理和情绪上的原因。它们的产生在于个体内在的原因而不在外在的原因。无论你希望做什么,这些问题都会是你的障碍。

害怕和犹豫是阻碍目标实现的两大杀手。害怕使大部分人在一开始的时候就止步不前,这也是为什么一般人不敢尝试实现目标的原因。对他们来讲,只要一想到实现新的目标,就会被害怕的心理包围,这就等于给自己泼了一盆冷水,想要努力的冲动就此消失。怀疑和害怕紧密相关,如果我们怀疑自己的能力,我们总是不恰当地把自己的能力与别人进行比较,然后就认为别人比自己行,面对挑战,我们认为自己能力不足,甚至会产生自卑感。

心理学上有个术语,叫"习得性无助"。感到习得性无助的人,会对自己实现目标缺乏信心,在面对挑战的时候,会认为自己做不到。无论他们得到什么样的机会,它们都会为自己找一些理由和借口,如"我没有足够的能力"、"我没有时间"、"我没有毅力"。还没有开始努力,就认为自己不行。这种感觉的产生,往往是因为童年时受到的来自家长的某些批评、指责,或者是成长过程中的挫折和失败。

幸运的是,这些消极的情绪和感受并不是不能消除,因为它们都是后天形成的。从系统的观点来看,当我们对积极性的事物进行关注的时候,关注消极事物的精力就会减少。按照这个观点,当我们的积极性和勇气增强的时候,害怕和怀疑的情绪会越来越弱,对害怕和怀疑的关注也会越来越少,同时这些情绪对我们行为的影响也会越来越少。

消除消极情绪的最好的办法是掌握知识和技能,你之所以会感到害怕和怀疑,是因为你觉得自己的知识水平不高,掌握的东西不够。为了实现自己的目标,你学到的东西越多,掌握得东西越多,你就不会害怕,相反,你会感到勇气和自信。

想想第一次骑自行车的经历,你当时可能感到非常紧张,犯了很多错误,你可能骑得东倒西歪,甚至摔跤。但是随着时间的推移,随着你骑的次数越来越多,你的动作越来越熟练,你的自信和勇气也不断增加。

还有一个心理障碍也是我们要克服的,那就是安于现状。很多人会对目前的工作、人际关系、薪水及所负的责任感到非常满意,所以他们不愿意看到任何变化,哪怕是能使自己变得更好的变化。

## 四、坚持努力

对于聪明的人来说,没有什么事情是完不成的,最终能否达到理想效果的关键不是实力大小,而是能否坚持到底。

一旦设定了某个目标,你就要打起精神,开始行动,集中所有的精力和勇气全力以赴,不断鼓励自己,要有与一切困难作斗争的勇气,不怕吃苦,也不要怕碰壁,更要坚定地相信自己的选择。

小杨是计算机专业毕业的本科生,毕业后进了一个省会城市的大型国企工作,待遇不错,周围人都很羡慕他。刚开始,小杨对自己的工作也很满意,但是工作两年后,小杨渐渐有怨言了,虽然自己的收入还不错,但是与在外企工作的同学相比,还是有一段差距。更重要的是工作没有挑战性,会消磨人的锐气。

因此小杨选择了跳槽,来到了上海,进入了一家合资企业。工资水平上去了,工作的挑战也大了,但是天天加班,没有时间去顾及其他的事情。到了该成家的年龄了,眼看着以前的同学一个个都迈入婚姻的殿堂,自己连找女朋友的时间都没有,小杨开始怀念以前有规律的生活。再加上现在高学历的人越来越多,单位招聘的新人都是名牌大学的硕士,小杨很犹豫,自己要不要去读个硕士呢。如果重新回学校读书,一是可以充充电,二来可以让自己休息一段时间,拓展自己的人际圈,对自己将来的发展有利。

当小杨重新捡起书本的时候,他发现,自己的课本知识已经有些陌生了,现在的工作太忙,完全没有时间复习,如果辞职考研,小杨又觉得代价太高。如果考研究生的,考什么专业呢?还是计算机吗?或者也可以读读管理?就这样又犹豫了两年,小杨还是在原地踏步。当小杨发现身边的研究生越来越多,研究生都不再吃香的时候,感到压力更大了。

毕业5年过去了,小杨开始反思,为什么自己的发展总是这么不尽如人意呢?他觉得自己的第一个错误是大四的时候放弃了考研。本来一直在复习,准备考研的,刚好考试前一周找到了自己的第一份工作,小杨感觉这份工作还不错,过了这个村就没这个店了,再加上当时害怕自己考研失败,所以就选择工作放弃考研。在跳槽的问题上,小杨觉得自己也没有把握好,当时工作的那个国企,实力雄厚,也有各种机会,自己在单位也挺受重视的,就是因为看到在其他公司工作的同学工资比自己高一些,一时冲动,就放弃了那个工作。如果当时不放弃,现在自己会是什么样呢？也许已经读了在职研究生，也许已经结婚，建立了自己的小家庭，但是没有后悔药吃。第三个错误是后来想考研的时候就应该考，越往后拖，考研的经济成本和时间成本越高，自己越下不了决心。

和小杨经历相似的人不少，虽然有了自己的目标，但是总是会被中间的一些障碍所吓倒，或者是怀疑自己的能力，总是在考虑到底要做哪一件事。当自己认定了某个选择之后，做到一半又会认为另外一个选择更妥当。有时对现状很满意，有时又对现状很不满，很难在工作和生活中找到快乐和满足。

所以，一旦选择了自己的目标以后，除非发现严重的错误，否则不要轻易动摇，按照制定的计划，踏踏实实地去做，直到目标实现为止。即使才能平平，只要有坚定的意志力，也会有成功的一天。

# 第十二章　用好时间

时间是人生最宝贵的财富。有一首爱尔兰诗这样阐述了时间和幸福之间的关系：抽点时间工作，这是成功的代价；抽点时间思考，这是力量的源泉；抽点时间游戏，这是年轻的秘诀；抽点时间读书，这是知识的基础；抽点时间对人表示友善，这是通向幸福的大门；抽点时间梦想，这是通向明星的路；抽点时间关爱，这是真正的生活乐趣；抽点时间快乐，这是心灵的音乐；抽点时间享受，这是对自己辛苦的馈赠；抽点时间做出计划，你就可以享受上述9种快乐。因此，有效地利用时间，它可以让我们找到更多快乐和幸福的感觉。

## 第一节　时间管理概述

虽然我们常说，时间就是金钱，但其实时间要比金钱贵重得多。如果有时间，你就可以得到金钱，但即使你再有钱，你能买得起各种奢侈品，能够享受各种服务，但是你却买不到1分钟的时间。时间是所有事物中最不可解释的原始材料，有了时间，一切都有可能；没有时间，一切可能性都是虚幻。

人生最重要的任务就是，在有限的时间内尽量做更多的事情。但这并不意味着，每一天，每小时，每分钟我们都必须忙忙碌碌；相反，我们应该更努力、更自觉地利用时间，去做对于我们来说重要的事情——花时间去享受悠闲自在的生活,花时间去憧憬未来,花时间创造成绩。

## 一、时间的特点

有时候我们会有这样的感觉,两周的假期转瞬即逝,某项工作让我们感到快乐并令我们沉浸其中,这种感觉会让我们失去时间观念。这种感觉可以被称为"流逝",忘记周围的一切,是一种幸福的经历。但是,有时候,1分钟都很难捱,对于不喜欢读书的孩子来说,在教室里多坐1分钟,都感觉如坐针毡。这就像爱因斯坦在解释相对论时所举的例子,情人在一起的时候,感到时间过得很快,1天等于1小时;而在等人时,1小时等于1天。这是我们在时间感受上的主观性,从客观性上来看,时间具有以下特点。

第一,时间是最民主的财富,每个人平均拥有。在时间的占有上,伟人和普通人享受同样的权力。早上一觉醒来,你的荷包里已经奇迹般地装满了24个小时,没有谁能够将它从你的手中夺走,它是偷不走的,也没有谁能比你得到更多或者更少。

第二,时间是绝对稀缺的财富,供给毫无弹性。时间的供给量是固定不变的,在任何情况下不会增加,也不会减少,每天都是24小时,所以我们无法开源。

第三,时间无法蓄积。时间不像人力、财力、物力和技术那样被积蓄储藏,不论愿不愿意,我们都必须消费时间,我们无法节流。

第四,时间无法取代。任何一项活动都有赖于时间的堆砌,这就是说,时间是任何活动所不可缺少的基本资源。因此,时间是无法取代的。

第五,无法失而复得。时间无法像失物一样失而复得。它一旦丧失,则会永远丧失。花费了金钱,尚可赚回,但倘若挥霍了时间,任何人都无力挽回。

## 二、什么是时间管理

时间既是我们的财富,也是我们烦恼的根源。有人希望一天有25个小时,如果每天多1个小时,自己的压力就会减轻许多。我们总是发现自己有做不完的事情:没有写完作业、没有回复邮件、没有和朋友联络,我们甚至发现无法找到安静的一刻可以容自己思考。如果每天有 25 个小时,我们就能够处理好所有的问题,为什么我们不能将事情在 24 小时内好好分配呢?一位母亲总是觉得自己有做不完的事情,经理、学生、老师、其他各类人都是如此,因此,问题的关键不在于时间不够用,而在于如何分配时间。

因此,时间管理的专家提出,时间本身不是问题,因为我们每个人每天所拥有的时间是一样的,时间管理的问题不在于时间,而是在于自己如何分配及利用你自己的时间。

时间管理是一个个人的过程,必须适合你自己的风格和环境,它通过强制性的实行来改变以往形成的旧习惯。时间管理是自我管理。自我管理就是"改变习惯",以使自己更富有效率、效能。

## 三、时间管理倾向

### 1. 什么是时间管理倾向

时间是一种重要的资源,一天 24 小时对每个人都是相同的。但是由于管理的不同,时间可以使一个人在青春年华里,成就事业,摘取皇冠,达到理想的彼岸;也可以使年轻人转眼间滑向老年,终生一事无成。时间的种种隐喻,诸如"时间就是财富"、"时间就是力量"、"时间就是生命"、"时间就是一切"、"时间就是过客",都反映了人们对待时间的态度和价值观念。个人在利用和支配时间上的倾向不仅表现在行为上,而且与其对待时间的态度以及对时间的价值观念密切相联系。对待时间的态度和时间的价值观念促使人朝着一定的目标而行动,基于此,我们把时间管理上的人格特征称为时间管理倾向(time managenment-dispostion)。

个人的时间管理倾向是一种人格特征。人格特征是稳定的,在各种不同情境中重复出现的个体行为特点,这些特点在不同的人身上具有不同的表现程度,跨情境性和潜在的可测度。我国的心理学家黄希庭教授将时间管理倾向划分成时间价值感、时间监控观和时间效能感三个维度。

时间价值感是指个体对时间的功能和价值的稳定的态度和观念,包括时间对个人的生存与发展以及对社会的存在与发展的意义的稳定态度和观念,它通常是充满情感,从而驱使人朝着一定的目标而行动,对个体驾驭时间具有动力或导向作用。时间价值感是个体时间管理的基础。

时间监控观是个体利用和运筹时间的能力和观念,它体现在一系列外显的活动中,例如,在计划安排、目标设置、时间分配、结果检查等一系列监控活动中所表现出的能力及主观评估。

时间效能感指个体对自己驾驭时间的信念和预期,反映了个体对时间管理的信心以及对时间管理行为能力的估计,它是制约时间监控的一个重要的因素。

因此,时间价值感、时间监控观和时间效能感分别是价值观、自我监控和自我效能在个体运用时间上的心理和行为特征,是时间维度上的人格特征。

2. 时间管理倾向与个人特性的相关研究

我们对时间的感知具有主观性,心理学家曾对5岁至8岁儿童的时间知觉进行研究,研究中发现,有的儿童不论对哪一种时距(3秒、5秒、15秒、30秒)的再现绝大多数均作提前反应;而另一些儿童恰好相反,不论对哪种时距大多数均作错后反应。

每个人对时间的紧迫感也不同。心理学家对A型人格与时间管理倾向之间的关系进行了深入的研究。A型人格主要是指个体具有急躁、情绪不稳、争强好胜、做事效率较高、缺乏耐性、常有时间紧迫感等特征,没有发现这些相关特征则被称为B型人格。A型人格作为人固定的一种行为模式,其时间匆忙感、时间紧迫感和做事快等特征也涉及对待时间的态度和管理时间的行为,可能会对个人的时间管理倾向发生影响。另一方面,个人对时间的态度和管理也可能影响到其形成A型或B型行为模式。我国的心理学家黄希庭教授的一项研究发现,A型人格者对较长目标时距(40秒和60秒),无论即时再现、还是口头言语估计都显著地短于B型人格者;对于短时距(3秒和16秒),在口头言语估计的条件下,A型人格者再现和估计均显著短于B型人格者。

黄希庭教授的研究还发现,A型人格的大学生,他们在时间管理上的总得分和在时间价值感、时间监控观、时间效能感分量表上的得分显著高于B型人格的大学生。

心理学家Price认为A型人格的核心信念有两点:第一,必须不断证实自己——A型人格者的自我价值是不稳定的,必须通过实质性的成就不断加以证明,从而激发起频繁的成就动机。第二,所有资源都是不足的——需要争分夺秒,一切从零开始,并采取竞争行为,在这种信念的驱使下,A型人格者往往有更强的时间紧迫感,有较多的追求成功的行为,争强好胜,且表现出做事快,缺乏耐性,想同时做一项以上的事的行为特征,因此A型人格者常珍惜时间,善于利用时间,具有较高的时间管理倾向。具体地说,由于时间紧迫感,竞争意识和追求成功行为,A型人格者能认识到时间对个人的生存与发展以及对社会的存在与发展的重要意义,同时精心安排自己的时间计划,进行时间分配等活动以求缓解自己的时间紧迫感,发挥时间的最大功效,在竞争中取胜,获得成功。因此A型人格者常具有较高的时间价值感和时间监控观。而时间效能感指的是自我效能在个体运用时间上的体现,它是指个体对自己驾驭时间的信念和预期,反映了个体对时间管理的信心以及对时间管理行为能力的估计,主要受个体在运用时间上的成败经验影响。A型人格者往往有较高的时间监控能力,善于利用时间,有较多的成功经验,从而也有较高的时间效能感,因此时间管理倾向总分也就较高。

## 第二节　时间管理与幸福感受

爱默生曾经说过,"使时间充实就是幸福",但是现代人发现自己虽然每天忙忙碌碌,却一点都不快乐,甚至有人从上小学就开始忙碌,白天忙着上课、晚上忙着写作业、周末忙着上各种补习班,这种生活一直持续到高中毕业,以为到了大学自己就可以开心地生活了,可是到了大学依然要为自己的前途努力奔波,努力为自己未来的简历上添光彩。工作之后,依然过着忙碌但是并不快乐的生活。努力和认真地学习生活,却依然离幸福很遥远,为什么会这样呢?问题的根源可能在于没有用对时间做好事,没有把时间投资在最应该投资的地方。心理学家的研究发现,一个人的时间管理能力对我们的心理健康、生活质量,以及幸福感都有重要的影响。

## 一、时间管理倾向对心理健康的影响

现代生活的快节奏和激烈竞争,使现代人都感受到自己拥有的时间不够用,或者是时间过得太匆忙,主观上的时间压力感很大。有调查发现,在过去的30年中"总是感觉匆忙"的成年人从1965年的4%上升了到1992年的38%。经常体验到这种时间匆忙感,会导致人的身体状况变差或者是负面情绪增加。尽管这种主观的时间压力感处处存在,但是并非对所有人都产生恶劣影响,心理学家研究发现,时间管理作为一种调节变量,通过时间管理行为所形成的时间控制感,也就是个体通过自己计划、安排、设定优先级等一系列的时间管理行为的完成所形成的时间控制的自信心,能够缓解时间压力感所带来的紧张,因此,时间管理的好坏是影响心理健康的重要因素。我国的学者邓凌(1995)对大学生群体进行研究,结果显示大学生在时间管理倾向的三个维度(时间价值感、时间监控观、时间效能感)均与抑郁呈显著负相关,时间管理倾向高分者的抑郁得分显著低于低分者。王丽平(2007)对企业员工的研究也得出了相同的结论,能合理支配时间的员工,他们在日常的学习、工作和生活中能够比较有计划、有目标地安排自己的精力,往往能达到事半功倍的效果,在各种程度上满足了心理上的需要,容易体验到成功和喜悦感,有助于心理健康水平的提升。

此外,杨勋(2005)等人的研究还发现,时间管理倾向与睡眠质量有显著相关。在时间管理倾向上得分高的人,睡眠质量也更好。不良的时间管理方式,比如拖延、生活的不规律等,会造成时间压力的恶性循环。

## 二、时间管理倾向与个人生活质量的关系

能否有效地实现对时间的管理与个人的生活质量密切相关。只

要分析一下古今中外的成功人士就可以发现他们原来都是管理时间的高手。善于驾驭时间的人,能够出色快捷地完成任务,成绩显著,出人头地的时间也早;不会驾驭时间的人,尽管他拼命地干,工作仍停滞不前,成绩平平或很差,出人头地的时间晚甚至不可能。有些人曾研究过学生的时间管理行为与学业成绩的关系。例如 Weinstein, Stone 和 Hanson 的研究表明,大学生在时间管理量表上的得分高低与其学业成绩呈显著的正相关,也就是说时间管理能力越强,学业成绩越好。

时间管理倾向与个人的能力有关,善于驾驭时间的人,具有强的统筹时间的能力,捕捉时机作出决策的能力;相反不会驾驭时间的人,这些能力相应地要差得多,善于驾驭时间的人有正面的自我观念。他们成才早,地位高,收入高,其自立意识必然发展得早,自信心和自尊心强,有强烈的自我实现动机和行为;相反不会驾驭时间的人,在自立、自信、自尊、自强等方面相应地要差得多。善于驾驭时间的人,出色快捷地完成了工作任务,能做到按时回家与家人团聚,有时间关爱家庭成员,在业余时间能进行自我提高,生活方式丰富多彩,家庭圆满幸福。相反不会驾驭时间的人,工作拖拖拉拉,牺牲自己的业余时间去干工作,生活方式单调乏味,无暇关心家庭成员,很可能会导致夫妻间、亲子间的感情产生裂隙,甚至导致家庭破裂。

## 三、时间管理倾向与主观幸福感的关系

人们的一切行为,无不是在追求幸福的一切行为,又无不受人们对时间的支配方式的影响。

良好的时间管理能力能够调节压力源和工作紧张之间的关系,其中,时间效能感能够较好地预测正向情绪和负向情绪。时间管理能力强的个体因为能够较好地利用时间,能够较好地安排自己的学习和生活,在时间的利用上享有主动权,所以能够在日常生活中体验到更多的积极情绪、成就感和满足感,因此,主观幸福感比较高。

李儒林(2006)等人的研究发现,大学生的时间管理倾向与总体的主观幸福感、积极情感显著正相关,与消极情感显著负相关。

## 第三节 时间管理的"陷阱"

### 一、时间管理中的误区

#### 1. 含混不清的时间观念

有效地管理自己的时间并不是迫使自己成为终日忙忙碌碌、拼命提高工作效率、念念不忘时间的人。进行自我管理,首先必须建立正确的时间观念。人类对于时间的看法十分主观,有时感觉光阴似箭、有时感觉度日如年。在生活中,有三种人的时间观念是我们所不喜欢的。

第一,过分讲究制定计划的人。这些人整天为制定、修改它们的工作计划而忙不停。无论在做什么事情之前,他们总要花很多时间来考虑各种各样的可能性,制定面面俱到的计划。这种人在没有对每一个步骤作出详尽计划之前是不会贸然行事的,结果无暇去做很多本来应该做好的事情。他们热衷于计划而无实际行动。一旦没有完成按计划要今天做好的事情,第二天就会去做"更好"的计划。这种人习惯于"计划得好",而常常对情况的变化、新的机遇和别人的要求视而不见。

第二,超负荷工作的人。这种人终日忙忙碌碌,从不抽点时间来估量一下所做事情的真正价值。在与这种人打交道时即使你尽量做到不浪费他的时间,但他也使你很难接近他。他们常常因为喜欢教育别人该如何如何去做而让人讨厌。无论在家里还是在办公室里,他们脑子里转悠的只有工作,终日不得休息。他们做事呆板、缺乏弹性。这种人看起来工作效率很高,但往往因为不会对症下药而劳而无功。

第三,时间狂。这种人时刻惦记着时间,似乎对时间过分关注。为了不浪费一分钟时间搞得自己和别人都不自在。往往由于不切实际的时间安排而忙得不可开交。即使一个会议晚开始了几分钟,他们也会焦急不安。他们每天都把当天所做的事情详详细细地记录下来,连吃顿饭都要想着怎样节省几秒钟的时间。与这种人工作生活在一起确实让人不自在。

管理自己的时间不是让你成为上面三种人之一,上述的三种人都在管理时间,但是方式不是很恰当,因此走向了另一个极端。时间应被视为中性的资源,这将有助于把握现在,而不会迷失于"过去"或"未来"。"过去"有如一面镜子,指导我们今后如何行动;"未来"是一切努力的结果;只有"现在"才是我们可以采取行动的阶段。

2. 面面俱到

你是想成为一个律师、大学教授、演员、建筑师还是想成为一个记者呢?你想去做兼职、拜访朋友、学习还是旅游?晚上要吃川菜、粤菜、湘菜还是法国大餐?每天我们的生活中面临着多种选择,每天我们都要作出一些决定。有时候这些选择会扰乱我们的视线,让我们不知道该如何决定。时间是有限的,但是人的想象却是无限的。有时候凭一时的冲动想出来的事情需要花好几天甚至是好几个月的时间才能完成。

每个人在不同场合会扮演不同的角色。比如,在学校里是个合格的学生,在家里是孝顺的子女、负责任的哥哥(姐姐),你可能是某个社团或者俱乐部的成员,你是一个体贴的恋人,同时你也是一个热心社交活动的人等等。无论你在什么场合下以什么样的身份出现,你总要在这些身份上花一些时间。家人需要你的照顾,朋友希望和你联络,恋人需要你的陪伴,学习需要占用你的大量精力,你也想去做份兼职赚点外快,也有很多有趣的娱乐活动吸引你。你需要花很多时间来协调这些相互矛盾的需要,尽量使身边的人感到满足,虽然你已经十分尽力,但你仍然觉得时间不够用。

公认的"干活好手"会有这种倾向,相信以自己非凡的效率可以一次完成很多项任务。尤其是一些"女强人综合征"的人习惯于集多重身份于一身:妻子、母亲、职员、伙伴,时间好像永远不够,该做的事情永远都做不完。

有些事情是今天必须做的,完成老师布置的作业、给朋友回信、看病、去银行取钱等等。而明天又会有一堆新的任务等着你去做,给父母打电话、参加同学的生日聚会、参加社团活动、考前复习等。每天都会有很多件需要做的事情冒出来,而时间却又这么少。如果想面面俱到,估计每天30个小时,时间都不够用。请不要人云亦云地说,高压之下工作最有效率,有些时候可能是这样,但是我们也会相应地付出一些代价,比如身体的健康。因此,某些时候我们不得不放弃"面面俱到"的观念。

3. 完美主义

从小我们受到的教育就是完美主义的教育,字要写得漂漂亮亮、笔记要记得工工整整、考试完以后要反思为什么得了95分而不是100分。工作后也是这样,勤勤恳恳,不容许工作中出半点差错。

完美主义的一个表现是,注重细节,比如一位小学语文老师抱怨工作量很大,经常加班,要认真备课,认真批改作业,每次学生上交的作业和试卷,都要认真批改,即使有一个错字,也要让学生反复订正,直到全对为止,这样,学生的作业和试卷基本上都要来回批改三遍。出现这种情况往往是因为我们分不清楚哪些事务需要高要求,而哪些事务不需要那么认真。虽然有些任务要求我们有高质量的产出,需要我们花费额外的时间一遍一遍进行核查,以确保事务接近完美。但是有许多事务不需要达到这种程度。关键就在于要区分出从事的任务对质量要求的高低。

有的学生也是这样,老师布置了一篇论文,一个月以后交。本来一个星期就可以做完的事情,这个学生为了将这片论文写得更完美一些,每写完一段话就会回过头来看看,对写过的文字字斟句酌,反复修改,直到截止日期之前一天也才写了一半,剩下的一半不得不熬夜写完。虽然写得很辛苦,但是自己对这篇论文也不满意,远远没有达到当初预设的标准。

完美主义的另外一个表现是,思维中有很多应该,"我应该工作更努力一点"、"我今天晚上应该把所有家务都做完"、"我应该为先生准备一顿丰盛的晚餐"、"我应该把这份作业再检查一遍"……"应该"的想法让我们花费很多时间,并且让我们充满内疚。我们花在为应该做的事担忧的时间可能要多过做事的时间。

4. 拖拉

拖延是时间的窃贼,是时间管理中的最重要的罪恶。拖延的定义是把某一时间能够做好的事情拖到以后。有三种典型的拖延:拖延不愉快的事情;拖延困难的事情;拖延需要但难作决定的事情。

有一位编辑这样描述过他的工作状态:我手头总是有处理不完的稿件,虽然我对我的工作并不厌恶,有时候还乐在其中,但是我总是拖到不能再拖才开始处理,这时候压力自然也就很大。我总有各种各样的理由将审稿的任务无期限地推后,直到截止日期之前几天才开始,有时候我感到很累,想好好休息一下再工作,要不然就是别的事情占了审稿的时间。每次完成一项工作任务后都会觉得很累,压力很大。当时总会痛下决心,下次一定不再这样了,但是当面临新的任务时,又会好了伤疤忘了痛,继续拖延。有时候我总认为事情可以等到明天再做。

不过这种拖拖拉拉也可能是个信号:你已经超负荷运转了。在过去的20年中,各个领域的从业者所承受的压力平均增长了30%,而压力也逐渐成为人们生活中的头号敌人。当我们决定把我们不喜欢的工作推后时,首先要明确:这是我们放松下来的方法,不要去想它可能带给你的不良后果。很多人喜欢把事情留到最后再做,是因为我们觉得这样做是对的,在压力下可以做得更好,我们需要这种刺激的感觉。把事情都留到最后完成其实是在不断发掘我们未知的能力,如何在压力下迅速完成任务。

此外,如果总是懒懒散散提不起精神来,也可能是身体疾病症状的前兆。这些信号提醒我们,我们不管是在身体上还是在心理上都感到疲乏,需要进行放松了。不要再依靠拖延任务这种不自觉地方式来放松了,去主动创造一个自由的空间吧。

5. 犹豫不决

很多时候,我们都会想做一些截然不同,甚至相互矛盾的事情。我们每个人都有生理、心理和社会层面上的各种需求,而这些需求又不能同时满足。因为在某一个时间段内我们只能做某一件事情,所以有时候,我们必须学会放弃一些要求。是去工作还是去看电影?是看看书还是去拜访朋友?午饭后是马上回到办公室还是去散散步?这些相互矛盾的需要往往使我们犹豫不决,不能作需要作出的决定。这就好像鸵鸟,对不愉快的事情不理睬,埋头到沙堆里。

犹豫不决意味着我们对某一任务不是一次完成,而是要花很多的时间。它使我们的惶恐和恐惧更加严重。虽然不作决定是不容易的,但是拖延决定是容易的。它还在那里等着,即使在完成别的工作时它仍在脑海的某一部位活跃着。犹豫不决让我们无法集中精力,无法放松,无法创造。它还可能成为其他问题的根源,如逃避责任。

### 6. 逃避

很多时候我们很清楚,自己目前要做的最重要的事情是什么,按照常理,应该马上去做这些事情,但是我们偏偏迟迟不愿意动手去做。当我们在工作时,我们常用的逃避手法是去做一些让别人感觉我们很忙的事情,如果是独自一个人的时候,那就无所谓了,我们可以上上网、看看杂志,甚至打个盹儿。

很多同学都有逃避复习备考的经历,比如,拖延作息时间,在寝室门口和同学聊天,以上网查资料的名义上网干一些与学习不相干的事情,阅读并不需要阅读的书籍和报纸,不断清理书桌和抽屉里的各种资料,总在书店中看哪种学习资料更好……实际上这些行为都是逃避的行为。

常见的逃避行为有以下几种:第一,放任自己,去看场电影、晒晒太阳、睡会儿觉、洗洗澡、悠闲地打扮打扮、甚至是花很长的时间去喝杯茶,或者是延长就餐的时间。第二,参加社交活动,最常见的是找人聊天,电话聊,或者在网络上聊,并且我们还会给自己一个合适的理由,"好久没有和这个朋友联络过了"。第三,阅读,看一些没有看过的期刊、报纸,看一些你买了很久还没有看的书,甚至是把某些以前看过的东西再拿出来重新看一遍。第四,白日梦,盘算一下去哪里享受一顿美味的晚餐,盘算如何过周末。

### 7. 中断

不在计划中的打断是让人烦恼的消耗时间的事情之一。电话、老板进来聊天、同事进来问候,以及其他紧急情况都是对正常工作的打扰。中断对复杂的工作伤害最大。喜欢在寝室学习的同学经常会有这样的经验,一道难题好不容易有点眉目了,被人打扰再也想不起来了。在寝室里看书,接了几个电话,一上午就过去了。

在美国,有人专门做过统计,在工作中,人们一般每8分钟会受到1次打扰,每小时大约7次,或者说每天50～60次。平均每次打扰大约是5分钟,总共每天大约4小时,而约50%～80%(约3小时)的打扰是没有意义或者极少有价值的。

8. 迷惑

我的目标是什么?没有为以后几个月和以后几年作出计划可能是时间管理中最大的错误。有一个对话是这样的:"请你告诉我我应该往哪里走?""这要看你去哪里。""不管去哪里都行。""那么你随便走哪条路都行。"考研时,许多考生在决定考什么专业上要花掉几个月的时间,有的人甚至到报考时还不知道报什么学校什么专业。

产生迷惑的最重要原因是工作没有计划和目标。很多人认为事情的发展方向是难以预料的,做计划是没有必要的,他们常常抱着"做了再说"或者是"船到桥头自然直"的侥幸心理。造成我们不重视计划的原因可能有以下几种:有时候他们即使不做计划也能获得一些好处,或者是从来没有尝到过做计划的甜头;第二,不知道该如何做计划;第三,计划与事实之间难以趋于一致,所以对计划丧失信心;第四,认为"知难行易",没有必要在行动之前多作考虑。

## 二、时间管理自我分析

1. 我的时间在哪里?

你是否有过这样的经验:毫无目的地看电视或阅读杂志,总觉得无意义,但是仍继续看下去,就连广告也都看了,直到深夜才筋疲力尽地上床去睡觉。但是,第二天,又重复着同样的事情……这到底是怎么回事呢?重复做这样的事,或是几个小时,或是瞬间,但其后感觉起来,又觉得非常地空虚。

有人曾粗略地统计过一个活到72岁的美国人对时间是怎么花的:其中睡觉花掉了21年,工作花掉了14年,个人卫生花掉了7年,吃饭花掉了6年,旅行花掉了6年,排队花掉了6年,学习花掉了4年,开会花掉了3年,打电话花掉了2年,找东西花掉了1年,其他事情花掉了3年。

2. 什么在控制我的时间?

作为一名学生,你的时间主要用于上课、自修、学习等方面,作为一名员工,你的个人时间安排主要受到公司安排的限制。因此,从某种程度上来说,你的个人时间经常被某些特殊的任务和安排所支配。但在任何一个特定的时间段中都会存在不同程度的个人自由时间支配的可能。如果用数字来表示你对时间的支配性,1表示最小控制可能性,10表示最大控制可能性,你认为自己对时间的控制性处于什么水平?

## 第四节　更好地度过每一天

我们几乎总是遭遇同一个问题:睡眠不足,行色匆匆,没有吃早点便飞也似的直奔教室或者公司。如果每天都是这样开始,那你不郁闷才怪呢。针对生活中普遍存在的问题,很多时间管理专家提出了一些具体的建议。为了不使自己对重要的工作失去兴趣,不妨试试这些方法吧。

### 一、以积极的心态进行积极的生活

指导成功方面的专家们都一致认为,成功依赖于每个人的态度、思想、感情和精神状态等,通过积极的思考和行动可以对他们施以影响。每天试着做一些积极的事情,因为你对周围事物的基本观点以及你对有待完成的工作的态度,决定着你每天的行为,决定着你对时间的管理,并最终决定着你的幸福与成功。

怎么可以把一个糟糕的开始带进一个积极的氛围里呢?你可以遵守下列3条规则,以积极的心态迎接新的一天:第一,每天做点使自己特别高兴的事情;第二,每天做点使自己更接近目标的事情;第三,每天做点可以消除工作疲劳的事情(运动、家庭、爱好等等)。

从早上开始,有意识地采取积极的生活方式:

睡眠不足──→舒服地醒来

匆忙梳洗──→惬意地洗漱、梳理
没吃早点──→与家人共享精美的早餐
行色匆匆──→沉着冷静驾车去上班
压力──→紧张而有序
……

在开始工作之前,先花几分钟时间想一想,我今天要做什么,根据工作的重要性和紧迫性,把以前制定的计划及目标再重新梳理一遍。在结束工作之前,一定要心平气和地做好一天的收尾工作,看看今天的计划是否都已经完成。建议:今日事,今日毕。

今天晚上干点什么呢?许多人下班回家根本不去思考如何使自己快乐,如何度过下班后这段美妙的时光,而是窝在家里看电视。想想这段时间还可以干点什么呢?看一场电影、看一本好书、散步、听音乐会、与朋友聚会、运动、冥思静想等等,都是不错的选择。

睡觉之前,想一想,你今天快乐吗?你今天的生活质量如何?你今天的工作效率如何?今天对你的人生有何价值?以积极的心态结束这一天!

## 二、制定激励人的目标

目标是衡量一个人行为的尺度。目标使你明确你为什么做事,你将要从中获得什么。没有目标,我们的眼前将是混沌一片。正所谓人无远虑,必有近忧。

只有给自己设定好了目标,才会在繁杂的日常生活中保持清醒的头脑,有了目标,即使工作压力再大,也会遵照正确的优先原则,充分发挥自己的能力,快速、自信地得到自己想要的。这一法则不仅适用于工作,而且也适用于生活中的其他方面。

我们一旦确定了目标,并坚持去追求它,就仿佛插上了翅膀,潜力就被激发出来。目标可以使我们的力量集中于事物本来的重点之处,重要的不是你做了什么,而是你为什么做。若要使时间能合理使用,就必须有一幅生活蓝图。

列出目标以后,你可以分析一下你所拥有的资源,哪些可以帮助你实现自己的理想?比如,你的交际能力、记忆能力、专业知识、领导能力、工作技巧等等。哪些缺点会妨碍你达到目标，或者说你在实现目标上可能会遇到什么障碍？你准备何时达到你的目标？

### 三、事有轻重缓急

许多人在处理日常事务时，完全不考虑完成某个任务之后他们会得到什么好处。这些人以为每个任务都是一样的，只要时间被工作填得满满的，他们就会很高兴。或者，他们愿意做表面看来有趣的事情，而不理会不那么有趣的事情。他们完全不知道怎样把人生的任务和责任按重要性排队。

如果我们按事情的"缓急程度"办事的话，不但使重要的事情的履行遥遥无期，而且经常使自己处于危机或紧急状态之下，最大的恶果是原本重要不紧急的事必然会转化为重要又紧急的事，比如写论文。我们认为：处理事情优先次序的判断依据是事情的"重要程度"。所谓"重要程度"，即指对实现目标的贡献大小。请注意：虽然有以上的理由，我们也不应全面否定按事情"缓急程度"办事的习惯，只是需要强调的是，在考虑行事的先后顺序时，应先考虑事情的"轻重"，再考虑事情的"缓急"——也就是我们通常采用的"第二象限组织法"（如下表所示）。

|  | 紧急 | 不紧急 |
|---|---|---|
| 重要 | 第一象限（急）<br>紧　急<br>重　要 | 第二象限（重）<br>不紧急<br>重　要 |
| 不重要 | 第三象限（轻）<br>紧　急<br>不重要 | 第四象限（缓）<br>不紧急<br>不重要 |

根据这一原则，我们可以对我们手头的事情分类：重要且紧急的事情，比如救火、抢险，或者是生病了要马上去医院；重要但不紧急的事情，比如写论文、做计划、学英语、体检等；紧急但不重要的事情，比如有人因为打麻将三缺一而紧急约你、有人突然打电话要登门拜访等；既不紧急也不重要的事情，比如说娱乐消遣等事情。

在划分第一和第三象限时要特别小心，急迫的事很容易被误认为重要的事。其实两者的区别就在于这件事是否有助于完成某种重要的目标，如果答案是否定的，便应归入第三象限。

## 四、给工作任务排个序

有时候我们的生活就像变戏法一样，要让好几个球在空中移动，不断地接球并把手中的球抛出去。我们往往也会面临这样的境况，手中会有好几个任务，不知道该从哪个任务下手。

玩戏法的人给了我们一个很好的示范，他的首要重点就是在于第一个到达他手中的球。他接住球并以精确的角度和高度将球抛出，结果球便会以同样精确的动作落回他的手中。假如他开始分心看所有的球，就会失去焦点，整个环节也会瓦解。

这个游戏规则也适用于我们的生活，在某个时间点上我们必须决定什么是最重要的，什么是次要的，什么可以等。很多时间管理的专家都推荐 ABC 排序系统：当我们列出了一天的事务清单后，在那些你最重视的条目左侧写上 A；在那些一般重要的条目左侧写上 B；在那些最不重要的条目左侧写上 C。A 级活动应该是最重要的活动，所以你应该把大部分的时间花在 A 级活动上，然后才是 B 级和 C 级活动。考虑到我们每天的时间有限，而且不同活动的紧迫程度也不同，所以我们可以对当天要完成的活动条目做进一步细分，把 A 级活动分为 A-1，A-2，A-3……

列完清单以后，你可以首先完成所有的 A 级活动，然后着手处理 B 级活动，最后处理 C 级活动。有时候你可能会完成清单上所有的任务，但是大多数情况下你都无法做到这一点。而且即便你是以优先次序开展这些活动，你也可能连所有的 A 级活动都未必能完成，有时候你可能能完成 A 级和 B 级活动，甚至是一些 C 级活动，但事实上，很少有人能完成所有的任务。所以，请记住一点，"事务清单"的目的在于帮助你更好地利用自己的时间，而非做完清单上的所有事情。

## 五、每件事争取一次就处理好

当某些工作的时间要求不是那么紧急的时候，我们很容易犯的一个毛病就是做一部分然后停下来,过一段时间再接着做,这样我们以前的思路或者想法已经忘记了,需要从头开始,就像很多人抱怨每次看书都是从第一章开始看起。

每份材料只处理一次,这是时间管理中的一个重要技巧。比如,对收到的那些需要处理的信件,尽量一次就把它处理好。刚收到的材料,趁着自己对这份材料的内容还很清晰时,就着手加以处理,一份工作开始后,趁着自己的思路很明确就马上进行,不要拖延。这样的做法可以节省很多时间,避免不必要的重复。

当然,并不是所有材料都能马上去处理,并且处理一次就结束的。有些材料要花上几周甚至是几个月的时间,这是因为处理这些东西在各个环节上都要花费时间。有些材料,每字每句都需要加以仔细的推敲。有时,先暂时把它们放起来,等考虑一段时间后再作决定会更好。

但是,最具有一般意义的原则应该是:尽量使每份材料只处理一次,实在不行的话,在你每次处理之时,都要为最终完成它做些有意义的事情。如果无法很快处理好,那么每次只做一点也无妨。

特别的事情特别处理。尽量将日常工作任务安排在固定时间、以集中方式处理,相同类别的事情,在集中的时间内一次处理掉。比如在固定的时间回复邮件,固定的时间处理与同事沟通的问题,在固定的时间做需要高度集中注意力的事情。不要想着如果上班时间处理不完,可以下班之后多工作两个小时,这样,工作的效率会大打折扣,而且自己也会觉得很累。

对于临时发生的问题,也可以集中处理,把每天临时发生的问题集中起来,一次性处理完毕,以免浪费时间。

## 六、给自己留点宽裕的时间

每个人都会遇到一些意外的情况,所以在安排日程的时候,一定要给自己留出足够的弹性。如果事先把自己的所有时间段都安排得满满的,那你很可能无法完成预期的任务,结果在一天结束的时候感到非常得沮丧、焦虑,甚至是紧张。将任何事情的预计时间留宽裕些,你便能避免延误,不必要的匆忙,以及令人失望。太过于匆忙的生活会让我们感到巨大的压力并且会降低效率,对身体也有很大的危害。给自己留点宽裕的时间,这个技巧不仅适用于工作,也适用于家庭生活。

每天会有很多意外事情的发生,想想看,你要接电话、查邮件、接待客人……这些日常活动都会占据你的时间。经验告诉我们,虽然你不可能预料到自己每天都会遇到什么事情,但是在大多数情况下,你每天都会遇到一些意外的事情来打断原定的计划。所以你需要一些空闲时间来处理那些不期而遇的问题,或者是去把握任何新出现的机会。

给自己留点宽裕的时间,是件很容易的事情,而且会取得不错的效果。你可以把完成一件工作,行驶某段距离,或者安排假期旅游的时间扩充一点。

怎样为自己留出宽裕的时间呢?首先将你认为能完美完成的一项计划所需的时间总结出来,然后预计如果受到打扰或耽搁,需要花多长时间。预计要充分一点,最后在截止期限前将这项额外的因素一并考虑进去。

比如,某些管理者在安排工作时就会充分利用这一技巧,某项任务的期限是三个星期后,但是他考虑到他的下属总是喜欢拖一两天才能匆匆忙忙把方案交给他,因此在分配任务时,他告诉下属,这项任务的截止日期是两个星期后。这样安排,即使下属再次拖延,也不会影响最后的工作效果。

### 七、好好放松,效率会更高

某些时候的逃避和拖延是因为我们太疲惫,工作压力太大,所以好好放松一下,就能做更多的工作,也会使自己更乐于工作。

有些人认为放松就是去进行体育锻炼或者是去旅游,但是锻炼后、旅游归来以后依然觉得很累,因为他们把放松当成任务来完成。其实,躺在沙发上,做漫无目的的遐想,这就是很好的放松,而不是刻意规定自己,一定要以什么样的方式来放松。对于放松而言,没有什么时间是白白浪费掉的,即使是什么都不干也没有关系。

有时,想获得更多的休息放松时间,唯一的方法就是减少一些工作上的过分要求。如果自己这种努力并未成功,那么你就设法从根本上改变自己的工作状况。

## 八、打破帕金森定律

有些家长或老师会希望小孩能够坚持坐在课桌前,即便学习效率非常低下,甚至只是坐在桌前消磨时间。这种做法只会培养孩子不良的时间管理习惯,其中一种典型的做法就是:不断地拖延完成一件工作的时间。帕金森定律就是描述这样一种状态,在大多数情况下,人们会选择通过延长工作所必需的时间来应付工作。既然如此,为什么不让孩子在完成必需的学习任务之后做一些他们喜欢的活动呢?

有些工作看起来永远没有尽头,比如说学英语、打扫房间、进行科学研究等,帕金森定律似乎在理论上并不适合,人们总有工作可以做。但是在事实上,有些事情只能在特定的时间段完成。比如,与家人共进晚餐,错过了时间就赶不上了。家长不能逼迫小孩超前地学习一些知识,这会让孩子感到很大的压力,即使投入再多的时间,也不会产生期望的效果。

当然,帕金森定律也并非完全没有道理,工作本身具有延展性,如果我们必须工作足够时间,那我们就会不自觉地去做一些不必要的事情来填充时间。这提醒我们,给自己或他人留一些私人空间,在完成自己的工作后做一些自己喜欢的工作,比如阅读一些自己喜欢的书,或者是给朋友写信。

## 九、学会拒绝他人

我们身边的人总是想吸引我们的注意,希望我们在他们身上多花一些时间:配偶希望我们多花点时间打扫房间、老板希望我们都用点心思在工作上、父母希望我们经常回家看看他们、朋友希望经常听到我们的问候……当我们满足了他人的要求时,我们会感到满足。但是,当他人的要求和我们自己的安排相互冲突的时候,我们内心会感到不安,不知道该怎么分配我们的时间。

当我们在关注他人的需求的时候,不要忘了我们也同样有合理的权利、需要和欲望,因此我们要善待自己,必要的时候要学会说"不"。虽然这只是一个简单的字,但如果使用得当而且及时的话,它可以帮你节约很多时间。千万不要让别人的一些无谓的要求消磨掉你的宝贵时间,在拒绝的时候一定要坚决果断。但是要做到这一点似乎并不容易。

当你正在忙的时候,某人让你帮忙买机票,你可以告诉对方,"我知道这件事情对你很重要,可我现在确实很忙"。如果愿意的话,你还可以向对方表示道歉,并告诉他你现在都在做什么,或许他也能设身处地地为你着想。

有些人总是不愿意拒绝别人,总是在处理一些对别人来说很重要的事情,而自己的事情总要放到最后才能做。这样的人大多是不清楚自己在人际交往中的一些基本权益:毫不内疚地说"不";表达自己的意见、情感和情绪;自己做决定及处理某事;保护自己的隐私等。

当你的家人、老师、领导或者是你身边很重要的人提出要求时,虽然你感到很为难,但是你又不忍心拒绝他们,这时你该怎么办?这时,最好的办法就是折中。比如说告诉对方你的时间安排,或者是和对方坐下来讨论。

### 十、发挥 80/20 法则的作用

你是否会经常遇到这样一种情况,手头明明有一件非常重要的任务要去完成,但是你去选择去做一些并不重要的程序性工作,比如说整理办公桌或者是收拾屋子,因为你可以熟练地完成这些工作,并从中获得极大的满足感,相反地,对于一些重要的工作则一直在回避它。

为什么我们总是喜欢把时间花在那些并不重要的任务上呢?最重要的一个原因就是,许多非常重要的任务往往都比较难以执行(比如说学外语、完成一篇论文、找到一个新的解决问题的办法),并让我们产生挫败感。而擦桌子、倒垃圾之类的琐碎的工作比较容易做到,而且能够给你带来暂时的满足感。

经济学中有一个重要的 80/20 法则,这个法则告诉我们,如果把所有的工作内容按照实际价值列出来的话,我们会发现 80% 的价值

都是由20%的工作产生的,而剩下的80%的工作只能产生20%的价值。具体的比例可能会发生或多或少的变化,但是80%的情况下,80/20原则还是很符合实际情况的。

80%的销售额是源自20%的顾客;
80%的电话是来自20%的朋友;
80%的财富集中在20%的人手中;
80%的钱花在20%的贵重食物上;
80%的清洗时间花在20%经常穿的衣服上;
80%的看电视的时间花在20%的电视节目上;
············

根据80/20原则,如果一个人每天要完成10件工作的话,他只需要完成其中的20%(也就是其中的两件),就可以产生80%的价值。所以他首先应该找出这两件工作,将其标志为A级活动,然后尽快完成它们。他完全可以把另外8件暂时放在那里,因为他当天的工作的大部分价值都来源于自己已经完成的那两件工作。所以,一定要反复提醒自己,集中精力处理那20%的工作,千万不要把时间浪费在那些价值不高的活动上。

# 第十三章 感悟幸福

幸福是一种感觉,是一种心态,是一种境界,更是一种内心的感悟,只要你用知足常乐的心态去慢慢地体味、细细地品尝、用心地感悟,你就会发现,幸福时时围绕着你,无处不在,开心和快乐随手可得。如何把握自己所拥有的幸福呢?我们每个人都可以运用幸福的理念和方法,去感悟生活的幸福美好。

## 第一节 幸福生活的艺术

人类不愿满足的天性总是觉得别人比自己幸福。为什么同样是"幸福",每个人会有不同的看法呢?对于食不果腹的乞丐来说,能吃饱饭就是幸福;而对于失去人身自由的人来说,自由自在无拘无束便是幸福……用自己的钥匙去开启属于自己的幸福大门,这样才能体会到幸福的真正内涵,提高幸福生活的艺术有以下八个方面。

### 一、失去学会忘记,得到不忘珍惜

每个人都拥有自己的个人世界的,能不能去掉世俗的判断,而由自己的内心来对自己的生活作出判断呢?好像不难!有人问一个小伙子,你很健康,但是没有什么钱,如果有人给你100万,换你一条腿你换不换?不换!1 000万呢?不换!又问另外一位女士,你和你的男朋友感情很好,准备结婚;这个时候一个亿万富翁非常喜欢你,要用100万换取你跟你男友分手而嫁给他,你同意吗? 不同意! 1 000万? 不同意! 一个很平凡的人,他的健康、他的爱情是无价的啊! 如果我们只是盯着那些我们没有的东西,而忽略我们已经拥有的东西,我们怎么能够体验得到幸福呢?

幸福的感知能力就取决于对那些你已经拥有的、你现在拥有的非常普通而又平凡的东西感到幸福。这些东西往往我们平时体会不到,直到有一天失去的时候才觉得珍贵。一个有理性思考的人,在没有失去的时候就知道珍惜,这样的人才是真正幸福的人!

不管生活是以怎样的面目出现,我们都应该拥有幸福的心态,快乐地生活,保持一颗乐观的心,去享受生活。一旦用乐观快乐的心态去看待生活,你就会对生活的一切心存感激。要是一根针扎伤了你的指头,你应该庆幸:还好,扎伤的不是你的眼睛。感谢生活,因为我们是如此的平凡,却又如此的幸运。只要你浪漫地解释生活,你就会因为生活没有把你逼得走投无路而感谢它的宽容。

有个实验:人们在第二种情况索取的金额要远远高于第一种情况下愿意支付的金额。也许你觉得这并不矛盾,但是实际上仔细想想,人们的这种决策是相互矛盾的。第一种情况下你实际上在考虑愿意花多少钱消除万分之一的死亡可能,买回自己的健康;第二种情况是你要求得到多少补偿才肯出卖自己的健康,招来万分之一的死亡可能。两者都是万分之一的死亡率和金钱的权衡,是等价的问题,客观上讲,人们的回答应该也是没有区别的。那么为什么两种情况会给你带来不同的感觉,而且使你作出不同的回答呢? 这就是赋予效应。

赋予效应指正常人对于同样一件东西,往往在得到时觉得不怎么值钱,而一旦拥有后再要放弃时就会感到这件东西的重要性,索取的价格要高于不拥有时购买它所愿意支付的价格。正因为赋予效应使得人们对自己所拥有的东西加上了非常高的价值,导致人们不愿意去作决策改变现状,这种安于现状也是损失规避的一种表现。正常人往往注意到了一般意义上的损失,却对未得收益不够敏感,而事实上,我们日常生活中有很多损失并不是来源于直接损失,而是由于忽视未得收益而带来的损失。

想象一下你是得到100元高兴，还是失去100元更痛苦呢？心理学家经过长期的研究，发现了一个普遍现象，它们把这种现象称为损失规避，即相同的一样东西，人们失去它所经历的痛苦要大于得到它所带来的快乐。损失规避心理最根本的一种表现是得失不对称性。

幸福格言：珍惜已经拥有的，忘记已经失去的，拥有多于失去的。

## 二、有闲不如有钱，有钱更要有闲

2006年7月北京市社情民意调查中心所做的一项关于收入与幸福感的调查显示：城市居民中，收入与幸福感不成正比。月收入不足4 000元时，幸福感随收入的提高而提高，达到4 000元后，幸福感呈波状上升，5 000～7 000元中等收入组幸福感最强；7 000元后出现下降，15 000～20 000元组幸福感更不确定，其平均幸福感分值与1 000～1 499元收入组相同。这个结果让城市人警醒，在经历了"从无到有"之后，我们应该如何获得快乐和幸福呢？美国一位投资家说过："我宁可少赚一些钱，但我要一个快乐。"有钱、有闲，两者兼得才是幸福的人。

**小故事：**

一个衣着鲜亮的游客来到西海岸一个港口旅游，在一条小渔船上，看到一个邋里邋遢的老渔翁，这是一个非常穷困的老渔翁。这么好的天为什么不出海捕鱼呢？游客对老渔翁偷懒的举动颇不理解。

他问老渔翁："为什么不出海呢？"老渔翁说："因为我今天一大早出过海了，捕的鱼够我三四天用的。"游客仍是不解，满怀着恨铁不成钢的情绪，给他描绘作为一个勤快人将会有怎样美好的未来。他说，如果天气好一天出海三四次，一年内就可以买摩托艇，然后再买单桅船，然后再盖一个冷藏库，开一个熏鱼作坊，或者一个鱼类食品厂，产品专门出口到国外，再到巴黎开一个海鲜馆。成功之后，乘着自己的直升机寻找鱼群，通过无线电指挥船队……

老渔翁有点不耐烦了,问道:"然后怎么样呢?"游客被他这一问倒是问住了,想了一会,说道:"然后,您可以像我们一样,来这里旅游,或者,安然地在阳光下的海滩上,幸福地打瞌睡。"老渔翁说:"可是,现在我已经是在这样了,按照您的说法,我已够幸福了,只是您的到来打扰了我的甜梦。"

游客被说得哑口无言。

这是一个很有哲学味的故事,故事中的老渔翁给幸福作了一个全新的诠释。什么是幸福?就是不放弃眼下片刻晒太阳的机会,而不像游客那样,舍近求远去苦苦地寻找。

从幸福学角度讲,既会花钱又会赚钱的人,是最幸福的,因为他享受两种快乐。但有闲钱还不够,还要拥有闲情逸致,才能真正享受有闲的乐趣。培养多种爱好或运动习惯,是养成闲情逸致的具体方法,比如打球、爬山、旅游、琴棋书画,只要找到自己有兴趣的活动,否则即使有钱,却因工作忙碌,连花钱的时间也没有,或者不知怎么安排闲暇生活,只是瞪着电视,玩电脑游戏,久而久之,不仅生活乏味,还有损健康。

## 三、小奖不如不奖,小罚不如不罚

幸福受到感知规律的制约。个体在感知事物时,如果外部刺激的变化在差异阈限之下,那他就感受不到这种事物的变化。同样,人们在感知能够使人幸福的事物时,如果这样的物体或者事件与过去的满足物没有明显的差异,则人们也不会产生幸福感水平的变化。

小奖不如不奖。例如,当增加工资时如果工资变化的幅度小,属于阈限之下,人们也不会体验到增加工资的喜悦;如果工资变化幅度大,升得比较高或者降低得比较多,人就会感觉到幸福或者痛苦。

**小故事:**

有一位老人住在乡村怡然自得,但有群孩子经常向他扔石头玩。老人很恼怒,但训斥赶不走孩子们,于是老人想出了一个法子。有一天孩子们来玩的时候老人对孩子们说:"我挺喜欢你们来这里帮我解闷,以后你们每次来我都给你们1元钱。"孩子们听了很开心,天天都跑过来扔石头。过了几天,老人对孩子们说:"我拿不出那么多钱了,以后你们来我只能给你们5毛钱了。"孩子们一听,打这么老远来才拿5毛钱,以后再也不来了。

这个故事说明每个人做事情往往是由心里的内在动力来推动的,一旦一件事掺杂了经济利益,那就很难回到做这件事的初衷了。所以要激励他人做事,除非给予和这件事相匹配的物质激励,如果你要给的物质刺激不大,甚至会一点一点拿掉,那还不如不给。

小罚不如不罚。同样消极的或者使人痛苦的刺激物,如果是从比较大的过渡到比较小的,只要这种变化足够大,个体就能体会到幸福感。例如,一个罪犯的有期徒刑从10年减少为5年,他会感到很快乐。相反,同样积极的刺激物,如果前者比后者大,个体会感受到不愉快。比如一个孩子过去考试得高分时,父母奖励100元,后来又得高分时,父母奖励50元,这时孩子就会感受到不愉快。

## 四、好事分开享受,坏事一起忍受

升职加中奖,两件好事。丢了皮夹,车被碰坏,两件坏事。如果一天之内遇到两件喜事,还是分两天告诉家人更好,因为从心理学的角度,好消息"小而频"要比"大而稀"能给人带来更多的幸福感。如果发生了两件坏事,那么一次说出来要比分两次说带来的痛苦要少。

边际效用递减规律就是指随着消费的增加,消费者从每个单位产品中得到的满足程度是不断减少的。需要说明的是,边际效用虽然递减,但是总效用是递增的,只是增速减慢。例子:很饿时,吃第一块特别香甜,吃第二块次之……又如,乞丐和富翁都得到一块钱,其高兴程度天壤之别。

幸福学研究提出了4个原则。

(1) 如果你有几个好的消息要发布,应该把它们分开发布。比如今天公司奖励了你1 000块钱,下班后你在百货商厦又抽奖抽中了1 000块钱。那么你应该把这两个好消息分两天告诉妻子,这样她会开心两次。研究表明,分别经历两次获得所带来的高兴程度之和要大于把两个获得加起来一次所经历所带来的高兴程度。

(2) 如果你有几个坏消息要公布,应该把它们一起发布。比方说如果你今天丢了1 000块钱,还不小心把车给撞坏了,那么你应该把这两个坏消息一起告诉她。幸福学家发现,两个损失结合起来所带来的痛苦要小于分别经历这两次损失所带来的痛苦之和。

(3)如果你有一个大大的好消息和一个小小的坏消息,应该把这两个消息一起告诉别人。这样的话,坏消息带来的痛苦会被好消息带来的快乐所冲淡,负面效应也就小得多。

(4)如果你有一个大大的坏消息和一个小小的好消息,应该分别公布这两个消息。这样的话,好消息带来的快乐不至于被坏消息带来的痛苦所淹没,人们还是可以享受好消息带来的快乐。

## 五、好事力求变动,坏事力求静止

好事力求变动的原因:心理学对感觉变化的规律表明,由于刺激物对感觉器官的持续作用从而使感受性发生变化的现象,叫做感觉适应。适应可以引起感受性的提高,也可以引起感受性的降低。在生活中,感觉适应的现象很普遍,在各类感觉器官中都可以看到,但是,在各种感觉中适应的表现和速度是不同的。

从幸福的感受规律来说,第一次出现的事件,由于其性质的好坏,使人产生幸福感或不幸福感。但当事情重复出现时,它就会逐渐失去激发情感的能力。因为,人们可以适应好的环境,不再感到幸福,也可以适应坏的环境不再感受到不幸。这里,只有事件的改变才可再次引发情感的变化。人一开始可能会对某事物敏感,但时间一长,就适应了,也就是你对这东西敏感度降低了。比如三桶水,冷、温、热。左手放进冷水里,右手放进热水里。然后都放进温水里,你会感觉到左手热、右手冷。这就是适应。什么事不易适应,极端的、比较的、变化的。房子和路程,房子小可以适应,而每天挤车很难适应。丑和唠叨,丑很容易适应,而唠叨不容易适应。如果能找到一个漂亮的更好,如果不能找到,宁愿找一个丑的,也不要选择一个唠叨的。

心理学研究表明,人们对不确定性的东西和未知的东西有一种天然的畏惧心理。自由对自己周围的环境比较熟悉,消除了不确定和未知的东西之后,才会感到轻松与平静。

假如你现在的年薪是10万元人民币,现在公司给你两个选择:第一种:保持你现在的工资水平,但每年不定期地给你几次奖金,奖金总额为1万元人民币;第二种:把你的工资涨到11万元人民币。你怎么选？一般人都会选第二种,但其实不定期给奖金反而会比涨工资更让员工开心。每次给奖金,都给了员工一种刺激,特别是不定期地发奖金,带来的幸福更频繁而持久。第二种却是刚开始涨工资时开心,但时间长了就没什么感觉了。

说涨工资不如给奖金的另一个原因是,万一公司财务情况不好,你要降工资时员工就更不开心了。而给奖金有两个好处:给奖金时员工更开心,不给时员工不至于那么痛苦。公司可以有回旋的余地。但是如果你是行业中唯一一个发奖金不涨工资的公司,而别的公司普遍涨工资,往往会使你的员工流到别的公司去,因此最好的结果是不光你的公司实行这种制度,而且整个行业都产生这种转化。

人总是害怕不确定的东西。比如人们对SARS、禽流感、艾滋病的恐惧。其实其死亡率远远低于车祸的发生率。这些都是从人们作判断是依据有限理性这一前提得出来的。最后因这种病毒而死的人还不到10人,而同期有几万人死于车祸。但中国人没有对交通安全问题像对SARS那么恐慌。人们对鲜明、极端的危险非常注意,极其夸大其危害程度,而对经常性的危险反而不太在意。

## 六、好事尽量早说,坏事尽量晚说

好事晚说不如早说。如果你最喜欢的年龄相当的异性明星,你可以和她呆在一起30分钟,做什么都可以。你是选择这个机会马上来临,还是选择再等一天？心理学家做过这样的试验,大多数人的选择是:再等一天。因为很多时候,快乐来源于对快乐的期待,如果选择等一天,你可以有一天的时间来做梦,想象与明星接近时的幸福。

旅游也是如此,最开心的时候是你听到这个消息以及期盼着去旅游胜地的那段时间。

如果请人吃饭,不要隔夜告诉他,最好提前一段时间就告诉他,期间还提醒他几次,让他开心好多次,就好像吃过几次一样。

同样,送人礼物也是如此。提前告诉对方,让朋友在期待的过程中提前享受到礼物所带来的欢愉。人们不是常说,真正重要的是过程而不是结果吗？所以,应该让接受你的奖励或者礼物的人在期待奖励或礼物的过程中得到持久的心理满足,在他一遍又一遍的想象收到奖励或者礼物的欢愉时,你在他心中的作用也一遍又一遍地在加强。让他去期待吧,让你的奖励或礼物随着时间不断增值。

坏事早说不如晚说。比如带孩子去医院打针。

## 七、好事力求无择,坏事力争有择

好事有择不如无择。当一个公司准备奖励员工时,假设公司可以让员工去度假旅游,也可以送他们每人一台高清晰度的数码电视机,并且两者是等值的。究竟应该给他们选择的权利好呢,还是不让他们选择好呢?初看之下,好像是给出更多的选择是对员工好,其实不然。在让他们自由选择的情况下,选了度假的员工会感到自己是放弃了实用的电视机作为代价来参加旅游的,旅游回来后看到同事家的那台电视机肯定心中不悦;而选择电视机的人,在家里看到电视中的那些度假胜地,想到其他员工也正在尽情游玩的时候,一定要顾影自怜了。

一般人认为给奖励有选择比没有选择好,但事情并非总是如此,因为有选择反而使人患得患失。比如年终时,有一家公司给员工的奖励是去夏威夷度假,员工很开心;另一家公司的奖励是去巴黎,员工也开心;第三家公司是让员工在夏威夷和巴黎之间选择一个目的地,结果有的人去了夏威夷,有的人去了巴黎。但每个人都会想自己放弃的另外一个选择是不是会更好,每个人都觉得自己缺了点什么,反而不及前两个公司的员工那么开心。

奖励或送礼的时候最好不要让接受奖励或礼物的人自己选择。送礼的人在选择礼物时,为了满足收礼者的最大效用,经常会问他们想要什么,这种做法其实很不明智。为什么呢?有两个原因:第一,给接受礼物的人选择会使他们觉得放弃哪个都不舒服,最后拿到的哪个礼物都觉得不完美;第二,接受礼物的人往往会从经济利益的角度来选择,而经济效用大并不一定会让他们更开心。

坏事无择不如有择。在一个范围内选择,比如在家庭教育中,孩子犯错要做适度惩罚时,不能问"你说如何罚你?"这叫开放式问题,给孩子无限的选择,即使选了家长也未必满意。有经验的家长会给出所有选择,让孩子从中挑选。比如说:"你是周末不看电视还是不玩电脑游戏?"等于告诉孩子,两者必取其一。

既要提高对方的幸福感,又要注意自己的策略。

此外,记忆也是幸福的一个来源。给员工奖励可以发奖金,也可以给其他的东西。现在许多公司发放奖金都是直接发钱给员工。公司也可以用同样金额的钱,让员工享受一下他们平常舍不得享受的事物,比方说到高级法国餐厅吃饭、到夏威夷旅游等。从传统经济学来看,哪个更好呢?肯定是前面一种好。如果把这两种方法给员工选择的话,人们也会选择前面一种。但是,有实验表明人们反而对后面一种奖励更开心。这是因为在就餐或旅游结束后,人们还是会记得这段经历,这段美好的记忆也可以让人们感到更为幸福,奖励的效果也更好。

## 八、小中之大,不如大中之小

用容积为500毫升的杯子装了500毫升冰激凌,用1 000毫升的杯子装了800毫升冰激凌,不在一起比较时,人们更愿意为第一个付高价钱,一起比较时愿意为第二个付高价钱。

举例:有人给你介绍了男友,听说很不错,约定今天见面。你正准备出门,碰巧室友也有空,你盘算着是否应该带室友一起去。以下是各种情形的最佳选择。

1. 对于你美她丑的情况,应该选择带她一起去。

因在比较评价(两人去)的过程中,你的优势比单独评价(一人去)时更突出。但是如果你丑她美就不要带去了,以免相形见绌。

2. 对于你丑她美的情况,应该一个人去。
3. 你和她都美的情况,应该一个人去。

因为男士在单独评价时,会将你和他日常见过的其他女孩子比较,这样一来,漂亮优雅的你就比较有优势;而如果带了美丽的室友同去的话,他做的就是比较评价,他的目光就在你俩之间比来比去,没准就会发现你身上的不足。

4. 你和她都丑的情况,应该两人一起去。

单独评价的话,你就毫无希望了,如果带了室友,他做的就是比较评价,从而能够看到你的相对优势,对你来说起码还是有机会的。

5. 如果你在难评价特征(广博的知识面)上优于室友,却在易评价特征(脸上有雀斑)上不如她的话,应该带她一起去。

脸上有雀斑是很明显的,很容易判断,如果一个人去的话,男士对你的形象会打点折扣,但是对你的知识面,他却无法知道究竟怎样才算渊博的,考虑到要突出你这个占优势的难评价特征,应该选择和室友同去(便于进行比较评价),在你们畅谈古今中外之时,方能显示出你的才华和魅力,脸上有雀斑就显得无足轻重了。

6. 如果你在难评价特征(广博的知识面)上劣于室友,却在易评价特征(脸上有雀斑)上胜过她的话,应该一个人去。

如果你的知识面没有室友渊博,而室友的脖子上有块明显的胎记,很是影响她的外貌,而你却干干净净的。此时你就要一个人去了,要在被单独评价的环境中凸现自己的优势。

这样的原则可以被广泛地应用于求职、产品促销等方面。幸福好比是衣服,千差万别各不相同,因人而异,条条大路通幸福,条条道路通快乐。

## 第二节 心灵环保

人不快乐不幸福的原因有三:舍不得、放不下、忘不了。因为舍不得才会有烦恼;因为放不下才会有忧愁;因为忘不了才会有痛苦。烦恼之毒:舍不得烦恼、放不下忧愁、忘不了痛苦。如何才能体会幸福生活呢?

### 一、放弃执著,拥有快乐

1. 快乐生活

(1) 舍得无烦心。舍得舍得,舍了才能得。头脑都塞满了,就不会学习新东西。所以,有钱一定要怎么样?要提高自己的生活品质。人的一生都在追求什么?追求幸福快乐的人生。但是很多人一生都很痛苦。为什么呢?据统计,上海市2006年有16.2万多对结婚,离婚有3.7万多对,是结婚人数的1/4.3。因误会而结合,因了解而分开。不少男女都曾经抱怨过他们的配偶品性不端、三心二意、不负责任。也有人明知在一起没什么好的结果,怨恨已经比爱还多,继续在一起生活的原因就是分不了手。其实就是为了不甘心,为了习惯。

(2) 放下自在心。很多时候,不是快乐离我们太远,而是我们根本不知道自己和快乐之间的距离;不是快乐太难,而是我们活得过于执著,不会放下。在你少年时,行囊是空的,因为轻松,所以快乐。但之后的岁月,你一路拣拾,行囊渐渐装满了,因为沉重,快乐也就消失了。你以为装进去的都是好东西,可正是这些好东西,让你在斤斤计较中无法快乐。对一个喜欢零食的孩子来说,买一座金山和买一包话梅的钱没什么区别,所以孩子很容易快乐。

**小故事:**

有个富人,背着许多金银珠宝去远方寻找快乐,可是走遍了千山万水也没找到。一天,一位衣衫褴褛的农夫唱着山歌走过来。富人向农夫讨教快乐的秘诀,农夫笑笑说:"哪里有什么秘诀,只要你把背负的东西放下就可以了。"富人蓦然醒悟,自己背着那么沉重的金银珠宝,腰都快被压弯了,而且住店怕偷,行路怕抢,成天忧心忡忡,惊魂不定,怎么能快乐得起来呢?如果富人放下行囊,把金银珠宝分发给过路的穷人,不仅背上的重负没有了,一定还能够看到一张张快乐的笑脸,他也会因此而快乐起来的。

因此,你不快乐是因为你背负了太多的负担,这也是由于过于执著,试着放下一些超重的欲望,你就会有一个新的发现。凡事不用太过于执著,不要太执著于爱恨,不要太执著于胜负,也不要太执著于过去。试着放下你对已经行为独立的子女的说教;放下已过去的恩怨、所有的懊悔、已无希望和可能的爱,以及那给你带来的已不是幸福的无穷无尽的思念;放下那已不能够给你带来利益的纠缠,放下那些不为人理解和接受的真正付出;放下那些曾经属于你,但现在不属于你的东西；放下那些使你和别人都不快的批评和指责。你会发现：因为你的放下，你会轻松愉悦，人生在世，每个人都有许多过程磨难和事件是必须经历的，放下它们，由它去吧！

（3）忘了清净心。西方谚语里有这样一句话："Yesterday is a history. Tomorrow is mystery. Today is a gift!"意思是，昨天已成为历史，明天神秘不可测，只有今天才是十分珍贵的。这反映在人生哲学中就是"活在当下"。活在当下是让大家当下快乐，现在快乐。执著是好的，但过于执著就会痛苦。仔细观察你会发现：人的痛苦都是来源于不愿意放弃自己所得的东西，或者不愿意面对已经不属于自己的东西，或者不愿意忘记本该已经忘记的东西，不管这个东西是不是自己的，是不是自己应该获得的，理所应得的，甚至是从别人手里抢过来的。

有一首诗写得很好："春有百花秋有月，夏有凉风冬有雪；若无闲事挂心头，便是人间好时节。"人生如水，我们必须学会，像水流一样适应环境，该转则转，该弯则弯，并始终保持奔流不息的韧性。

**2. 生活幸福三不烦**

（1）昨天过去了没有必要再烦。西方谚语说得好："不要为打翻的牛奶哭泣。"是的，牛奶被打翻了，漏光了，怎么办？是看着被打翻的牛奶哭泣，还是去做点别的？记住，被打翻的牛奶已成事实，不可能被重新装回瓶中，我们唯一能做的，就是找出教训，然后忘掉这些不愉快。这就如同人生，人生不如意十之八九。无法改变的事，忘掉它；有可能去补救的，抓住最后的机会。

李白说过："昨日之事不可追。"这种事它过去就过去了，聪明的人是没有必要再去烦的，人生最大的智慧在于理智地放弃。拿得起放不下，那叫压力。拿得起放得下，那叫理智。

（2）明天没有到来，暂时烦不着。不是说不要计划，不是说不要宏伟蓝图，而是说没有必要杞人忧天，社会心理学告诉我们，人生的很多忧虑，往往是自己妄想的。你做一件事之前往往你会想，别人会怎么看我，会怎么说我。实践证明，你所凭空杜撰出来的别人对你的看法说法，70%是你自己妄想的。其实明天没有来，烦不着。

小故事:有一个小孩,他是小学六年级学生,有一天回家需要写很多作业,他妈妈又哄着小弟弟先去睡觉了,到了三更半夜的时候妈妈醒来看见孩子还在赶作业,心有不忍,就对他说:"小毛!不用写了,明天再写吧!"这时她身边睡着的小弟弟也醒来了就问:"妈妈,什么叫明天?"他妈妈很绝,就对弟弟说:"你现在把眼睛闭上,等天一亮再打开,那就是明天了。"后来这个弟弟隔天起来,高兴的大叫"现在是明天了!现在是明天了!"其实现在仍是今天。

所以,明天只是一个希望,我们活的都是今天。很多东西把它看开了,识透了,放下了,也就洒脱了,如果这样的话,就会非常得舒畅。

(3)现在不烦,是最重要的不烦。现在正在度过,不能烦。因为现在是我唯一能够控制的时间,今天我烦了它也是这样过,我不烦它还是这样过,那我为什么要烦呢?不能烦,不必要烦。生命是宝贵的,活着是幸福的,工作是美丽的。只要有一个健康的心态,就会开心每一天。我开心快乐地生活,会提升我生命的质量。我开心快乐地生活,我会更好地报效国家,报效社会,报效单位,处理好自己的人际关系,这就是要善待自己。

3. 人生幸福三要诀

(1)不要拿自己的错误来惩罚自己。年轻人要尊重自己的生命,不要动不动就拿自己的身体不当回事。扪心自问一下,人间有多少烦恼不是自己同自己过不去的。人非圣贤,孰能无过?如果一有过错,就终日沉陷在无尽的自责、哀怨、痛悔之中,那么其人生的境况就会像泰戈尔所说的那样:不仅失去了正午的太阳,而且将失去夜晚的群星。

(2)不要拿自己的错误来惩罚别人。这样浅显的道理谁都知道,但知易行难。人们都会为自己的过错而痛悔,但不少人痛悔归痛悔,受伤的虚荣心却还要疯狂地寻找能够掩饰伤口的更大虚荣,于是他就情不自禁地要去惩罚别人;这样拿自己的错误惩罚别人,人生岂能不累?因此,不要拿自己的错误惩罚别人,并不是一种很容易达到的境界,它需要能容天下难容之事的大器量。

（3）不要拿别人的错误来惩罚自己。许多人也许骄傲地说,这不是对自己的写照,未必！如果不拿别人的错误惩罚自己,那怎么会不时产生出这样的一些念头：他都敢见死不救,我又何必见义勇为；他都敢贪污受贿,我又何必清廉自守；他都敢男盗女娼,我又何必故作清高；我们何尝不会这样拿别人的错误来惩罚自己。正是这种惩罚,使我们感到活得很累。你要想做一点事,会有曲折,会有麻烦,会有种种的困难险阻。但关键是自我心态调整的问题。切莫忘记,我们只有调整好自己的心情,才能够做好自己的事情。

## 二、拒绝攀比,享受人生

人生四乐：知足常乐、苦中作乐、助人为乐、自得其乐。

### 1. 知足常乐

知足常乐体现在日常生活中。人生的不快乐,常常是由于不考虑自己的实际情况与能力,对自己提出过高的要求或过分地与别人攀比所造成的。研究证明,幸福与快乐既不会随着收入增多和地位提高而增多,也不会因收入减少或地位下降而减少。同样的收入、同等的条件,有人快乐,有人不快乐。百万富翁有快乐,平民百姓也有快乐。因此,快乐不快乐与学历、金钱、地位等无明显关联,而是与你对自己的生活状况是否满意密切相关。如果欲望不断,那么烦恼不止；贪得越多,痛苦越多。

何为天堂？《天堂何在》有这样一个故事：一个人历尽艰险去寻找天堂,终于找到了。当他欣喜若狂地站在天堂门口欢呼"我来到天堂了"时,看守天堂大门的人惊诧问之："这里就是天堂？"欢呼者顿时傻了："你难道不知道这儿就是天堂？"守门人茫然摇头；"你从哪里来？""地狱。"守门人仍是茫然。欢呼者慨然嗟叹："怪不得你不知天堂何在,原来你没去过地狱！"你若渴了,水便是天堂；你若累了,床便是天堂；你若失败了,成功便是天堂；你若痛苦了,幸福就是天堂。

有这样一个青年,整天抱怨自己的不幸,没有父母的援助,没有别墅,没有小汽车,甚至连名牌衣服也很少买。一位老者问青年："我出50万买你一只手,你愿意吗?""当然不!"年轻人断然拒绝。"那么,我出100万买你一条腿呢?"年轻人仍摇头。老者笑了"年轻人,你现在不是已经拥有150万了吗,你还有什么可抱怨的呢?"青年怔了片刻,会心地笑了。

心理学调查表明,不与别人比高低所带来的幸福是高收入所带来幸福的5倍。所以,正确评估现实和可能,降低不切合实际的要求,安然地接受现实,就能得到快乐。

2. 苦中作乐

生活总有不尽如人意之处,烦恼随时都可能发生。如果我们要发愁,确实够愁上一辈子。传统的思维习惯,总是要我们等到某个问题解决后才会快乐,因此从小就一直在等待,等待考试取得好成绩,等待大学毕业找到好工作,再等到结婚等到子女长大成家,又等到孙子上学念书。结果等了一辈子、苦了一辈子,所想象的快乐并没有出现。因此,不要等到什么问题都解决了才有快乐,不管处境好坏,都要培养一种乐观的态度。

快乐是我们为人处世的一种正性态度,也是一种心理行为习惯。不培养这个习惯,不训练这种态度,也就不会体验到快乐。你如果想,等情况好转后就会快乐,那很可能等上一辈子也没有预想的快乐出现。所以,快乐必须从现在开始,哪怕在逆境中也要保持乐观的心态。善于苦中求乐的人,更能深刻体会到人生的真正意义,领会到快乐的真谛。

因为一个人生活得幸福与否,从来没有一个恒定的标准,在更多的情形下,幸福与否是一个人的现实生活感受,是与以前的生活、与周围人的比较。在日常生活中我们会发现,有的人一文不名,照样过得有滋有味,你要说他穷,他会说某某比我还穷;有的人坐拥金银,人能拥有的他都有,但仍然雾锁愁眉,日月无光,你跟他说,你已经幸福到家了,他会说,某某人比我更幸福。

对生活满足感的产生,并非全部来自生活给你提供了什么,更多的则是你在生活中感受到了什么。步行赶路的人看见以驴代步的人是多么地逍遥自在,而骑驴的人在骑马的人那里便要自惭形秽了,那么骑马的人在汽车面前呢,汽车在火车、在飞机、在飞船那里呢。人们发现,为步行所苦的人,一旦有车坐,则很少去抱怨车速慢;吃不饱肚子的人,也很少对到口的食物挑挑拣拣。

要改变处境,必须通过坚韧不拔的努力。你的处境虽然很糟糕,但还不是最糟糕的,还没有到绝望的时候,需要你做的,是调整你的心态,鼓起生活的信心,改变眼下的处境,至少,不要退到你已经历过的糟糕境地。

3. 助人为乐

帮助别人,快乐自己。心理学研究表明,无私的行为能够增加人们的快乐。

《天堂和地狱》故事中说的是有人和上帝谈论天堂和地狱的问题。上帝对这个人说:"来吧,我让你看看什么是地狱。"他们走进一个房间,屋里有一群人围着一大锅肉汤。每个人看起来都营养不良、绝望又饥饿。他们每个人都有一只可以够到锅子的汤匙,但汤匙的柄比他们的手臂要长,自己没法把汤送进嘴里,他们看上去是那样悲苦。"来吧,我再让你看看什么是天堂。"上帝把这个人领入另一间房。这里的一切和上一个房间没什么不同。一锅汤、一群人、一样的长柄汤匙,但大家都在快乐地歌唱。"我不懂,"这个人说"为什么一样的待遇与条件,而他们快乐,另一个房里的人们却很悲惨?"上帝微笑着说:"很简单,在这儿他们会互相帮助——喂别人。"

4. 自得其乐

人生就像一场旅行,不必在乎目的地在哪里,而在乎的是沿途的风景以及看风景的心情,让心情去旅行。

事情的结果尽管重要,但是做事情的过程更为重要,当然结果好了我们会更加快乐,但过程使我们的生命充实。人的生命最后的结果一定是死亡,我们不能因此说我们的生命没有意义。世界上很少有永恒。有人谈恋爱,每天都在信誓旦旦地说我会爱你一辈子,这实际上是浪漫的体现。统计数据表明,谈恋爱的100对里有90对最后会分手,已结婚的还有一部分会离婚。爱情能永恒吗? 所以最真实的是"此时此刻我真心地爱着你"。明天也许你会失恋,失恋后我们会体验到失恋的痛苦。这种体验也是丰富你生命的一个过程。生命本身其实是没有任何意义的,只是你自己赋予你的生命一种你希望实现的意义,因此享受生命的过程就是一种意义所在。

　　生活就是这样,我们总是为自己设立许多目标,匆忙地赶往一个又一个目的地,不肯做片刻休息,恨不能略过一生的路程。而一旦达不到,便唉声叹气,仿佛生命也失去了色彩。但生活不仅仅包括目的地,更包括了一段段过程。太过于执著那些自己设定的目标,而忽略了过程,生命就会丧失应有的浪漫与快乐。

## 第三节　构建和谐生活

　　人对心爱之物不能如愿拥有,就会难过;人如果不能得到更多的钱,就会懊恼;人如果无法使自己再漂亮些,就会不高兴;人对所爱的人深情表露,那个人却根本不爱他,就会难过伤情……为什么会这样?归根结底就是人的欲望。西方一位哲人曾说过这样一句话:"人的欲望是座火山,如不控制就会害人伤己。"构建和谐生活,你才能远离欲望。

### 一、远离欲望,尝试和谐人生

　　人的欲望有很多,生欲、死欲、食欲、睡欲、情欲、权欲、金钱欲、出名欲、求知欲、事业欲、健康欲、运动欲、旅游欲、出国欲、自我表现欲……所以说,人欲望的根是斩不断的。可以这么说,欲望是人类社会发展的动力之源。可欲望多了,失去控制,就可能造成难以想象的后果。

　　4岁的时候,你会为得到一颗糖果而快乐;14岁的时候,你会为某次考试得了全班第一而兴奋;24岁的时候,你会为得到某位女孩的芳心而狂喜;34岁的时候,你会为拥有一辆越野车而得意……而在此之后,一个人生命力的分水岭已开始隐隐呈现,要体验到幸福感可能会变得越来越艰难。获得或占有的欲望更大了,你不再是个轻易就会满足的孩子。为了挽救或弥补生命力的颓势,往往需要更大的幻想,即使如此,能体验到的幸福感也越来越少。

通过心理解析我们知道:其实人生在世,很多美好的东西并不是我们无缘得到,而是我们的期望太高,往往在刚要接近一个目标时,又会突然转向另一个更高的目标。不妨在自己的工作和生活中试用3S,即:暂停(Stop)、放慢(Slowly)、静思(Silence and Think)。

1. 暂停(Stop)

生活似乎总是这样的,日复一日、年复一年,每天都在忙碌中度过。城市的喧嚣、繁杂的工作、琐碎的家务、周而复始的一天又一天。有人说:忙碌可以是一种幸福,只要你清醒地知道自己忙碌的意义。可很多时候,面对生活,我们像个不停旋转的陀螺,拼命地工作,小心翼翼地盘算自己的前程。每天的生活依然还是那么按部就班,波澜不惊,有时甚至压抑得让你喘不过气来……这时,我们为什么不给自己忙碌的生活按一下"暂停键",放慢自己生活的步伐呢?

既然繁杂的尘世、喧闹的都市,已让人烦躁,那么我们何不去大自然中换一种心境,体验一份纯真,给自己的心灵放个短假呢?我们何不在每一个不需要加班的阳光明媚的周末,脱下那身严谨的职业装,穿上宽松的休闲服,或者去打球,或者可以去野外,体味春天的绿意,夏天的繁花,秋天的落叶,冬天的飞雪……带上一家三口或者是约上三五知己,背上行囊,或山地、或森林、或湖畔、或溪涧……去感受大自然蕴含的那种宁静、单纯、闲适。走累了,可以躺在嫩绿的或者是撒满金色落叶的草地上,静静地看天上朵朵白云,亦山亦水、亦仙亦凡。偶尔望着嬉戏而过的鸟儿,学几声鸟叫,抑或闻一闻俯拾即是的野花香和泥土香,掬一捧粼粼波动的山溪水,拍几幅大自然鬼斧神工的杰作,漫步丛林间,看着那些与周围环境和谐相处的小动物、昆虫和小鸟儿,这时,我们常常会意外地发现,原来给生活按下暂停键是如此的惬意……

人的生活中需要给自己一些轻闲,没有负担没有烦乱的轻闲。或者选择一个片刻,躲在无人处,让眼睛与晴空和白云作亲密的接触。凡人的一生,原本就没有什么惊天动地的过程,也不会有多少优美湿润的细节写入历史。把自己那些简单的遭遇想透了,生命就能轻盈而自得,如同海天相交之处那些舞蹈着的海鸥,歌唱是它们最快乐的使命。

2. 放慢(Slowly)

快速变化的现代世界里,时间的列车似乎总是刚到站又处于待发的状态。无论我们如何加快速度,无论我们的日程安排多么巧妙,每天的时间总是不够用。我们竭尽全力使自己更有效率,力求每一天、每一小时、每一分钟乃至每一秒钟能做更多的事情。处在精疲力竭的边缘,身体和心里不断在提醒我们:我们的生活节奏快要失控。你是否试着放慢生活的节奏呢?放慢你工作和生活的节奏,无论是计划和安排,还是享受和应对,剩下的事情随它去吧。

放慢脚步,细细品味人生的每段过程,我们才会找到生命的价值和意义。外面阳光温暖,云淡风轻。自由地旅行吧,与心爱的人跋涉远行,欣赏沿途的点滴美景,体味从容淡定的相守,使心灵从千篇一律的生活中解放出来,得到充分的放松和自由。自由地生活吧,不必害怕失去什么,一切美丽就在其中。

清晨的静海,漾起鸟语的微波,路旁的繁花,争妍斗艳,在我们匆匆赶路无心理睬的时候,云隙中散射出灿烂的金光。生活不是速度的竞赛,我们应该放慢生活的脚步,从容而松弛的生活,这样才能有时间发现生活中的美好。人生是要学会享受生活,轻松地感受生活。急匆匆疲于奔命的追赶生活到底为了什么呢?节衣缩食、精打细算、劳累苦挨、谨慎小心、焦虑而急促的生活,最终结果是你想要的吗?待至暮年,你得到了什么?匆匆赶路的间隙,你是否欣赏了路旁美丽的鲜花?擦汗喘息的瞬间你是否回味了生活的甜蜜?日复一日的疲惫追赶中,你是否感受到了你辛苦生活应得的一些能让人欣慰的回报?偶尔出去散散步吧!

你最好慢下来,步子不要这么快,因为时光短暂,生命之乐不会持久。当你急匆匆往某处赶的时候,你就错过了路上的乐趣;当你日复一日拼命追赶生活的时候,许多的美好都在你的无意中和你擦肩而过。停下来,放慢脚步想想,你奋斗的最终是什么?最后你得到了你所要实现的目标了吗?所以凡事不要过分地追求。"欲速则不达"——日子还是应该舒缓而浪漫的,如静静的小河般潺潺而过……

把节奏放慢下来!去关心一下老人,去呵护一下孩子,去向擦肩而过的路人问声好,去追逐美丽花丛中飞来飞去的蝴蝶,去拣起一片落叶,去倾听大海的波涛,去奔跑,去歌唱……生活中是不乏美的,缺少的是你的眷顾。深呼吸,然后静静地想,静静地回味……

### 3. 静思(Silence and Think)

静思是为自己留出独处的时间和空间,做你个人喜爱但总是没有时间去做的事情,然后是你获得了智慧。人生其实就是一个过程,我们总是不停往前奔,却不注意眼前的风景,当我们停下脚步,一切的美好已被我们抛在身后,在欲望的产生和实现之间,我们找不到平衡。

芸芸众生中,太多人,把太多的时间花在了不必要的事情上,虚度了不少光阴。付出了太多,收获的可能只是并不需要的果实。走自己的路,品尝自己酿的酒,个中滋味自己明白。

《放慢生活的脚步》作者是一名身患绝症的美国小女孩,她用对生命的渴望和对生活的留恋谱写了这首动人的诗篇:

你曾注意过旋转木马上嬉戏的小孩吗?你曾聆听过细雨落在地上溅起的声音吗?你曾追逐过飞来飞去的蝴蝶吗?你曾凝视着落日渐近的黄昏吗?你最好慢下来,步子不要这么快,因为时光短暂,生命之乐不会持久。

你是否每天忙忙碌碌,慌慌张张?当你问声"你好吗?"你是否听到了回答?当你忙碌了一天之后,你是否躺在床上还想着明天的种种繁琐事?你最好慢下来,步子不要这么快,因为时光短暂,生命之乐不会太持久。

你是否曾告诉你的孩子明天将要做的事,而匆忙之中没有注意到孩子的伤心?你是否曾因失去联系,而使一段珍贵的友谊无奈的凋零?你最好慢下来,步子不要那么快,因为时光短暂,生命之乐不会持久。

当你匆匆往某处赶时,你就错过了在马路上的乐趣;当你在生活中满是焦虑和急促时,日子就像未开封的礼物,这样就被你丢掉……生活不是速度的竞赛，让我们放慢生活的舞步，在曲终人散，仔细倾听着这生命之乐。

## 二、否定完美，拥有幸福

完美是不可及的，完美只是人们的一种向往和努力的方向。随着时间的推移、事情的进展，人们的要求越来越高，因此完美始终是达不到的。

其实，在我们的一生中，总有一些不尽如人意之处，有些甚至是无法逆转的。对于这些，我们明知摆脱不掉，仍然耿耿于怀，就会愈加痛苦不堪。只有丰富多彩的生活，没有完美无缺的人生。以宽容之心，回归本位看自己，以豁达之心，微笑面对发生的一切，你便会与欢乐相伴，与幸福相随。

拒绝完美，就距离幸福生活的4个H不远了。第一个H：Happy，快乐，随手扔掉烦恼与忧伤，永远面向阳光，保持乐观。第二个H：Health，健康，驱逐病痛恶习，确保身体安康。第三个H：Humane，仁慈，让仁慈温柔充满你的心房，以柔软的心善待万事万物。第四个H：Harmony，和谐，抛却过往的喧嚷冲突，迎向和谐美好的世界。

### 1. 保持快乐（Happy）

保持快乐需要经常翻晒心情，情绪是可以传播和感染的。当你久处喜乐、安泰的情境中，你的情绪也将逐步改观。试想，周围的人们都是积极正向、快乐，不断地支持你，随时展现对人生的斗志和信心，长久下来，你的情绪也会快乐。你将会逐渐发现，自己有能力选择更美好的人生坦途。

试着在沮丧、失败、烦恼的时候微笑，相信微笑能战胜恐惧，驱走烦恼，也会击垮你的消极情绪；创造一个令人开心的环境，多看看幽默小说或漫画、听听相声、看看小品，在不知不觉中你会变得开朗起来；有力地告诉自己："我准备笑。"然后，笑！

### 2. 拥有健康（Health）

人生有三保：保健、保养、保险。要生活在这样一种状态下：把孩子的微笑当作珠宝，在帮助朋友中得到满意感，与好书里的人物共欢乐。

一个尚未进入小康的朋友说,他已拥有了1/3的幸福。处于紧张竞争中的人中有一半以上失眠,但他却能倒头便睡。人的一生中,有1/3的时间是在床上度过的,他至少已经获得了生命中1/3的幸福。

3．善待众生(Humane)

必须学会感恩,拥有一颗感恩的心。有关快乐的研究文献有千百种,结论也不尽相同,然而每一个研究都会提到两个字:感激。也就是说,感激是快乐的激活力。时时提醒自己生活中值得感激之处,你就会立即感受到快乐的生活。

心理学家认为,感激的心情与生活满足有很大关系,研究显示,把自己感激的事物说出来或写出来能够扩大一个成年人的快乐。抱怨的人把精力全集中在对生活的不满之处,而幸福的人把注意力集中在能令他们开心的事情上,所以,他们更多地感受到生命中美好的一面,因为对生活的这份感激,所以他们才感到幸福。

亲爱的朋友,"感激欺骗你的人,因为他增进了你的见识;感激鞭打你的人,因为他消除了你的业障;感激遗弃你的人,因为他教导了你自立;感激绊倒你的人,因为他强化了你的能力;感激斥责你的人,因为他助长了你的智慧;感激所有使你坚定成就的人!"从这段诗意的讲述中,我们能悟到人生的真谛。

4．迎向和谐(Harmony)

和谐首先就必须与自己为友,接纳自己。和自己做朋友的方法:接受自己的身体、个性及经济状况,了解生命意义,习惯寂寞。首先每个人都必须和自己成为好朋友,因为世界上最了解你的人还是自己,和自己做朋友是义务,更是无可逃避的责任,只有先学会和自己做朋友,才懂得如何和别人相处。

其次要接受自己的个性。每个人最清楚自己的个性与脾气,也会对自己有许多期望,都希望能完善自己,发扬自己的长处,弥补自己的不足。制定完善自己的目标必须切实可行,然后踏踏实实地一步步向这个可达成的目标前进。如果是一个极度缺乏耐心的人,要勉强他马上变得心平气和,当然不可能,必须循序渐进地改变。

再次是接受自己的经济状况。钱并不等于自尊!现在有很多人用钱来换取自信,却往往也因为钱而失去自信,最好的做法是,坦然面对现在的经济状况,在能力范围内,让自己过得更好一些。调整脚步,不要眼高手低,在现在的岗位上尽心尽力,就能知足常乐。

总之,人的和谐,就是冷静与热情同在,就是刚柔相济,身心健康。和谐是人与社会共同发展的目标,和谐才能更好地发展,和谐才能生活幸福。

# 参考文献

1. 安妮·莫伊尔、戴维·杰塞尔著,梁豪、邵正芳译:《脑内有乾坤、男女有别之谜》,上海译文出版社,1989年。
2. 阿兰·拉金著,刘祥亚译:《如何掌控自己的时间和生活》,金城出版社,2006年。
3. 宝拉·佩斯纳·寇克斯著,陈丽芳译:《找寻时间》,汕头大学出版社,2003年。
4. 贝纳特著,王月瑞译:《如何度过每天的24小时》,天津人民出版社,2004年。
5. 博恩·崔西著,姜锐译:《目标》,电子工业出版社,2007年。
6. D·赫尔雷格尔、J·W·斯洛克姆、R·W·伍德曼著:《组织行为学(第九版)》,华东师范大学出版社,2000年。
7. 洪凤仪著:《一生的职业规划》,南方日报出版社,2002年。
8. K. T. Strongman 著,王力主译,张厚粲审校:《情绪心理学——从日常生活到理论(第五版)》,中国轻工业出版社,2006年。
9. 理查德·史柯奇著,郭乃嘉译:《幸福:追寻美好生活的八种秘密》,麦田出版社,2007年。
10. 林清文著:《生涯发展与规划手册》,世界图书出版公司,2003年。
11. 拿破仑·希尔著,张书帆译:《成功密匙》,海南出版社,2001年。
12. Phillip Race 著,石林等译:《压力与健康》,中国轻工业出版社,2000年。
13. 莎伦·布雷姆等著,郭辉、肖斌译:《亲密关系》,人民邮电出版社,2005年。
14. 时蓉华著:《社会心理学》,浙江教育出版社1998年。
15. 孙时进编著:《社会心理学》,复旦大学出版社,2006年。
16. 田野著:《成功学全书》,经济日报出版社,1997年。

17. 奚恺元著:《别做正常的傻瓜》,机械工业出版社,2004年。
18. 肖永春、齐亚丽主编:《成功心理素质训练》,复旦大学出版社,2005年。
19. 约翰·格雷著,孙正洁等译:《恋爱中的火星人和金星人》,内蒙古人民出版社,1997年。
20. 约瑟·麦道卫著,许心怡译:《成熟之爱——夫妻间爱的秘诀》,新加坡学园传道会,1998年。
21. 亚伦·皮斯、芭芭拉·皮斯著,陶明星、蒋君译:《为什么男人爱撒谎女人爱哭泣》,接力出版社,2005年。
22. 杨博一著:《哈佛情商设计》,中国城市出版社,1997年。
23. 赵建国著:《情感智商与成才》,北京科学技术出版社,2004年
24. 郑雪等著:《幸福心理学》,暨南大学出版社,2004年。
25. 张春兴著:《现代心理学》,上海人民出版社,2005年。
26. 狄敏、黄希庭、张永红:大学生时间管理倾向和A型人格的关系研究,中国临床心理学杂志[J],2004年第12期。
27. 邓凌、陈本友:大学生时间管理倾向、主观时间压力与抑郁的关系,中国心理卫生杂志[J],2005年第19期。
28. 郭小艳:情绪与癌症关系的研究进展,陇东学院学报(社会科学版)[J],2007年第2期。
29. 黄希庭、张志杰:论个人的时间管理倾向,心理科学[J],2001年第24期。
30. 康长安:不良情绪的音乐调节,心理世界[J],2002年第7期。
31. 李虎君:情绪智力及其培养,衡水师专学报[J],2004年第6期。
32. 李儒林、胡春梅、田川、代成书:大学生时间管理倾向与主观幸福感的相关性,中国临床康复[J],2006年第10期。
33. 秦启文、张志杰:时间管理倾向与生活质量关系的调查研究,心理学探新[J],2002年第22期。
34. 任祥华:情商:成人教育发展的新方向,成人教育[J],2007年第5期。
35. 万青:负性情绪为何会损害容颜,心理世界[J],2005年第12期。
36. 王秉德:情绪究竟是什么,家教论坛[J],2007年第3期。

37. 王丽平:企业员工时间管理倾向与心理健康水平的相关研究,职业与健康[J],2007年第17期。
38. 王树洲:智力与情绪智力,当代教育论坛[J],2004年第6期。
39. 王泽华:大学生学习管理与情绪管理,达州职业技术学院学报[J],2006年第12期。
40. 吴明霞:30年来西方关于主观幸福感的发展,心理学动态[J],2005年第8期。
41. 杨秀君:目标设置理论研究综述,心理科学,2004年第27期。
42. 杨勋、邹枝玲、廖婷婷:高校学生时间管理倾向与睡眠质量的相关研究,高校保健医学研究与实践[J],2005年第2期。
43. 张莉、陈家麟:情商视野下的大学生情感教育,扬州大学学报(高教研究版)[J],2007年第6期。
44. 周国莉、周治金:情绪与创造力的关系研究综述,天中学刊[J],2007年第6期。

图书在版编目(CIP)数据

幸福心理学/肖永春主编.—上海:复旦大学出版社,2008.8 (2016.1 重印)
ISBN 978-7-309-06121-5

Ⅰ.幸… Ⅱ.肖… Ⅲ.幸福-研究 Ⅳ.B82

中国版本图书馆 CIP 数据核字(2008)第 092226 号

**幸福心理学**
肖永春 主编
责任编辑/马晓俊

复旦大学出版社有限公司出版发行
上海市国权路 579 号 邮编:200433
网址:fupnet@fudanpress.com http://www.fudanpress.com
门市零售:86-21-65642857 团体订购:86-21-65118853
外埠邮购:86-21-65109143
上海春秋印刷厂

开本 890×1240 1/32 印张 10.375 字数 298 千
2016 年 1 月第 1 版第 6 次印刷
印数 11 501—13 600

ISBN 978-7-309-06121-5/B·293
定价:20.00 元

如有印装质量问题,请向复旦大学出版社有限公司发行部调换。
版权所有 侵权必究

# 《幸福心理学》信息反馈表

复旦大学出版社向使用本社《幸福心理学》教材的教师免费赠送多媒体教学资源,包括配套的教学课件及电子书,便于教师教学。欢迎完整填写下面表格来索取。

教师姓名:_____  职务/职称:_____

任课课程名称:_____

任课课程学生人数:_____

联系电话:(O)_____ (H)_____ 手机:_____

E-mail 地址:_____

学校名称:_____

学校地址:_____ 邮编:_____

学校电话总机(带区号):_____ 学校网址:_____

院系名称:_____ 院系联系电话:_____

邮寄多媒体课件地址:_____

邮编:_____

您认为本书的不足之处是:

您的建议是:

请将本页完整填写后,剪下邮寄到上海市国权路 579 号
复旦大学出版社  马晓俊  收

邮编:200433          联系电话:(021)65643595
E-mail:fudanpress@126.com    传真:(021)65642892